フィールドの生物学―⑩

凹凸形の殻に隠された謎

腕足動物の化石探訪

椎野勇太 著

東海大学出版会

Discoveries in Field Work No.10
The Mystery of Concavo-Convex Shell; Exploring Fossil Brachiopods

Yuta SHIINO
Tokai University Press, 2013
Printed in Japan
ISBN978-4-486-01849-0

口絵1　ミドリシャミセンガイ（学名：*Lingula anatina*）．清家弘治氏提供．

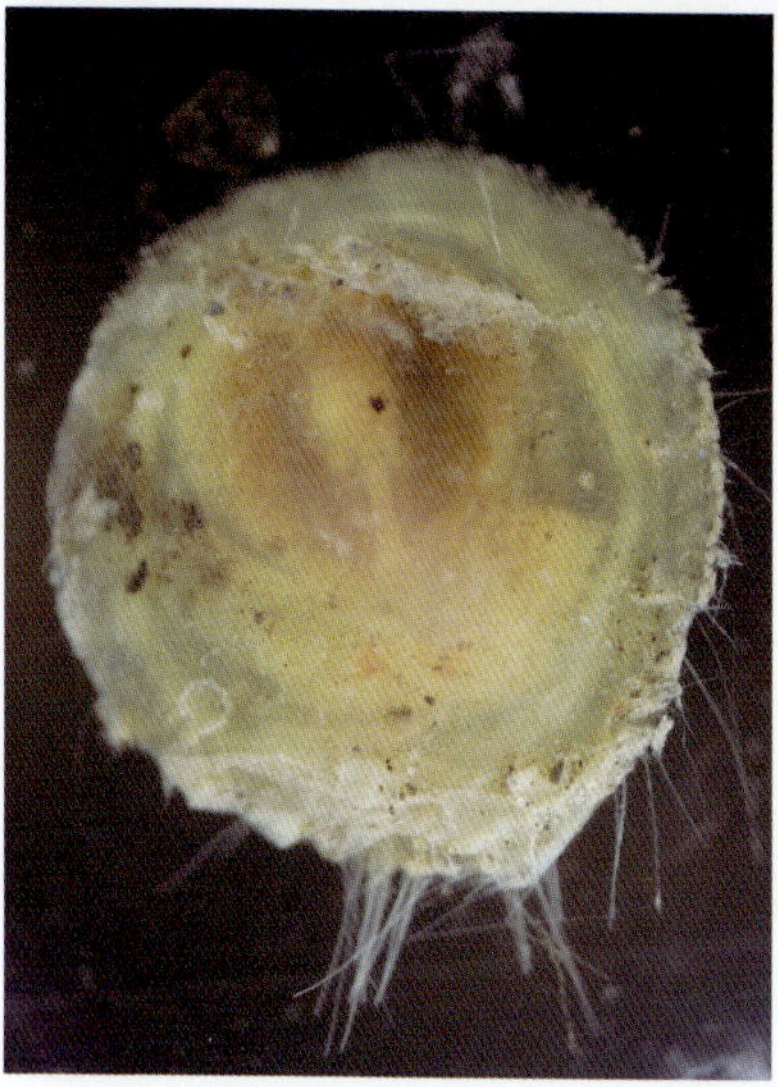

口絵2　円盤型シャミセンガイ類，ディスキナの仲間（学名：*Pelagodiscus* sp.）．芳賀拓真氏提供．

口絵3　ホウズキチョウチン（学名：*Laqueus rubellus*）.

口絵4　飼育中のホウズキチョウチン.

口絵5　飴色の三葉虫ニレウス.

口絵6　カンブリアーオルドビス紀境界の研磨断面. カンブリア紀の黒色泥岩の上に, オルドビス紀の堆積性石灰岩が重なっている. 境界にできた小さな窪みに, 緑がかった海緑石と呼ばれる鉱物が溜まっている.

口絵7　黄鉄鉱化したパラスピリファーの化石．金色に輝いている．

口絵8　らせん状の腕骨を残した翼形態種スピリフェリナ（学名：*Spiriferina pinguis*）．

はじめに

「化石」、この言葉を知らない人はいないだろう。大昔にいた生物の痕跡であることくらいは簡単に予想できるはずだ。私が化石について研究していることを話すと、必ず「発掘」と「恐竜」の単語をセットにして聞き返される。日本国内で醸成されてきた化石のイメージは、まさに恐竜を発掘する化石研究者の姿にほかならない。

ゆえに、本書の副題である「化石探訪」という言葉をご覧になった方は、さまざまな国や地域での化石採集記が、いろいろな化石のお話とともに綴られていると思われたかもしれない。そして、発掘した化石を手に、「これは新発見の恐竜の骨だ！」などとロマン溢れる世界観を映し出すような内容を期待されるかもしれない。

残念ながら、本書はそれらの期待を裏切ってしまう。その理由は、化石を夢と希望の対象としてではなく、研究の対象として扱うからだ。化石は「一万年よりも古い生物由来の構造や物質」と定義されている。つまり、化石の研究とは、古い生物を題材とした「古生物学」と呼ばれる学問領域であり、「化石学」は事実上存在しない。発掘とは、研究のなかのごく一部を切り取った導入部分でしかない。

過去の生物の証拠は、化石でしか知り得ない。生命の進化を考察するためには、化石を無視することができないのである。それほど重要な題材であるにもかかわらず、化石について学ぶ機会はほぼない。たとえば地学の教科書では、地層の時代や環境を探る指標に化石が使われることしか書かれていない。生物の教科書になると、少しだけ化石の進化に触れられてはいる。しかし、その中心となる事例は、ヒトやウマなど地球生命史ではごく最近の脊椎動物ばかりだった。いわゆる絶滅生物の奇妙さに言及していないことに、ひどくがっかりした思い出がある。

本書で取り上げる腕足動物は、一見すると二枚貝にそっくりである。しかし、体のつくりや生き様がまったく異なる「おもしろ生物」であることは自信をもって言える。現在の海にも生きているが、多くの種が少し深い海に生息しているため、簡単には見ることができない。この動物の認知度はきわめて低く、おそらく学校の理系の先生ですら知らないかもしれない。本書は、生き物としての腕足動物に焦点を当てた国内初の単行本となる。この奇妙な生物については、第2章から詳しく説明させていただこう。

それにしても、そんな無名の動物を研究しているなんて、さぞかし化石や生物に詳しかったのだろう、と思われることが多い。率直に言えば、私は本当に何も知らない子だった。

子どものころに幕張メッセで『大恐竜博』を観て以来、なぜか考古学者になることを目標に過ごしてきた。高校生になってようやく、自分の目指すべき道は考古学ではなく、古生物学であったことを認識したレベルだ。知っている古生物といえば、アンモナイト、三葉虫、ティラノサウルスとトリケラトプスくらいだったし、化石など採集したことはなかった。国立科学博物館のおみやげコーナーで一〇〇〇円ちょっとの化石を買ってもらったことがある。その程度で「古生物学者に、おれはなる！」と、謎の決意を維持し続け、気づけば古生物学を学べる大学へと進学を決めていた。何がそこまで決意させたのか、正直わからない。

かなり単純な私であるが、決意を固めた当初から一つだけ大きな気がかりがあった。それは、古生物学者とは何をしているのか、である。表に出てくる古生物学者像は、化石を発掘し、標本を並べて何かを語る姿ばかりだ。そんな楽しいことばかりで給料がもらえるわけがない。きっと何か裏があるはずだ。表に出ない「ナニカ」が。

本書は、これといった学もない大学生が何の下準備もなく、夢と希望と大いなる疑念をもって化石の研究を始めるところから包み隠さず記してゆく。挫折や自己嫌悪を経て腕足動物という奇妙な生き物に出合い、化石を扱う研究スタイルを確立する経緯を、笑いながら読み進めていただければうれしい。今日、あなたのイメージする化石研究は崩れ去るだろう。

著　者

目次

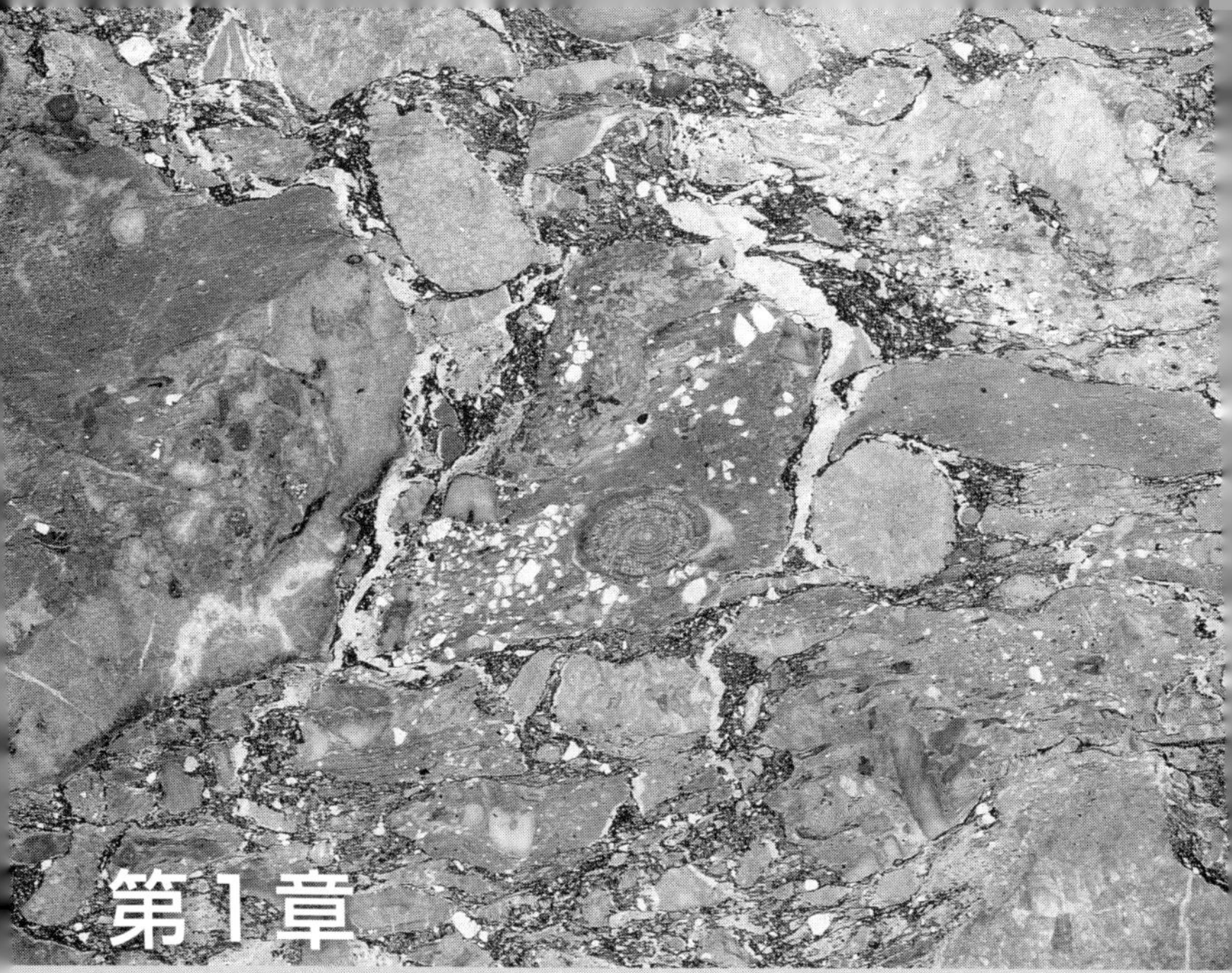

第1章 古生物の研究

化石の研究がしたい

自然を対象とした博物館に足を運べば、かなり高い確率で化石を目にすることができる。化石は、骨や殻などが岩石の中に保存された「かつての生物の痕跡」であり、その骨格から想像できる不思議な姿は、太古の世界に思いをはせる知的好奇心の起爆剤ともなりうる。集客が見込める材料は、博物館では重宝される。自然科学における化石はスター性が高く、一般にも馴染みが深い題材と言える。化石の秘めた集客力は、飽きずに毎年開催されている恐竜の企画展からもうかがえるだろう。

とはいえ、化石に意義や楽しさを見いだすのは、ごく限られた一部の研究者や自然科学が好きな人だけである。化石は国民にとって直接役に立つことはなく、興味がなければ生涯無縁の存在である。そのような理由からか、知っている人と知らない人の化石に対する知識の格差は歴然としている。かく言う私は「まったく知らない人」からスタートした。

では、国内での化石事情はいかがなものだろうか。単刀直入に言えば、多くの国産化石は研究に適していないのが実状だ。日本は国土が狭いうえに、地震や火山活動など地殻変動が起こりやすい。そのため、化石は潰され、焼かれ、引き伸ばされ、原形をとどめないほど悪質な保存状態となることも多い。この問題は、古い時代の地層であるほど起こりやすい。もちろん、保存状態のよい化石を採集できる地域はたくさんある。しかし、その多くが新しい時代の生物化石であり、今とあまり変わらない形をした貝類など、化石としては見栄えがしない。知的好奇心を駆り立てるどころか、魚屋で見たよ、と失望されてしまうかもしれない。

海外産のような美しい化石標本は、白亜紀（およそ一億年前）の地層が分布する北海道のアンモナイト類が有名であり、実際アンモナイトの研究者は多かった。私もかつて「北海道のアンモナイトでしか世界レベルの研究はできない」と豪語されたことがある。劣悪な保存状態の化石か、魚屋の貝類か、アンモナイトか……卒業研究を始める前の私は、日本で化石の研究をする究極の三択を迫られていた。

始まりの地は宮城県気仙沼市

化石を扱わない化石生物の研究

私の所属していた当時の静岡大学では、学部二年の後期になると不穏な空気が漂い始める。学生たちは、翌年度の学部三年から始まる卒業研究に向けて、所属する研究室を決めなくてはならないからだ。研究室には人数制限があるため、自分の希望どおりに所属できるとは限らない。学生同士が腹の探り合いをし、拙い心理戦を繰り広げ、初々しい就職活動を展開するような時期であった。

そんな空気が醸成されるなか、新年度から新たに赴任する教員が化石の専門家である、という情報を偶然入手した。辞令の出る四月一日の朝から居室の前で待ち伏せする、というムダな誠意が功を奏し、絶滅節足動物の三葉虫（図1・1）を扱っている鈴木雄太郎先生の研究室へ所属することに成功した。そして、鈴木研究室の第一期生として卒業研究を始めることになった。

図1・1　三葉虫イリーヌス（学名：*Illaenus sarsi*）．鈴木研究室の中心的テーマ，イレニモルフ型三葉虫である．

化石は、生物の痕跡であることはもちろんだが、地質を知るうえで有用な証拠の一つでもある。ある種の化石が産出することを根拠に、いつの時代の地層であるのか、また、その時代がどのような環境であったのかを理解することができる。つまり、化石を採集し理解するための第一歩は、地質を把握することにほかならない。化石が産出する山肌に切り出された露頭が、どのような時代に形成された何という堆積物でできていて、それはどのような環境を示しているのか。これらがセットになっていない化石標本は、その後に化石生物の生態を知りたいときに困ってしまう。

まずは基本から、ということで、私の卒業論文のテーマは、地質調査をメインに行う研究となった。それと同時に化石を採集し、三葉虫の生息環境を明らかにする目標を掲げた。三葉虫の産出報告だけなら、現地で化石を採集するだけでよい。つまり、発掘できた事実そのものが結論であり、研究と呼べるほどの取り組みではない。このテーマが研究として成り立つ理由は、「生息環境」にある。

生物の化石は、一般的に堆積岩と呼ばれる岩石の中から産出する。堆積岩とは、泥、砂、石ころなどの堆積物が積み重なって、長い時間をかけて固まり、一つの塊になった岩石のことである。この堆積岩をあの手この手で解析し、どこで、どのような種類の堆積物が、どのように積み重なったのかを解明しながら、当時の環境を復元してゆく。これらのうち「どこで」は、堆積岩の分布する場所を地図の上に記録する地質調査で明らかにする。自分の調査した道筋を示すルートマップと呼ばれる測量結果を作成しながら、ルートごとに堆積物の厚さを測定してゆく。網羅的に収集したデータを利用して、地層の分布や断層などの地質構造を「地質図」として図示し、堆積物の積み重なった順序を示すための「柱状図」を作図する。これら地質図と柱状図の作成は、調査地域の地質を理解する基本的かつ初歩的な作業である。

問題は堆積物の種類と積み重なり方である。新しい時代の地層は、まだ岩石のように固まっていない堆積〝物〟であることが多いため、野外で簡単に観察できる。しかし、古い時代になるほど硬い岩石となりやすい。つまり、現場で堆積物の詳細な構造を見ることができない。川の流れできれいに削り取られている露頭なら、はっきりした断面が見えることも多く、堆積物の種類や重なり方が、堆積構造として観察できる。山肌に露出した多くの露頭では、岩石の表面が苔などで覆われていたり、酸化したような黒ずみがあったりして不明確になりやすい。そこで、ハンマーやタガネ（チス）と呼ばれる楔《くさび》のような鉄杭を使って地層の一部を切り崩し、研究室へ持ち帰って解析しなくてはならない。

三葉虫に関する研究というよりは、むしろ、地質調査によって過去の堆積環境を理解する研究と言ったほうが正しいだろう。研究室所属前に悩んだ究極の三択にはない、化石を直接扱わない第四の選択となった。

図1・2　宮城県気仙沼市上八瀬地域の茂路沢入口.

初めての化石採集

静岡市から車で下道をたどること約七〇〇キロメートル。大学三年の夏、鈴木先生の一二時間にも及ぶ無休憩ドライブに連れていかれた私は、宮城県気仙沼市の上八瀬《かみやっせ》地域にいた（図1・2）。この地域を対象に卒業研究をするためであり、かねてから思い描いていた化石採集の夢が叶う瞬間でもある。研究者の卵として、いよいよ迎えたデビュー戦といったところだ。

上八瀬地域は、今からおよそ二億六〇〇〇万年前の海で形成されたペルム紀中期の堆積岩が広く分布している。もちろん、三葉虫が産出することでも有名であり、上八瀬地域へと向かう交差点には「ペルム紀の郷」の看板を置いて町おこしをするほどだ。調査を行う山の大部分は、ほとんどが国有林であり、私有地は少ない。当然ながら、気仙沼市の教育委員会と宮城県北部営林署から調査の許可を得たうえで入山した。私有地の場合は、貧相なコミュニケーション能力と静岡で調達した「うなぎパイ」を駆使して快諾していただいた。勝手に採集してよいのかと頻繁に尋ねられるので、誤解がないようにあらかじめ述べておく。

初めての化石採集は、鈴木先生とともに、現場に詳しい化石研究家の高泉幸浩さんと荒木英夫さんの四人で行った。三葉虫が産出したとされる露頭に案内していただき、四人で露頭を崩し、大量の岩石を日が暮れるまで叩き続けた。何個目かの岩石を割ったときに、いかにも何かの痕跡のようなものが断面に現れた。自信をもって化石が出た旨を報告したところ、「それは岩石の錆びた痕だ」とのこと。私にとっては、どれが化石なのかを認識することさえ困難だった。

丸一日四人で採集した化石は、十数個の三葉虫の部品だけであった。これには愕然とした。恐竜のように大きい生物ならまだしも、数センチメートルの三葉虫であれば、ざくざく採集できるものだと思っていたのである。四人で、と言ったが、私が採集した三葉虫はたった一つ。ひどく風化してボロボロの状態になった満身創痍の三葉虫の化石だ。鈴木先生に「歯ブラシでよく洗ってみなさい」と言われ喜んで磨いたところ、その化石は跡形もなく崩れ去った。戸惑う私に「洗浄に耐えられない程度の標本が研究に使えると思ったのか?」との指導が入る。そういった理由から、記念すべき人生初採集の化石をここでお見せすることができない。

その後も散々な結果であった。気仙沼市に一人で残り、二か月にわたって調査を続けたが、初日以降は二度と三葉虫と出合うことがなかった。初めての化石採集は、研究の前途多難を予言していた。いちばんの問題は、現地で化石を見分ける目ができてないことだ。化石の研究がしたかったくせに、化石採集の経験を一切積んでこなかった自分を恨んだ。

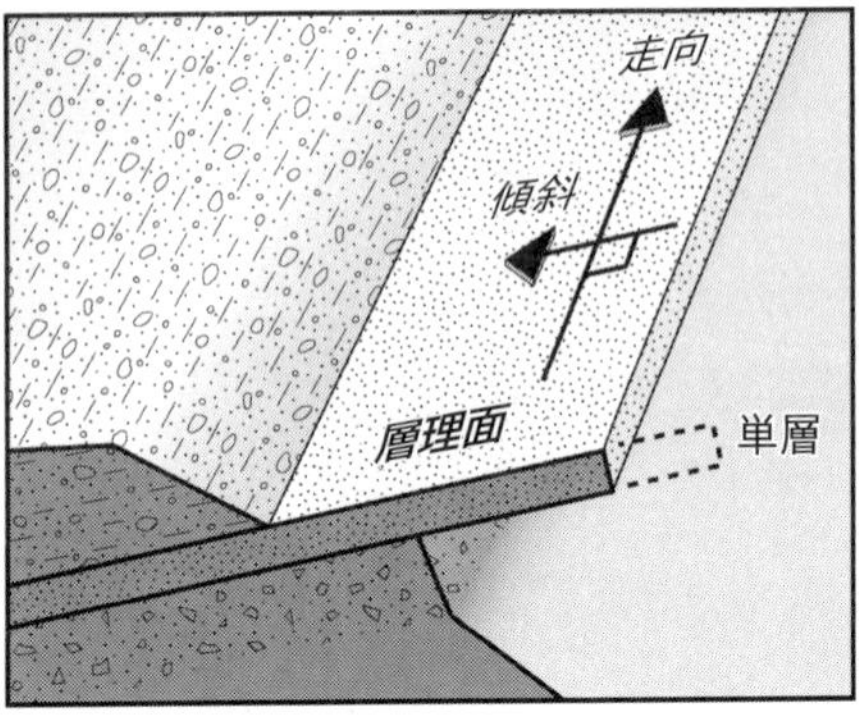

図1・3　地層の単層と層理面.

地層を読み解くフィールドワーク

さて、幸いなことに化石がとれなくても研究はできる。先述のとおり化石を直接扱わない研究テーマであるため、当面は環境復元の下地となる地質図や柱状図の作成を進めればよい。

地学系の学部生は、必ず野外調査実習なる必修科目を受講する。そこで教わったように、地図と照らし合わせて調査ルートを記しながら、各地点で露頭の情報を抽出するという、入門レベルの作業をこなしてゆく。露頭では、まず地層の上下方向を判断する。地層は、ある程度似通った堆積物の積み重ねによって形成されている。この似た堆積物の一層を単層と呼ぶ。基本的に、単層同士の境界は、砂や泥の堆積した当時の水平面である。この水平面は層理面と呼ばれている（図1・3）。

かつての地層が現在も水平であるなら、調査はきわめて簡単である。しかし、多くの場合、特に日本のように地殻変動が活発な地域では、露出した地層が傾き、曲がっていることが多い。そこで、地層の延びている方向と傾きを層理面から計測するために、クリノメーターと呼ばれる方位磁石が活躍する。地層の延びてい

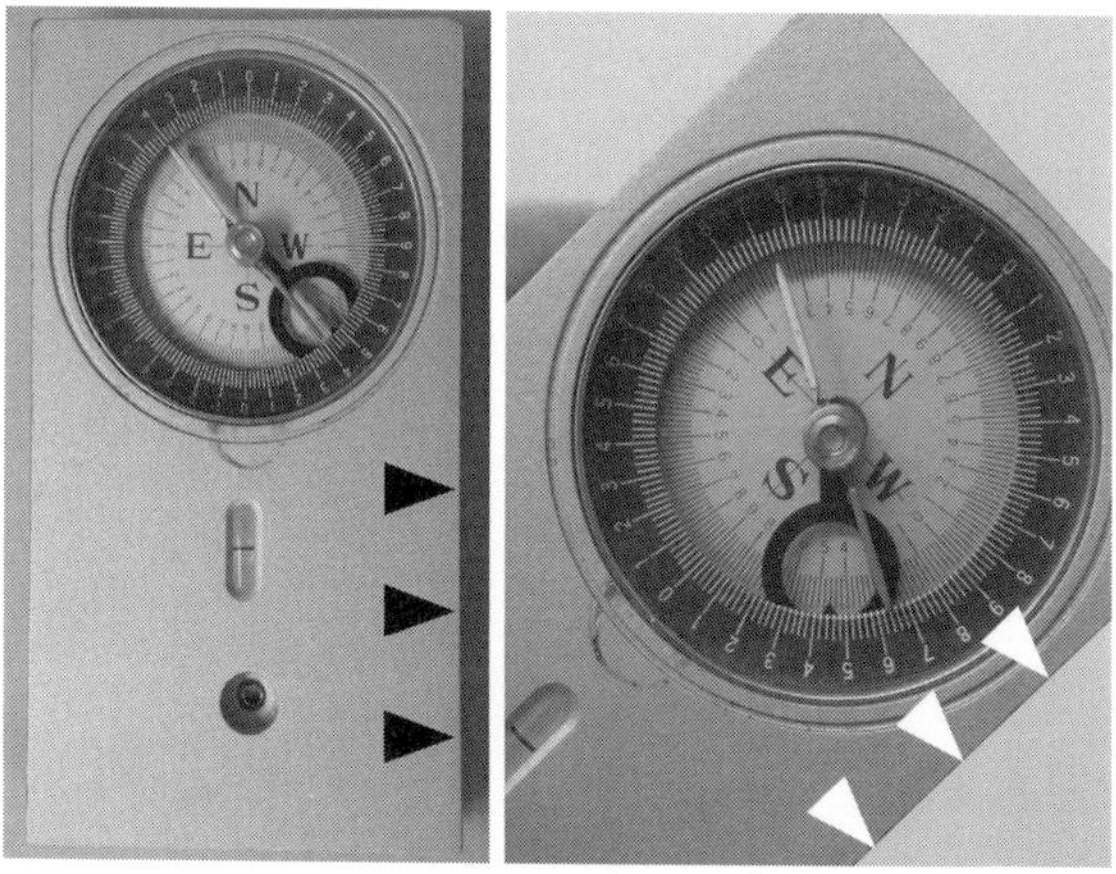

図1・4　クリノメーター．黒矢印の側面部分を層理面に当て，地層の走向を測る（左）．白矢印の側面部分を地層の傾斜方向に当て，黒い円形の傾斜計を使って傾斜角度を測る（右）．写真の場合は，傾斜が46°となっている．

る方向は走向と呼ばれ、層理面と現在の水平面の交差する交線方向に相当し、現在の水平面と層理面のなす角度が地層の傾斜になる（図1・3）。走向と傾斜をもとに、同じ地層が調査地域のどこに分布する可能性があるのか予測しつつ、実際の調査で見つかる地層と照らし合わせ、整合性をはかりながら地質の分布図を作成してゆく。

コラム　クリノメーターを使う

地質調査における「三種の神器」の一つと言われているクリノメーターは、層理面から地層の走向と傾斜を計測するための方位磁石である。しかし、通常の方位磁石と違って、方位を示す文字盤が東西逆になっている。これは、文字盤から走向を読み取るための措置である（図1・4）。

たとえば、針と文字盤の北をぴったり合わせ、方位磁石を東に四〇度だけ回転させたとしよう。すると、針は北を向いたまま文字盤だけが時計回りに四〇度回転し、結果として、方位磁石の針は文字盤の西方向に四〇度ずれた場所を指す。つまり、方位磁石が東に四〇度傾くと、その針は文字盤の西四〇度の方向を示す。この性質を利用して地層の傾きを測るため、東四〇度方向に傾いた地層にクリノメーターを水平にして当てると、その針は、文字盤の東四〇度方向を指す。そのまま針の示す文字盤を読み取り、東に四〇度回転していることを示す「N40°E」を記録する。

また、クリノメーターには傾斜計がついている。これを使って、層理面から地層の傾斜を読み取る。走向がぴったり南北方向でなければ、地層の傾きは北か南方向のどちらかへ傾斜していることになる。たとえば地層が四六度北側へ傾斜しているならば、「46°N」のように記録する。

各露頭で、走向と傾斜を「N40°E, 46°N」などと記録し、調査地域の地質構造を読み取ってゆく。こういったクリノメーターの使用方法は、地学を専攻する学生が最初に教わる実技である。ちなみに、残り二つの「三種の神器」は、岩石を叩き割るハンマーと、構造を観察するためのルーペである。

地質図を作成するためのデータは、現地でルートマップを作図しながら収集する。ルートマップは、自分の調査した道筋を露頭の情報とともに記した路線状の図であり、一般的な山の調査では、最も露頭が露出しやすい谷に沿って作成する（図1・5）。つまり、自分の進行方向を示すルートマップは、谷の形と一致するため、国土地理院から発行されている広域の地形図で自分の現在地を簡単に知ることができる。

ルートマップの作図には、オリエンテーリング・コンパスという別の方位磁石を使う。方位磁石を使った理科の授業で、北を指す針がなかなか止まらずに、イライラした経験はないだろうか？　オリエンテー

図1・5　作成したルートマップ.

リング・コンパスは針を収めたケース部分が密閉されていて、その密閉部分にオイルが充填してある。オイルは空気と比べて粘性が高く、ネバネバしている。そのため、オリエンテーリング・コンパスの針は、ふらふらと揺れず、普通の方位磁石よりもすばやく北を指して止まる。これを使うことで、山で針が止まるのをじっと待つことなく、迅速にルートマップを作成できる。

　オリエンテーリング・コンパスで方向を決めた後に、進行距離を測定して、初めて路線状のルートマップが完成する。距離は歩測で測定した。かなり原始的だと思われるかもしれないが、かつて伊能忠敬が正確な日本地図を作成したときも、測量方法の一つとして歩測が導入されている。この調査を円滑に進めるため、自分の歩幅で一メートルを測れるような訓練をした。山の斜面を進む可能性も考慮し、あらかじめ覚えておいた体の部位の長さを使って補完する方法も使った。

　大学で受講した地学系の実習は、地層が途切れることな

図1・6　上八瀬地域の沢．石は転がっているが，露頭の数は少ない．

く連続し、一枚の単層を横に追っていけるような地域を対象としていた。しかし、ペルム紀の分布する気仙沼市上八瀬地域では、条件のよい谷沿いであっても露頭が散点的にしか露出していない（図1・6）。地層の上下方向だけでなく、単層が水平方向へどのように連続しているのか、でさえ現場で判断することが困難であった。古い時代の地層であるために、露頭から得られる情報が減ってしまうだけでなく、露頭自体が欠落してしまったのである。これは、解決しようのない難題だった。必修単位で受講した野外調査実習が、いかにやさしくわかりやすい地質を選んでいたのかを思い知らされた。

一人きりのローラー作戦

露頭の欠損を嘆いても仕方がない。無常に過ぎ去る時間のなかで呆然とたたずむわけにもいかず、予定した調査期間で最大限の結果を持ち帰らなくてはならない。しかし、谷や川底の露頭だけでは、とても地質図を作成できるだけのまとまったデータをとれるとは思えない。かといって、樹木や草木が鬱蒼《うっそう》と茂る夏の森で、谷底から山の斜面を見上げ、露出するすべての露頭を目視することは不可能である。しかし、このときなぜか突然思い浮かんだある映画の一シーンから、調査の着想を得た。

私の大好きな『ランボー』という映画で、シルベスター・スタローンの演じるランボーが山中を逃走する、というアクション映画ならではのシーンがある。森が深く、どこに潜んでいるのかわからないランボーを探すために、警官隊が横一列に並び、注意深く徐々に歩みを進めてゆく。ローラー作戦である。調査地域のすべての露頭を探し尽くすために、あの逃走劇で見たローラー作戦を思いついてしまった。もちろん私一人による単独ローラー作戦である。

具体的には、調査地域およそ四キロメートル四方を細かい短冊状に区切り、その短冊線に沿ってひたすら歩き続ける、という調査方法だ。上八瀬地域では東西方向に延びる大きな谷と、そこから枝分かれした南北方向に延びる複数の支流となっていることが多い。そのため、各支流に沿う南北方向のルートは充実した結果が得られている。ローラー作戦では、これら支流の間を埋め尽くすように踏査したかったため、支流と直交する方向、つまり東西方向へとローラー作戦を決行した。

茂みが多い部分で、周囲の見落としなく配慮できる範囲は、半径一〇メートル程度である。つまり、短冊ルート一つの幅は、せいぜい二〇メートルが限界である。ここから逆算すると、およそ四キロメートル四方の調査地域は、二〇〇の短冊ルートに区切られる。ローラー作戦は、東西方向四キロメートルのルートが二〇〇あるため、作戦終了までに合計八〇〇キロメートル歩かなくてはならない。東西方向の大きな谷など、一目で露頭の有無を見渡せる場合を除いたとしても、五〇〇キロメートルはあるだろう。さすがに一回の夏休みで五〇〇キロメートルの踏破は無理であったが、その後の二年間で約二〇〇日の調査を行い、任務は成功裡に完了した。

ルートマップとともに露頭の分布図が完成するにつれて、上八瀬地域における地質構造の全体像がみえてきた（図1・7）。古い時代の地層で予想されるとおり、地層が曲げられた証拠である褶曲《しゅうきょく》構造や、ズタズタに引き裂かれたような破砕体で表される断層が多い。そのなかでも、断層によって細分された四つの区画は、水平方向へと連続的に変化し、区画同士の堆積岩も一連の環境で形成されたことがわかってきた。つまり、地質構造から少なめに見積もったとしても、一〇キロメートル四方よりも広域にわたって海底に溜まった当時の堆積物が、断層や褶曲を生み出す地殻変動によって、現在の約四キロメートル四方の調査地域に押し込められ、堆積岩となって露出しているのである。面積で言えば、約六倍も調査がお得な地域であった。

コラム　地質断面図をつくる

地表面に露出した地層の分布は、地質図として示される。地質図は、泥や砂などの岩石の種類や、時代の違いなど、作成者の意図によって地層の区分方法はさまざまとなる。いずれにせよ、地質図は地表面の分布

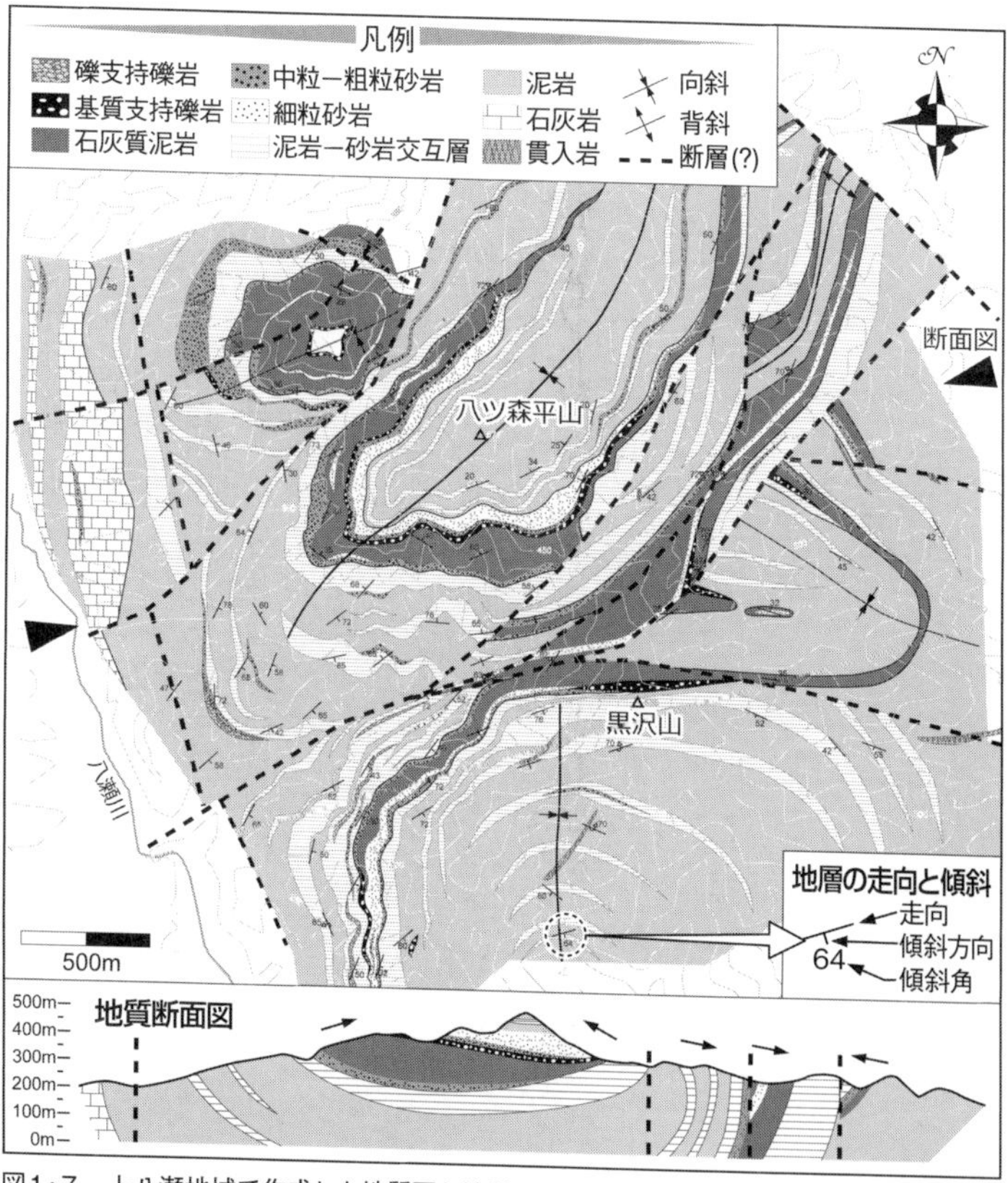

図1・7　上八瀬地域で作成した地質図と地質断面図.

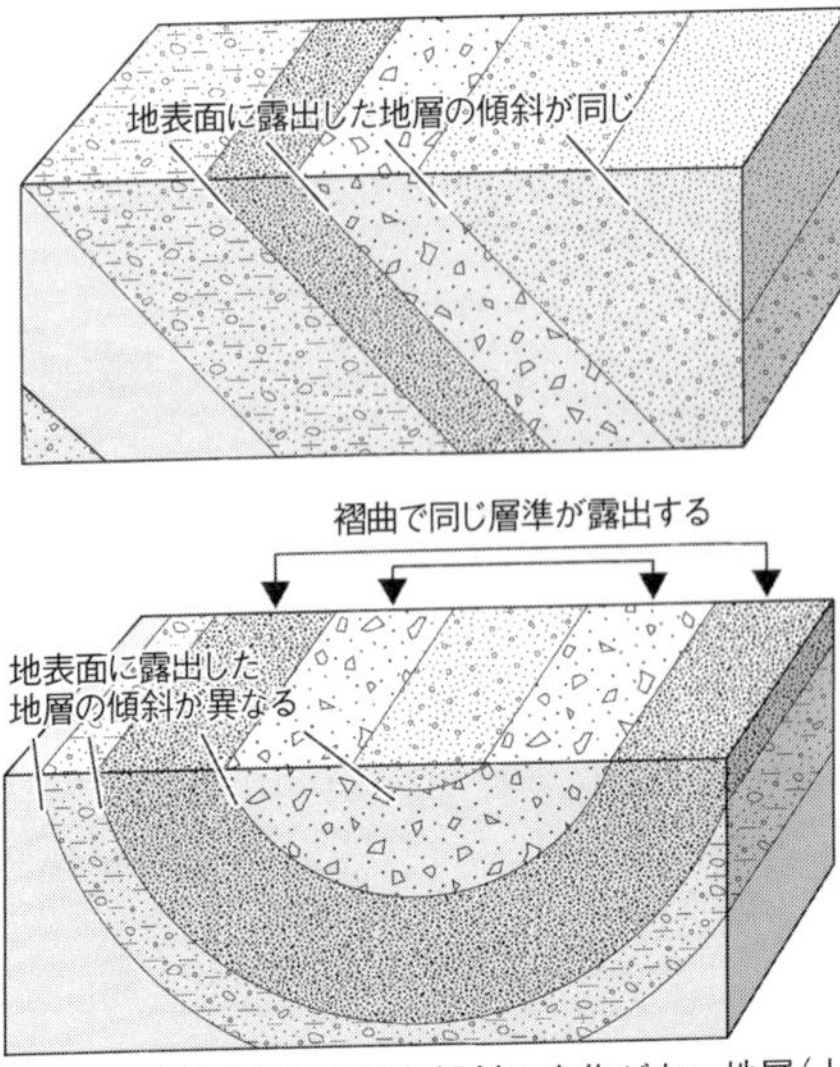

図1・8　地質断面図の例. 傾斜に変化がない地層（上）
と単層ごとに傾斜が変化する地層（下）.

だけしかわからない。地表面の岩石が、どのように地中へ延びているのかを推定するために、地層の走向傾斜や分布のデータから、地質構造を反映させた地質断面図を作図する。

たとえば、地表面に露出した地層の走向傾斜がすべて同じだったとすれば、断層でずらされていない限り、理論上は地中へ連続していると考えられる（図1・8上）。もし層序に応じて傾斜が異なるのであれば、褶曲した地層の一部を見ている可能性がある。つまり、地中で地層が曲がっていて、同じ層準の地層が再びどこか別の場所に露出してもおかしくない（図1・8下）。露頭の少ない上八瀬地域では、層理面がわかるすべての露頭で走向と傾斜を測った。その結果から、調査地域の地質断面図を作成し、地質構造を読み解いていった。

地層を理解する基本的な概念の一つに、デンマークの科学者ニコラウス・ステノが提唱した「地層累重の法則」というものがある。この法則は、地層は水平に堆積すること、堆積物は側方に連続すること、そして古い地層の上に新しい地層が累重すること、の三つに分かれている。地層の積み重なる順序を層序と呼び、その地域で溜まった堆積物の時間変化を見ていることになる。一方、層序のなかのある特定のレベルを層準と呼び、一つの単層など同じ層準に見られる水平方向の変化は、堆積当時の地域的な変化と言える。

これら層序と層準に基づいてルート調査の結果を読み解くと、上八瀬地域の地層は、時間・空間的に大きく変化する傾向が認められた。層序（時間変化）で見ていくと、上八瀬地域の堆積岩は大きく三つに分類される（図1・9）。下部は、泥や砂が中心となった厚さ約五〇〇メートルの堆積岩であり、その上に重なる中部は、石灰岩と砂岩を主体とする堆積岩で構成されている。さらに上部では、約七二〇メートルの泥や砂が中心となった堆積岩が積み重なっている。つまり、形成される堆積岩の種類が時間を追って変化していて、当時の環境が激しく変遷していたことを意味している。また、下部と上部の堆積岩は、調査地域内で特筆すべき変化はみられないが、中部の層準で見られた石灰岩は、厚さが三〇〜八〇メートルまで劇的な側方変化をみせる（図1・9）。これらの結果は、中部の地層が形成された当時の上八瀬地域が、何らかの劇的な空間的変化にさらされていたと考えるべきだろう。

ローラー作戦の完了によって、たいそう成果が出たのだろうと思われるかもしれない。しかし卒業研究の完成を考えれば、ルートマップや地質図の作成は前哨戦にすぎず、まだ導入部だと言わざるを得ない。なぜならローラー作戦は、露頭の分布状況や地質構造を確かめることが主な目的であり、この時点で堆積

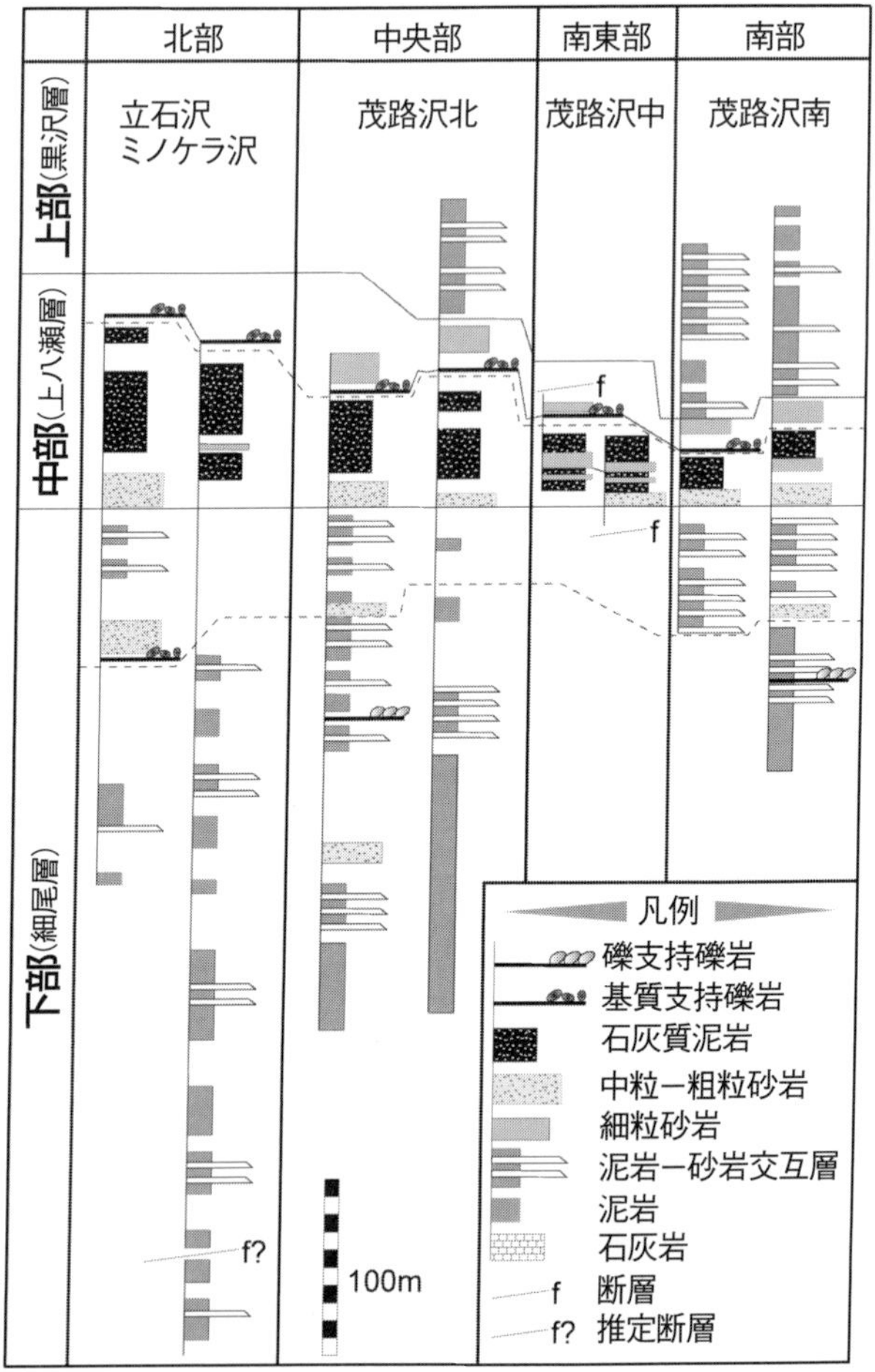

図1・9　上八瀬地域で作成した柱状図．下部，中部，上部へと堆積岩の構成要素が変化する．

岩が形成された環境は少しも明らかになっていないからである。そもそも、露頭の欠損が少ない地域であればローラー作戦自体が必要ない。この作戦で得られた直接的な収穫と言えば、これ以上の露頭情報を抽出することは不可能だ、という担保である。まだ見ぬ露頭に新たな成果を期待する必要がなくなったため、心置きなく次のステップへ進める自信を得ただけだ。ついでに言えば、ここまでやってしまえば他の研究者に追従されることもない。常識的に考えれば、誰が一人ローラー作戦など好んでやりたいものか。

岩石を取りたい

地質の全体像が把握できたところで、ようやく環境の復元に取りかかれる。堆積環境は、堆積岩の「相」に基づいて復元される。手相や人相のように、岩石の「相」は岩相と呼ばれ、特に堆積岩の岩相は、堆積相とも言う。

小学校の理科の授業で、泥と砂と石ころをメスシリンダーの中で攪拌《かくはん》し、どのような順番で沈殿していくか実験したことはないだろうか。そのとき、重く大きいものから順に堆積し、縞になった堆積物の「岩相」を観察することができたはずだ。もしくは、海水浴で訪れた海辺で、規則正しく波打つような砂浜の表面を見たことがあるかもしれない。そういった堆積物の挙動や重なり方は、堆積構造として保存され、堆積相となる。つまり堆積環境の復元とは、環境を反映している堆積相の形成メカニズムを明らかにすることである。

堆積構造は、層理面と垂直になる岩石の断面から観察する。沢を流れる川底の露頭であれば、岩石の表面が水で洗われ、きれいな露頭断面を見ることができる。しかし、山肌に露出した露頭は風化が激しく、表面が苔のような植物で覆われていることが多い。この山肌露頭の断面観察が、かなり骨の折れる作業であった。

時代の古さからくる情報の欠損を補うため、すべての露頭から堆積構造を観察したかった。そこで、山肌の露頭を堆積構造が見えるまで洗浄することにした。まず、露頭から最も近い川の水をペットボトルに汲み、山の斜面を登って露頭まで運ぶ。そしてこの水を露頭にかけ、ホームセンターで購入した金ブラシで磨き、岩石表面をひたすら削る。うまくいけば、苔や泥の下に隠れた岩石表面の堆積構造を観察できる、というやり方だ。

露頭磨きから得た成果の一つは、下部の泥岩と砂岩が交互する地層のスランプ構造を見いだしたことである（図1・10）。スランプ構造とは、地層を構成する単層のうち、一部が内部で引きずられ、部分的に褶曲した証拠となる構造であり、層内褶曲とも呼ばれている。このスランプ構造は、まだ固まりきっていない堆積物の表層部分が、重力のせいで地すべりのように動き、下層の堆積物を引きずることで形成される（Clari and Ghibaudo, 1979）。

たとえば、レーザープリンターで大量の書類をプリントアウトしたときに、プリンター内で紙を巻き込むことがある。紙の一枚ずつを単層にたとえるなら、いちばん上の紙がプリンターに吸い込まれるときに、条件次第では次の紙を引きずってしまい、巻き込まれた紙がぐしゃぐしゃになる。このイメージがスランプ構造のでき方である。プリンターの場合は紙を送る機械動作を原動力とするが、堆積物のスランプ構造

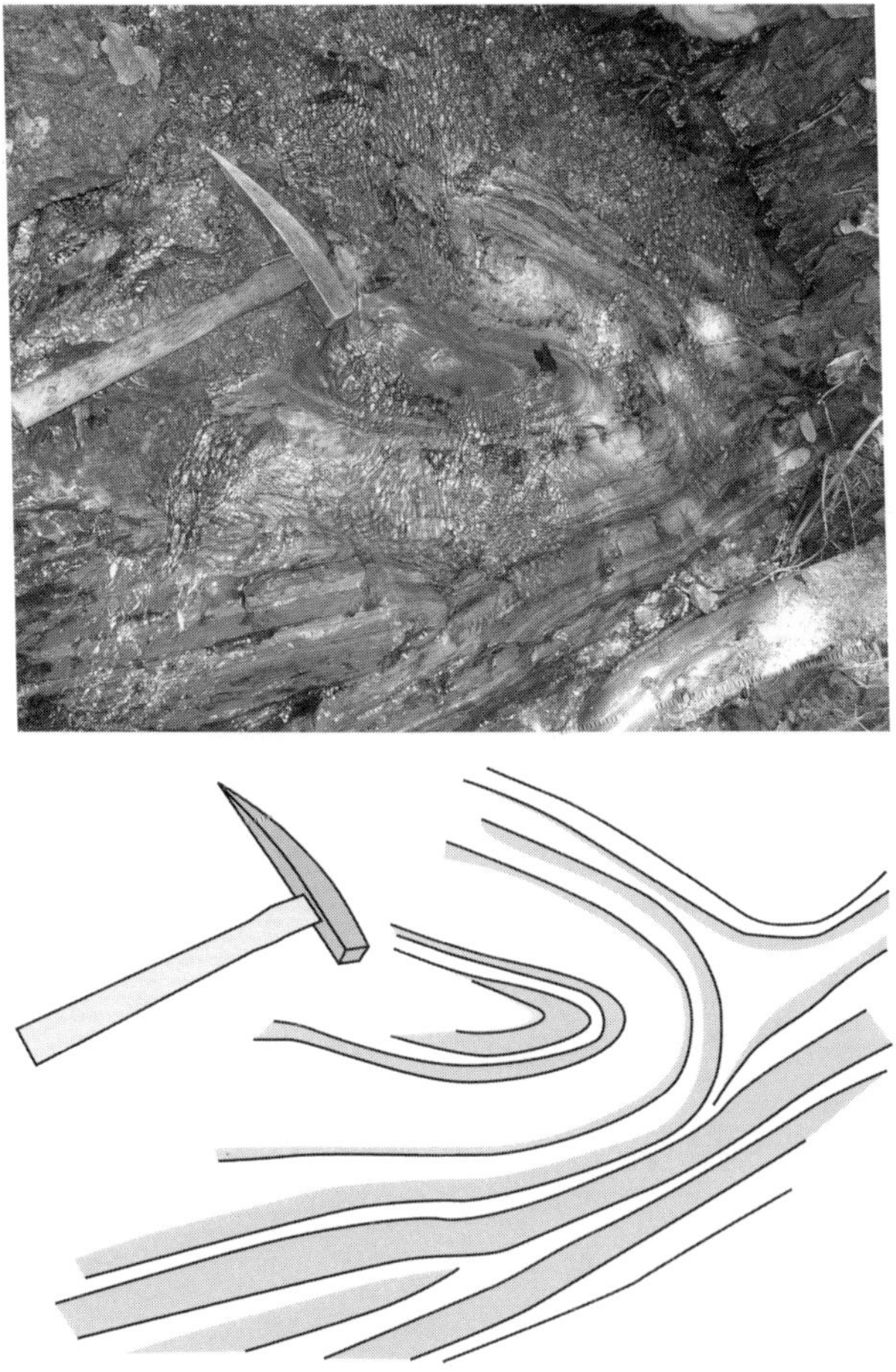

図1・10　スランプ構造の露頭写真とスケッチ.

図1・11　タテ石沢の露頭写真.

は重力エネルギーによるものであり、海底斜面という不安定な環境を示す特徴的な堆積構造である。このスランプ構造を発見したおかげで、調査地域の泥岩と砂岩の交互層は、大陸棚の縁辺部よりもやや深い、陸棚斜面の環境と推定することができた。

露頭磨きによる二つ目の貴重な成果は、後に堆積環境を復元する卒業研究の中核をなすことになった。上八瀬地域の奥深くに、タテ石沢と呼ばれる支流がある。その支流を一二〇〇メートルほど登ったところに幅五メートル、高さ三メートル弱の砂岩露頭が露出している（図1・11）。上八瀬地域にしては、比較的大きな露頭であり、大量の泥や苔がこびりついた岩石表面をすべてきれいに洗浄するのは億劫である。ルート調査で何度も通り過ぎた露頭であったが、結局この露頭洗浄に取りかかったのは、すべてのルートマップが完成した後だった。露頭を一〇日間ほどかけて洗浄し、露出した岩石表面に見える構造をすべてスケッチに書き起こしてみた。すると、幾重にも折り重なって波を

図1・12　タテ石沢の露頭表面に浮かび上がった堆積構造のスケッチ．幾重にも重なった波打つ構造はハンモック状斜交層理と呼ばれ，暴風時の波浪限界より少し浅い下部外浜環境を特徴づける．

打ったように見える層状の構造が浮かび上がってきた（図1・12）。

　この構造はハンモック状斜交層理と呼ばれ、水深二〇メートルよりも少し深い下部外浜と呼ばれる環境で形成される特徴的な堆積相である（Walker and James, 1992）。つまり、下部で見られた陸棚斜面の環境から、この砂岩層ができた下部外浜の環境まで、当時の上八瀬地域は浅海化していたのだ。ちなみに、私が見つけたこの砂岩層は、国内最古のハンモック状斜交層理である。とても微妙であるが、いちおう「日本最古」に関する記録所持者になった。

　上八瀬地域にある二五〇〇以上もの露頭をひたすら磨いて洗浄したが、そこから得られた重要な成果は、これら二地点のみであった。硬い岩石表面を削るには、相当な水と時間が必要である。金ブラシで研磨したその他すべての露頭は、磨いても構造が不鮮明だったり、見えても大した成果にならなかった。そこで、成果の上がらない露頭では、できるだけ大きな岩石試料を採集し、持ち帰ることにした。実験室で岩石を処理し、不明瞭な堆積構造を鮮明にして観察するためである。定方位サンプリングと呼ばれる方法で、露頭の上下や走向傾斜の情報を書き入れた岩石試料を採集すればよいのだ。

上八瀬地域の岩石は硬く、ハンマーとタガネだけで岩石採集を続けていたら、あっという間に日が暮れてしまう。そこで、ホームセンターで売っているバールを使って、露頭から大きな岩石を取り外すことにした。小さいL字型の一般的なバールとは異なり、私が使ったバールは、長さ一二〇センチメートルの鉄棒状で、片方の先端がマイナスドライバー形、もう片方の先端が尖った形をしている。このバールで、状況に応じて二つの先端を使い分け、たくさんの岩石試料を採集した。地殻変動の影響を受けたせいで、古い時代の露頭には多くのひび割れが入っている。この割れ目に沿ってバールを突き刺し、力を込めると、露頭から岩石を取り外せる。化石の研究に向かない地質の特性が、岩石をとるうえでは逆に好都合となった。

調査が進むにつれて、磨いても構造が見えず、バールを駆使しても岩石がとれない露頭が残されてゆく。そのなかには、重要だと思われる堆積岩も多く、とても無視できそうになかった。この問題は、二年目に導入した携帯エンジンカッターで解決した。

携帯エンジンカッターとは、ガソリンで動く手持ちの岩石カッターである。よく道路の改修工事などで、道路に切れ込みを入れている機械だと思っていただければイメージしやすいだろう。あらかじめ目星をつけておいた露頭の欲しい部分をターゲットに、現地で切り取ってしまう作戦である。

この作業の難点は、カッターの運搬である。欲しい岩石は山中にあるが、機材を積んだ車を現場に横付

図1・13　山の斜面でエンジンカッターを使う著者．指導教官が爆笑しながら撮影してくれた．

けすることができない。山のふもとから、エンジンカッターとそれを動かす一〇リットルの携行ガソリン缶を担ぎ、頂上付近まで登らなくてはならない。最悪の場合は、足場の悪い山の斜面でエンジンカッターを使うこともあった（図1・13）。

谷でエンジンカッターを使う場合は、特に注意が必要だ。携帯エンジンカッターのエンジンは、原付バイクと同じ要領であるため、周囲にガスを排出する。空気がよどむ谷のような場所では排ガスが溜まりやすく、気づかずに作業していたら目がくらむこともあった。しかも、水を使わない乾式エンジンカッターであるため、露頭の切断中には尋常ではない粉塵が発生する。安全上、防塵マスクとメガネを装着し、粉塵で周囲の視界を悪くしながら、データをとるために多くの露頭を切り裂いた。

エンジンカッターは、最大でも一五センチメートルほどしか切り込めない。それでも、現地でピンポイントの岩石を採集できる利点は大きい。運搬や安全性に問題は

図1・14　エンジンカッターで切り出した岩石試料.

あったが、データをとるために絶大な効果を発揮してくれた。特に、中部を構成する石灰岩は硬く、バールやハンマーだけでは岩石試料の採集が困難であった。カルスト地形でも知られるように、石灰岩は雨水などで浸食されやすく、表面が滑らかに風化してゆく。中部の石灰岩も、表面が滑らかでひび割れの少ない露頭が多く、携帯カッターのおかげでほどよいサイズの岩石試料を大量に切り出すことに成功した（図1・14）。

山から宿へ

まったく本質的ではないが、上八瀬地域の調査中に実感した「二律背反性」を紹介したい。きわめて個人的な問題であるが、もしかしたら誰かの教訓にはなるかもしれない。

山で採集した岩石は、だいたい一つ二〇キログラムの重さがある。丸一日調査すると、これが複数個となる。さて、この岩石をどのように宿まで持ち帰るか。これは毎日の課題であった。

まず、山のふもとまで楽に岩石を下ろすために策を練った。たとえば当時考えた奇策に、軽量のスノコに岩石をロープでくくりつけ、雪山を下るソリのように運ぶ方法がある。しかし、採集した岩石をスノコに載せた瞬間、スノコは見事に砕けてしまった。きれいに整形された岩石ならまだしも、とったばかりのゴツゴツした岩石を安いスノコに載せて運ぼうなど、うまくいくわけがなかった。こんなことに労力を割くなら、ザックに入るだけ詰め込み、残りは手で抱えて持ち運ぶほうがよい。岩石がザックに入らないほど大きい場合に最も効率がよかったのは、いくつもの岩石をロープでくくり、それを自分の体に縛りつけ、馬車馬のように引きずる運搬方法だ。これによって、複数の重い岩石を一度に運ぶことができた。

学部三年生のときは、無謀にも原付バイクで調査を行った。山のふもとから宿までは、この原付バイクで戻らなくてはならない。もちろん採集した岩石もだ。最初のころ、原付バイクの荷台に一つ岩石を積載し、ザックに四〇~五〇キログラム分の岩石を詰め、山から宿へ戻ろうとしたことがあった。ゆっくり下山し、公道を走りかけた瞬間、後輪のタイヤは爆発音とともに破裂した。調査にあたり、ある教官からは「昔の人はバスと徒歩で調査したんだから贅沢はするな」と言い渡されたりもしたが、時代と内容が伴わない比較論はろくなものではない。この日、「次回の調査は自動車にしよう」と心に決めた。

最初から車で調査をすればよいのだが、当時の私は車の免許をもっていなかった。大学生になったノリで、まわりの同級生が次々と運転免許を取得する。そんななか、ノリに流される必要はないと判断した私は、運転免許の取得を怠り、結局調査で痛い目に遭ってしまったのだ。しかし、単独ローラー作戦や携帯エンジンカッターの使用、大量の岩石運びなどをなんとか乗り越えてきた力技は、当時熱中していた武道によって培われた体力的な特性だといえる。つまり、教習所への通学や勉学に費やす時間を犠牲にした見返りに、武道系部活動でフィジカル面が鍛えられ、結果として調査がはかどった。

当時の振る舞いが後の結果に与える影響は計り知れない。私の場合、きつい調査を乗り切る体力を得た代償として、自動車の問題など調査中に苦労することになった。はたしてどのように振る舞えばよかったのか、いまだに正解がわからない。多分、バランスなのだろう。

地質と化石の室内調査

帰還後の憂鬱

ようやく調査にも慣れ、山を飛び交うアブが少なくなり始める九月下旬、夏の化石探訪は締めの期間となる。学生の特権でもある夏休みが終わるため、学業へと戻らなくてはならないからだ。

最初は、二か月間まるまる山ごもりするなんて、気が狂ってしまうのではないかと恐れもした。しかし、終わってみれば名残惜しい。気仙沼市は、サンマやフカヒレなど海の幸で有名な漁業都市である。宿泊先の夕食でお気に入りだったイカの塩辛、子持ちメカブ、サンマの蒲焼缶、サバの水煮缶は手に入りにくくなるだろう。次回の調査に向けた節約生活が、再び待ち受けているのだ。

憂鬱なのはそれだけではない。調査も終盤に差しかかると、部屋の中に納まりきらなかった大量の岩石が軒先にまで陳列されている。もちろんすべて持ち帰って実験室で処理するつもりだが、あまりの多さに気が滅入ってしまう。夜の室外灯に照らされる岩の塊を眺めながら、「しばらくの間は岩石の処理に追われるのだなあ」と、まるで他人事のように呟いたりして平常心を保っていた。

段ボール箱に新聞を丸めた緩衝材を敷き詰め、そこに数十センチメートル四方の岩の塊を梱包する。まとめて詰めれば一〇箱程度ですむかと考えていたが、意外とうまく包めない。結局、重さ二〇キログラムほどの石が詰まった箱が、四〇～五〇個できあがった。総重量は八〇〇～一〇〇〇キログラムである。原付バイクを持ち帰ることも忘れてはいけない。

結論から言えば、初めての調査で採集した岩石と原付バイクは、〝たまたま〟気仙沼市まで遊びに来てくれた両親のワンボックスカーに無理やり詰め込んで運んでもらった。このとき、親の手をわずらわせたことと、自分が車の免許をもっていなかったことを心底後悔した。すべてにおいて見通しが甘かった。今となっては笑い話であり、両親が他人に私を紹介するときの鉄板ネタにされている。

見えなかった構造を見いだす

地質を扱う研究は、研究室に戻ってからが山場だと言っても過言ではないだろう。ある意味、室内で行う作業は、地質や古生物を扱う研究者が最も本領を発揮する場面でもある。現場の観察では曖昧だったことを、採集した岩石標本から確信へと至る証拠を見いだすのである。また、岩石の処理中に、現場では想定していなかった情報が得られることもある。踏み込んだデータを採集し、山ごもりで見てきた断片的な情報をつなぎ合わせる作業こそが室内調査である。

室内で作業する研究者のイメージと言えば、純白の白衣をまとい、薬品を扱う姿だろうか。あるいは何かの標本を手に取り、首を傾げる姿だろうか。私が実際に行った室内調査は、どちらにも当てはまらない泥まみれの作業そのものであった。

堆積物の溜まり方を知るには、岩石の断面を観察しなくてはいけない。岩石表面を金ブラシで削るより、切断面を鏡面光沢が出るまで磨いたほうが、構造をよく観察できる。墓石に使われる御影石（花こう岩）も、切断した表面をきれいに磨いているからこそ、白と黒の結晶の一つひとつが見えているのだ。そこで、まず持ち帰った岩石を専用のカッターで切断し、研磨剤できれいに磨いた後に、岩石の断面をスキャンすることにした。

静岡大学理学部の区画内にある工作室に入ると、錆びた鉄塊を思わせる無骨な機械や、散乱した岩石の破片など、廃墟となった工場のような光景が目に入る。そのじつ、工作室の番人である森英樹氏によって、すべての機械が岩石研究用にフォーマット済みであり、いつでも入念に手入れされている。私の室内調査は、この部屋に鎮座していた大型岩石カッターを〝使えるようにする〟ことから始まった（図1・15）。

当時は研究の傾向として、目に見える現象を細かく分析する還元論が流行していた。微視的な観察や高精度の分析が推進され、巨大な標本を処理する研究は減少しつつあった。大型岩石カッターも同様である。小さいものを精密に切断するニーズが高まったために、大型カッターはその役割を終え、廃棄されるかどうかの瀬戸際だったらしい。森さんと相談した結果、「カッターの刃は回転するようだから、あとは使いながらその都度調整しよう」ということになった。

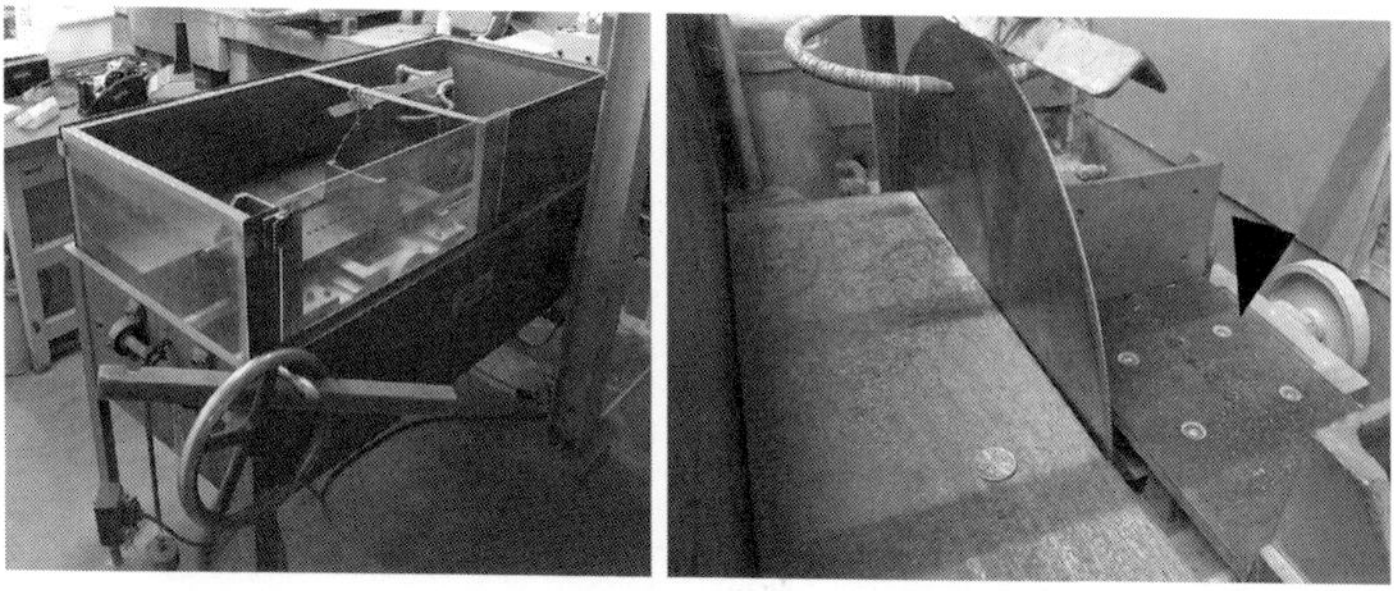

図1・15　静岡大学の工作室内にある大型カッター．刃の右側がスライド式の土台（黒矢印）となっている．

石は硬い。料理で野菜を切るように包丁でスパッと、というわけにはいかない。大型カッターで岩石を切断するには、まずスライド式の固定台にくくりつけることから始まる。そしてその固定台を、回転しているカッターに向けてゆっくりと平行移動させてゆく。岩石がカッターに触れると、けたたましい音が鳴り響く。純粋な金属同士のこすれる音ではなく、わりと心地よい金切り音がする。この音を頼りに、カッターの刃が真っすぐ岩石に当たっているかを判断する。岩石の固定がずれると、刃が岩石に対して斜めになる。すると、刃の側面が岩石と触れ、耳障りな金切り音を発する。斜めの状態で切り続けると、刃の回転軸が歪んでしまい、まったく切れないカッターになってしまう。この機械が使い物にならないと、当時の自分の研究は悪い意味で終わったも同然である。とにかく細心の注意を払い、カッターの音に耳を傾けることに終始した。岩石の大きさにもよるが、カッターの刃が入り始めてから切断しきるのに一五センチメートル四方の石で二〇分程度、二〇センチメートル四方の石では三〇〜四〇分程度かかった。

切断した岩石は「ろくろ」のようなグラインダーと呼ばれる機械で研磨する（図1・16）。徐々に研磨剤を細かくし、とにかく磨く。す

図1・16　岩石を研磨する「ろくろ」様の機械，グラインダー．

ると切断面がピカピカになり、現地の山では見えなかった堆積構造が観察できるようになる。この瞬間は、まるで宝箱を開けるような気分に等しい。思いもよらないきれいな堆積構造が観察できることもあれば、何がなんだかよくわからない不明瞭な構造の場合もあった。

コラム　デパートで化石観察

近代の建築物は、壁に石材を用いることが多い。なかでも大理石は、ゴージャスな雰囲気を演出する有名な石材であり、高級なセレクトショップが並んだデパートなどで頻繁に見ることができる。じつはこの大理石、石灰岩が長い時間をかけて変質（変性）したものである。もとになる石灰岩は堆積作用によって形成されたものが多く、堆積性石灰岩の主な構成要素は殻や骨などの生物遺骸である。街角で大理石の壁を注意深く観察すれば、磨かれた壁面に化石の断面を見つけることができるかもしれない（図1・17）。ちなみに石灰岩は水の浸食作用に弱いため、

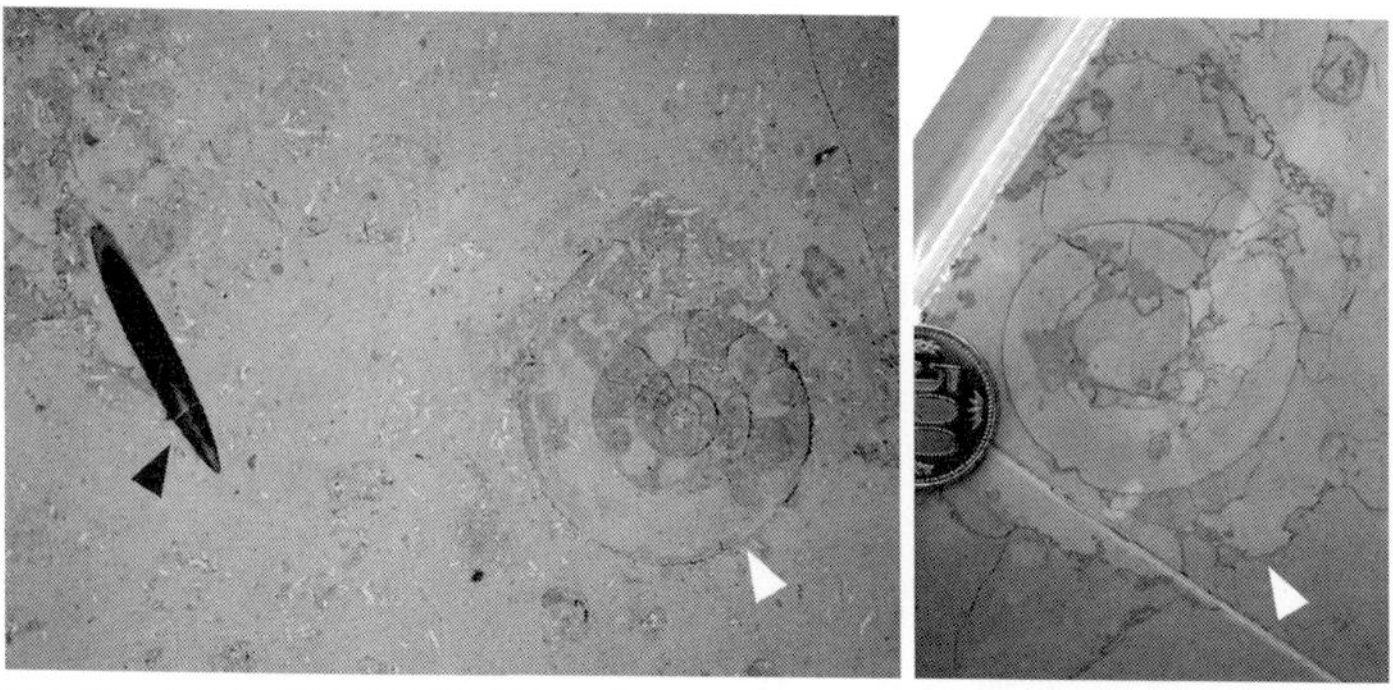

図1・17　丸の内（左）と池袋（右）で発見した化石．アンモナイト（白矢印）とベレムナイト（黒矢印）の断面が見える．

石灰岩がもとになってできた大理石は、主に建物の内部でしか利用されない。死後に自分の名前を知られたくない人は、大理石の墓石がおすすめである。

たとえば、上八瀬地域の下部で採集した岩石を切断研磨すると、露頭で見えた泥岩と砂岩の交互層が単純な構造ではないことがわかる。具体的には、泥岩から砂岩、砂岩から泥岩へと積み重なる境界の構造が大きく異なる。砂岩が重なる泥岩との境界は、はっきりとした境界線で隔てられ、砂層部分が泥層を削ったような構造を見せることもある（図1・18）。一方、砂岩の上に重なる泥岩は、砂の粒が徐々に細かくなり、縞模様を残しながら泥岩へ遷移してゆくように見え、砂層と泥層の境界は不鮮明である。これは、乱泥流堆積物と呼ばれる特徴とよく一致する（Walker and James, 1992）。

乱泥流堆積物は、砂や泥を含んだ土石流のような堆積物の流れで形成される。この堆積物の流れが乱泥流と呼ばれ、乱泥流は海底表層に溜まった泥底を削りながら深海へと流れてゆく。乱泥流

図1・18　泥と砂の交互層から採集した岩石の研磨断面写真．砂岩部分の下側境界が明瞭な境界となり，上方で泥へと遷移する．

を構成する堆積物のうち、砂などの比較的重い堆積物が徐々に堆積し、泥の上に明瞭な境界面をつくって砂層が形成される。徐々に乱泥流の勢いが弱まるにつれ、より軽い泥などの堆積物が溜まってゆく。そのため、砂層から泥層にかけては不明瞭な境界となる。乱泥流が発生する条件が変化しない限り、同地域の海底で何度も乱泥流が流れ込む。結果として泥岩と砂岩の交互層が形成されてゆく。このように、乱泥流堆積物に関してはよく研究されており、一回の乱泥流で形成される砂層と泥層部分に見られる堆積構造のセットは、ブーマシーケンスと呼ばれている（Bouma, 1962）。

岩石の断面写真からブーマシーケンスを認定したことによって、上八瀬地域は、乱泥流が発生しやすい不安定な環境であったことがわかった。下部で見られる泥岩と砂岩の厚さは地域や層準によって違うが、おおむね層序に従って砂岩の厚さや層数が増えてゆく。これは、上八瀬地域の環境が徐々に乱泥流を供給する浅い環境へと近づいているこ

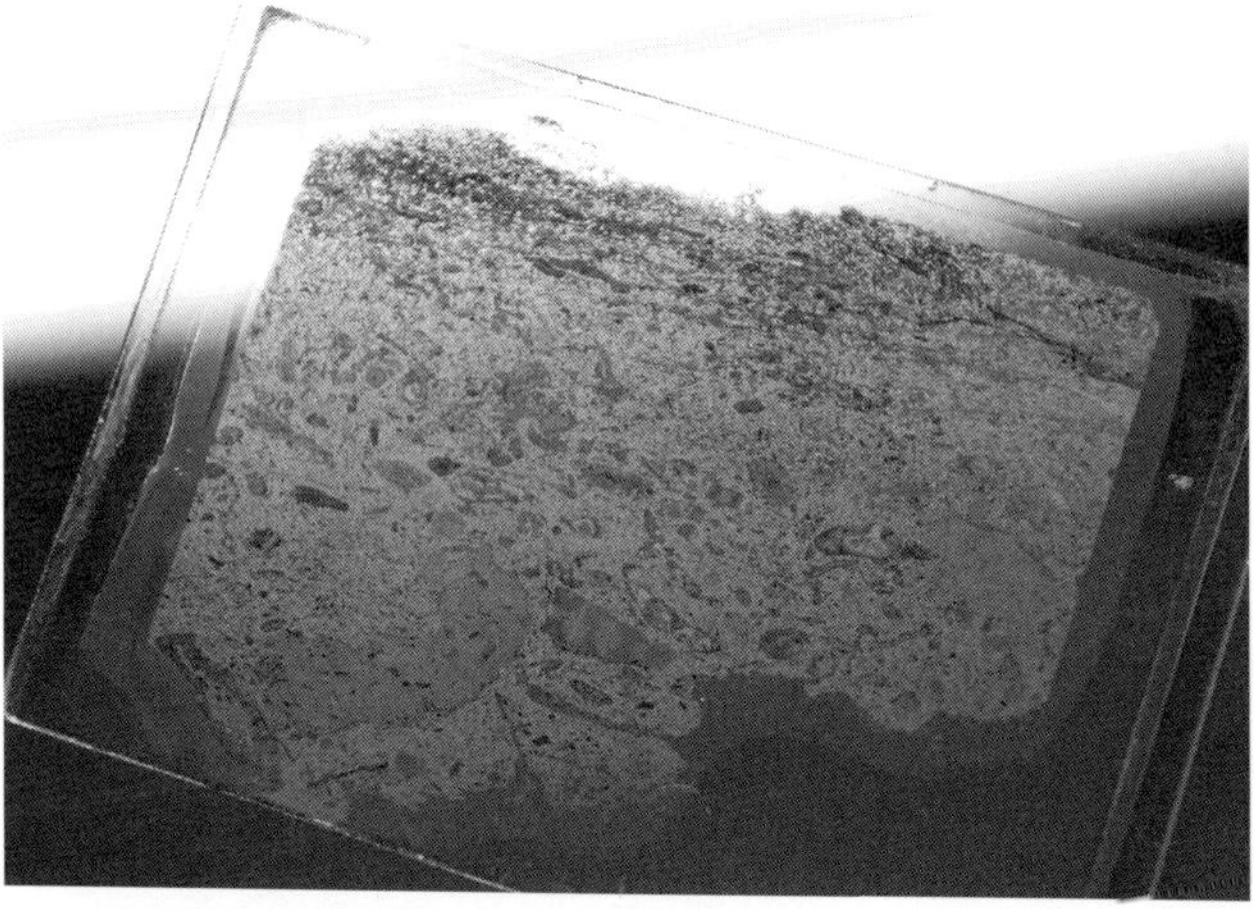

図1・19　製作した薄片．光が通るほど岩石を薄く削る．

とを意味する。一方、上部では、層序に従って砂岩の厚さや層数が減る。つまり、上部では再び深い環境へと戻ってゆくことを示している。上八瀬地域は、このような浅海化および深海化を示す地層の間に、石灰岩で構成される中部の地層が挟まれていることで特徴づけられる（図1・9）。

堆積物のでき方を調べるために、切り取った断面の一部を顕微鏡で観察する方法がある。その場合、岩石の薄片標本と呼ばれるものを製作する。薄片標本とは、きれいに磨いた岩石をガラス板に貼り付け、光を通すまで薄く削ったものである（図1・19）。数十ミクロンの薄さにすることで光を透過し、砂や泥の一粒一粒の種類や向きを観察することができる。すると、現場ではもちろんのこと、磨いた岩石の断面からでさえ見えなかった構造が浮き出てくることもある。乱泥流堆積物で見られた級化構造は、砂層から泥層へと遷移する粒のサイズを薄片で見てやれば一目瞭然となる。

コラム　ミクロのチキンレース

さも当たり前のことのように薄片づくりについて述べたが、ここには難しい職人技が隠されていた。通常の薄片は、岩石の厚さ三〇ミクロン（〇・〇三ミリメートル）をもって完成となる。この三〇ミクロンという数値は、生物の組織切片を作成するミクロトームを知っている人からすればかなり厚く、難易度は低いと感じるかもしれない。しかし岩石薄片の作成には、ミクロトームのような精密機械は使わない。ガラス板の上に研磨剤を敷いて、手作業で地道に削り続けるのだ。そのため、あまり考えずに研磨していると、いつの間にかすべての岩石部分を削りきってしまい、一切の情報を失ってしまうことがある。これは初心者によくある失敗だ。また、削るときに薄片を押さえる指の位置、力のかけ方によって、削れる場所が微妙に変わってくる。この影響は薄くなるほど如実に現れ、力をかけすぎた領域だけが削られてしまい、部分的に消失することもある。均等な厚さを維持しつつ、常に削れ具合を指で感じ取りながら三〇ミクロンを目指すような、職人技に裏づけられた肝っ玉が必要となる。美しい薄片には情報のノイズがなく、岩石の一側面を鮮明に映し出す。そこには、簡単な量産体制からは生まれ得ない、職人技のなす学術知が秘められていることも多い（Shiino *et al.*, 2011a）。

室内調査では大きな事件もなく、物事が順調に進んでいた。しかし、最初の一か月を過ぎたあたりで、大きな問題に気づかされた。それは学生が調査に費やせる夏休み、冬休み、春休みの間隔が約三か月しかないことだ。この期間中に一〇〇〇キログラム弱の岩石を室内調査しなくてはならないのだ。堆積物が溜まった環境を復元するためのデータを採集するには、あまりにも短い期間である。次の調査計画の修正が効かず、支障をきたすこともあった。

ちぐはぐな堆積環境の変遷

堆積学の研究は多岐にわたるが、堆積環境を復元するだけであれば、それほど難しいテーマではない。すでに欧米で確立された堆積学の教科書には、さまざまな堆積構造とそれに対応する環境が記述されている。つまり、教科書を参考に「絵合わせ」をすればよいのである。

がむしゃらに手を動かせば、とりあえず堆積構造のデータは蓄積されてゆく。それにつれて、当時の堆積環境がみるみる復元できる、はずだった。

野外で観察できた泥岩と砂岩の交互層と、室内調査で明らかになった乱泥流堆積物は、どの有名な教科書をみても「海底扇状地で典型的な堆積物」とされている（たとえばWalker and James, 1992）。海底扇状地とは、大陸棚の海底縁辺部に谷ができ、陸上で見られるような扇状地形になったもののことである。陸上の扇状地で見られる河川作用に対して、海底扇状地は、底層流と呼ばれる海底付近の水の流れや、崩れ落ちた堆積物で構成される乱泥流や土石流のような作用で形成される。堆積学のなかでも初歩的な知識であり、野外調査を開始した当初から、海底扇状地を足掛かりに堆積環境を復元するつもりであった。

ところが、上八瀬地域の地層から堆積環境を復元してゆくと、想定される環境の変遷に大きなズレが生

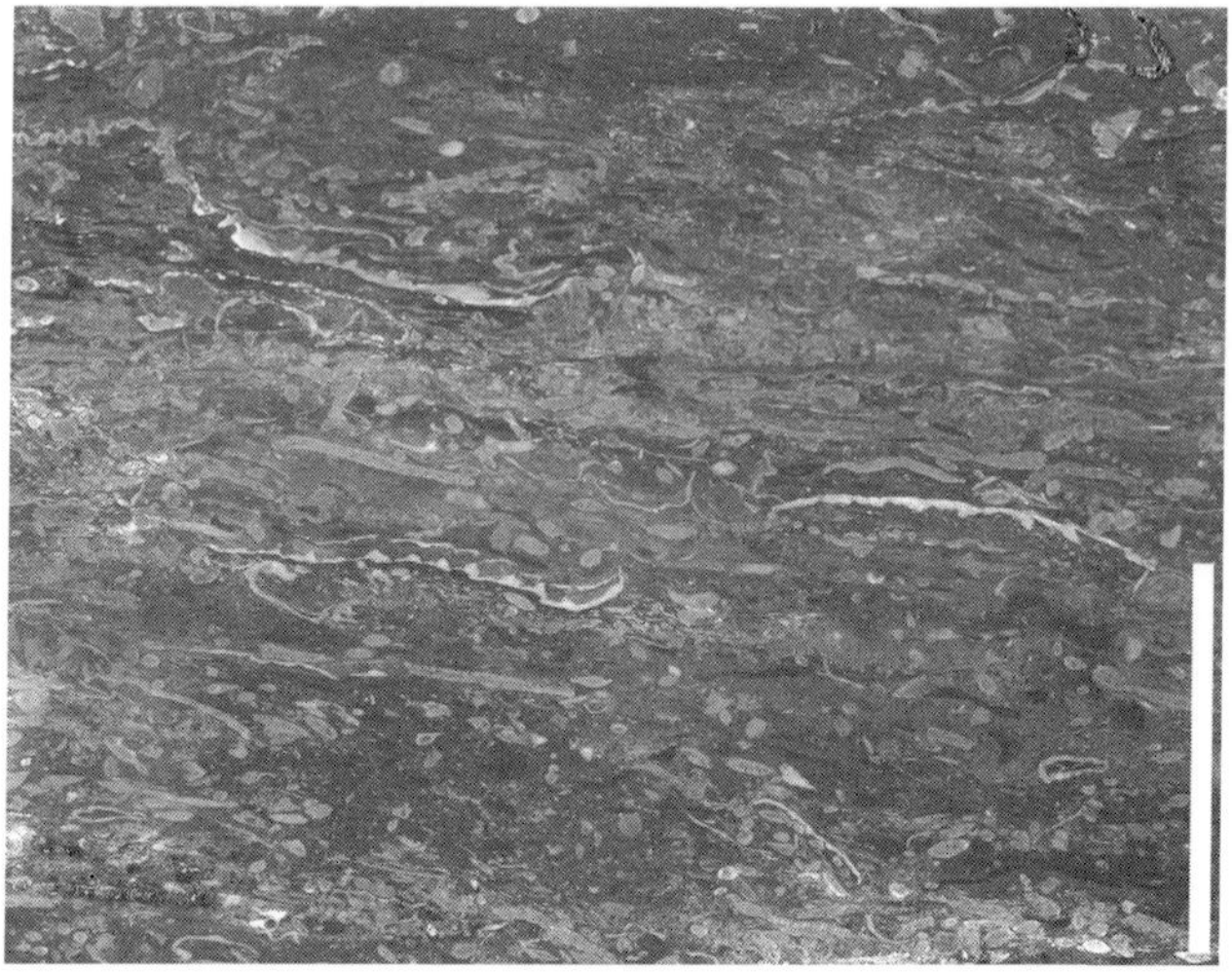

図1・20　中部の地層から採集した石灰岩の研磨断面写真. 白く見える部分は化石の断面. スケールは5 cm.

じてしまった。泥岩と砂岩の交互層を中心とした下部と上部の地層は、どちらも数百メートルよりも深い海底扇状地で形成されたと考えられる。しかし、大規模な石灰岩が露出する中部では、その最下層にハンモック状斜交層理の砂岩がある。つまり中部の地層は、水深数十メートルのきわめて浅い下部外浜の環境から始まっている。

また、中部の石灰岩地層には、化石となった生物骨格が大量に含まれている（図1・20）。当初は、乱泥流に巻き込まれた生物遺骸かと思っていた。しかし、岩石を切断して研磨したところ、乱泥流などで流された構造は見つからず、細かい泥の粒がゆっくりと溜まった堆積岩であることがわかった。産出する化石には、光合成をするサンゴの化石や岩礁地にしか生息できないような生物遺骸などが含まれている。沖縄の浅い海で大量の生物骨格やサンゴが見られるように、当時の上八瀬地域も浅い環境であった可能性を示している。つまり、海底扇状地から水深数十メートルの浜辺へ変化した後に、突然サンゴ礁のような環境となり、その後再び海底扇状地へと移り変わった、という変遷である。はたしてそんなことは起こりうるのだろうか。露頭が欠如している部分に謎があるのだろうか。それとも、どこかに見落としがあったのかもしれない。

教科書と一致しない結果

この謎を解決したのは、しばらく忘れていたスランプ構造の存在であった。岩石のきれいな断面写真や、時間をかけて製作した薄片のデータなど、どうしても見栄えのよいデータを使いたくなる。そのため、インスタントカメラで撮影したピンボケ気味の露頭写真は、私のなかでなおざりにされていた。

層内の地層が引きずられて形成されるスランプ構造は、大陸棚縁辺部の先に広がる陸棚斜面のような環境の指標であり、海底扇状地よりも浅いことを示す。スランプ構造が出現する層準に注目したところ、下部の地層の砂岩と泥岩の交互層と共存している。つまり、交互層の特徴は、大陸棚よりもはるかに深い海底扇状地を意味し、スランプ構造に基づけば、大陸棚のすぐそばの陸棚斜面で堆積したと解釈できてしまう。仮にスランプ構造を信じるなら、教科書どおりに解釈した海底扇状地が間違っていることになる。

どちらの可能性も不確定要素が多く、このままでは水掛け論になってしまう。確信を得るには追加の証拠が必要である。問題の一つは、外浜環境との極端な環境格差であり、このギャップを埋める証拠があればよい。そこで、外浜へと至る詳細な環境変遷を見積もるために、現場を入念に見直すことにした。裏づ

図1・21　薄い化石密集層と泥岩の交互層．白い矢印部分が化石の密集部分．

け調査の結果、外浜環境を示す砂岩の直下二〇〜四〇メートルの層準は、なぜか風化が激しく、岩石がボロボロに崩れ、多くの地域でごっそりと露頭が欠落していた。なんとか保存状態のよい露頭に張りついて堆積相を観察すると、生物遺骸が薄く層状に入った化石密集層と、泥岩の交互層で特徴づけられることが判明した（図1・21）。一見すると、化石を大量に含む中部の石灰岩に堆積相がそっくりである。また、化石密集層と泥岩の交互層とは別に、乱泥流に由来する砂岩層が定期的に挟まれている。

ようやく見つけた解決への糸口は見逃せない。すぐさま携帯エンジンカッターを出動させ、川沿いに露出した連続露頭二〇メートルを、数日かけて切断した。状態のよい岩石試料をなんとか収集し、岩石の切断、断面の研磨、観察と、手慣れた作業を丁寧にこなす。層状に含まれる化石密集層は、乱泥流堆積物のように流された痕跡があるが、乱泥流に巻き込まれた化石と比べて破損が少なかった。執拗に断面観察を続けると、緩やかにうねるスウェール状斜交

図1・22　スウェール状斜交層理．黒矢印で示したように，凹状になる層理が発達する．

層理と呼ばれる層状構造を発見した（図1・22）。このスウェール状斜交層理は、ハンモック状斜交層理のハンモック部分を取り除いたような堆積構造で、規模がきわめて小さいことを考慮すれば、ハンモック状斜交層理を形成する外浜より少し深い環境で形成されたと考えられる。ただし、天気がよい静穏時には、外浜より深い環境に波の影響は及ばない。つまり、嵐のように海が荒れているときに、普段より深くまで波が影響したときに形成されやすい（Dott and Bourgeois, 1982）。化石の産出状況や堆積構造を考慮すると、乱泥流堆積物とは明らかに異なる化石密集層であり（図1・23）、先行研究で報告されたストーム（嵐）堆積物の堆積相と認定してよいだろう。ついに、大陸棚上の堆積環境を確実に示す証拠が手に入った。

認識とはおもしろいもので、これまでとってきた試料やデータを再検討すると、まったく気づかなかった陸棚環境の証拠が次々と見いだされた。そうして、各層準の堆積環境が次々と明らかになり、環境の変遷も整合的に理解することができた。しかし、復元された環境には見合わない特徴も要所に含んでいる。たとえば、乱泥流堆積物の起源は結局解決していない。なぜ、海底扇状地で発生しやすい乱泥流が、

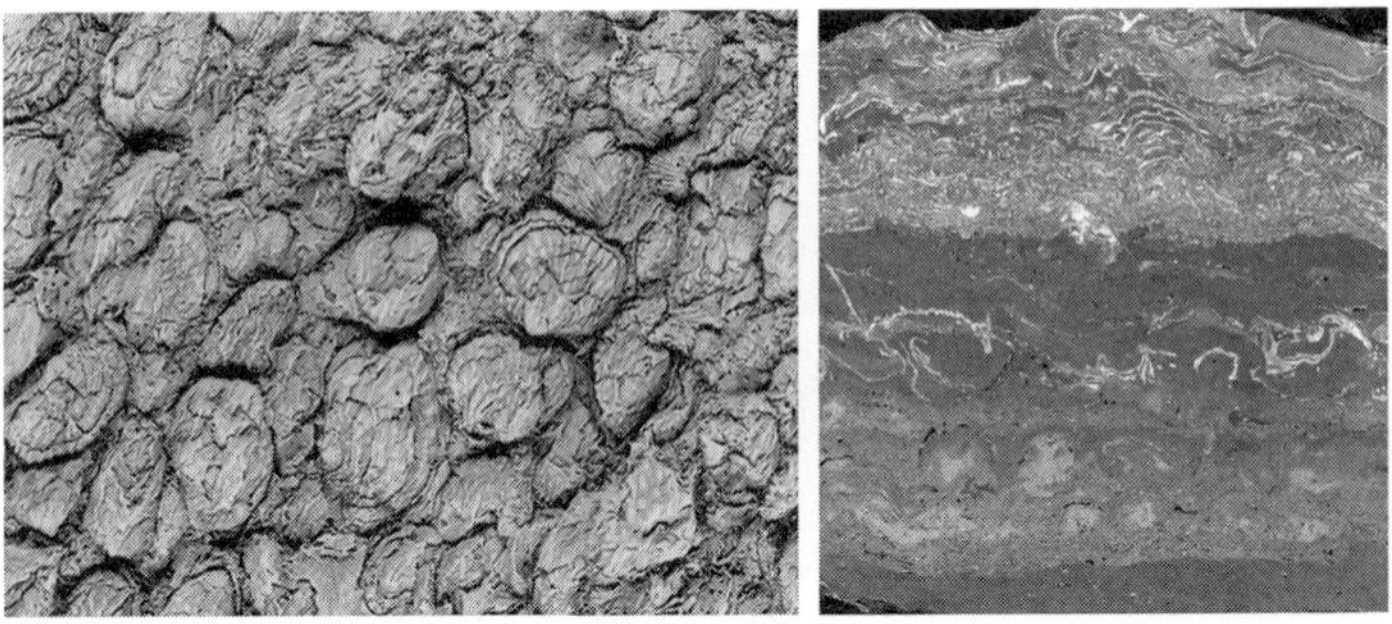

図1・23　ストーム（嵐）で集積した化石の密集層．断面で見ると，波の影響で削られた泥の底面に白く見える化石がはき寄せられている（右）．層理面を見るとすべての化石が凸面を上向きにして産出する（左）．写真の化石はすべて腕足動物カンクリネラ．

大陸棚の上で頻発していたのだろうか。また、一般的にストーム（嵐）堆積物は砂質であると教科書に記されているが、上八瀬地域の下部は、泥質のストーム（嵐）堆積物と砂質の乱泥流堆積物が共存している奇妙な堆積相である。上八瀬地域における研究の最終段階は、これらの「腑に落ちない部分」を解決することに時間を費やした。

中学校までの授業で、大きく重い石が最初に堆積し、それに次いで小さく軽いものが上に積み重なってゆくことを習った人は多いだろう。この原理どおり、河川の上流では大きい岩が見られ、下流へ行くにつれて小石や泥へと遷移する。さらに河川の場合は、川の傾斜によって、河口付近まで運搬できる堆積物が変化する。たとえば、富山県の常願寺川や静岡県の安倍川は河川勾配がきつく、河口付近にまでこぶし大の石がゴロゴロ転がっている。一方、日本で最大の流域面積を誇る利根川は河川の傾斜が緩く、細かい泥が川底や岸をつくっている。

問題解決の糸口は、まさに河川の例に表されるような日本特有の地学的性質にあった。堆積学を扱った多くの教科書は、西

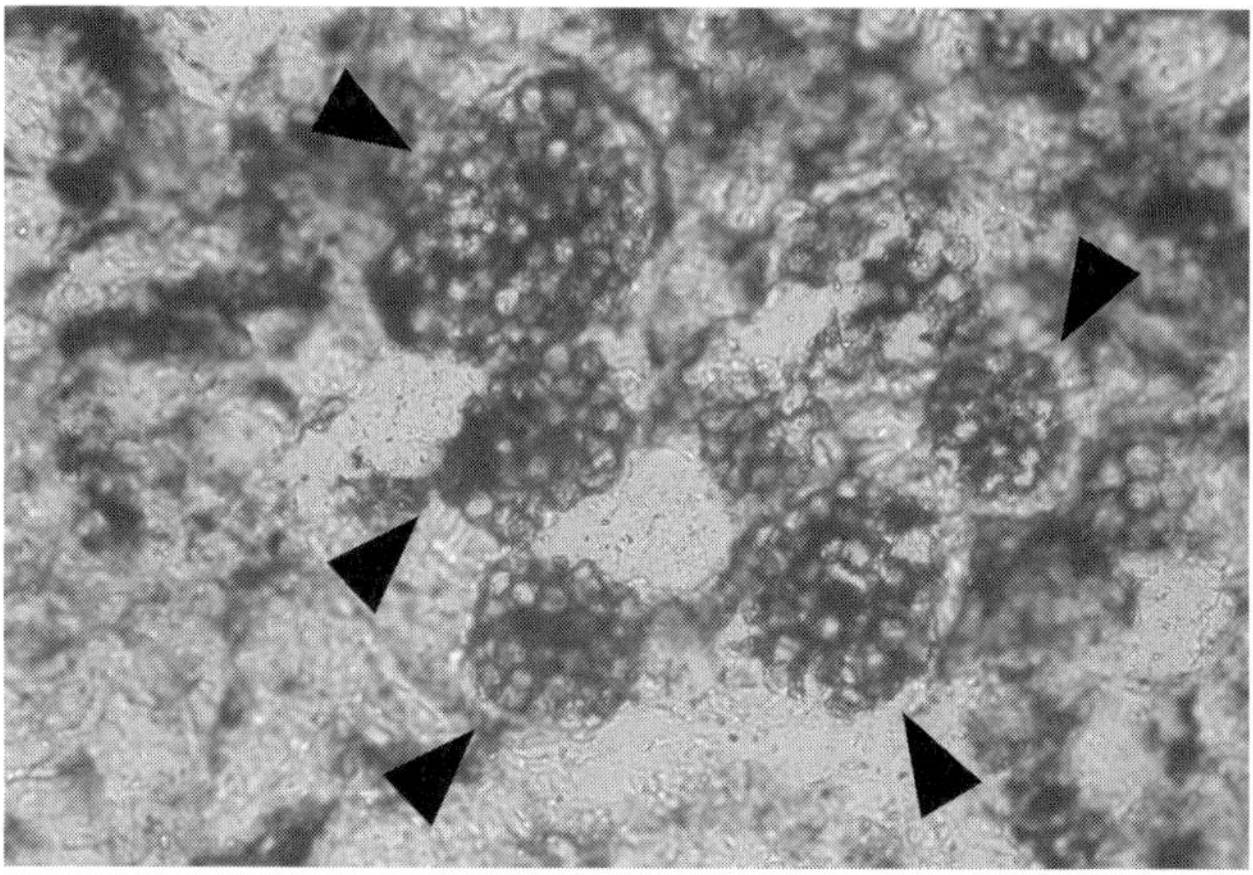

図1・24　薄片で見つけた胞子嚢の化石．１つの球体が500μm程度．

洋の地質を例に紹介されていることが多い。そのため、堆積物の供給源となる後背地は、地震も知らないような安定した大陸であることが前提となっている。かたや、堆積物を運搬する日本の河川は、世界的にみても、きわめて勾配がきつい。つまり、安定大陸と日本のような変動帯の間には、後背地から海底へ堆積物を運ぶ営力に大きな格差があるのだ。

これに基づいて、解釈できなかった特徴を見直してみよう。まず、きつい河川勾配は、継続的に河口付近へと堆積物を供給し、重力的に不安定な浅海環境を生み出す。やがて不安定な堆積物は崩れて乱泥流となり、陸棚上に乱泥流堆積物が溜まってゆく。嵐が発生すると、河川は大量の泥を運搬する。結果として、沖合いに溜まるストーム（嵐）堆積物は泥質となる。泥質部分をよく見ると、植物破片や胞子嚢が大量に含まれている（図１・24）。つまり、嵐で河川を通じて植物が大量に流され、ストーム（嵐）堆積物として泥と一緒に堆積したと解釈できる。台風のときに河

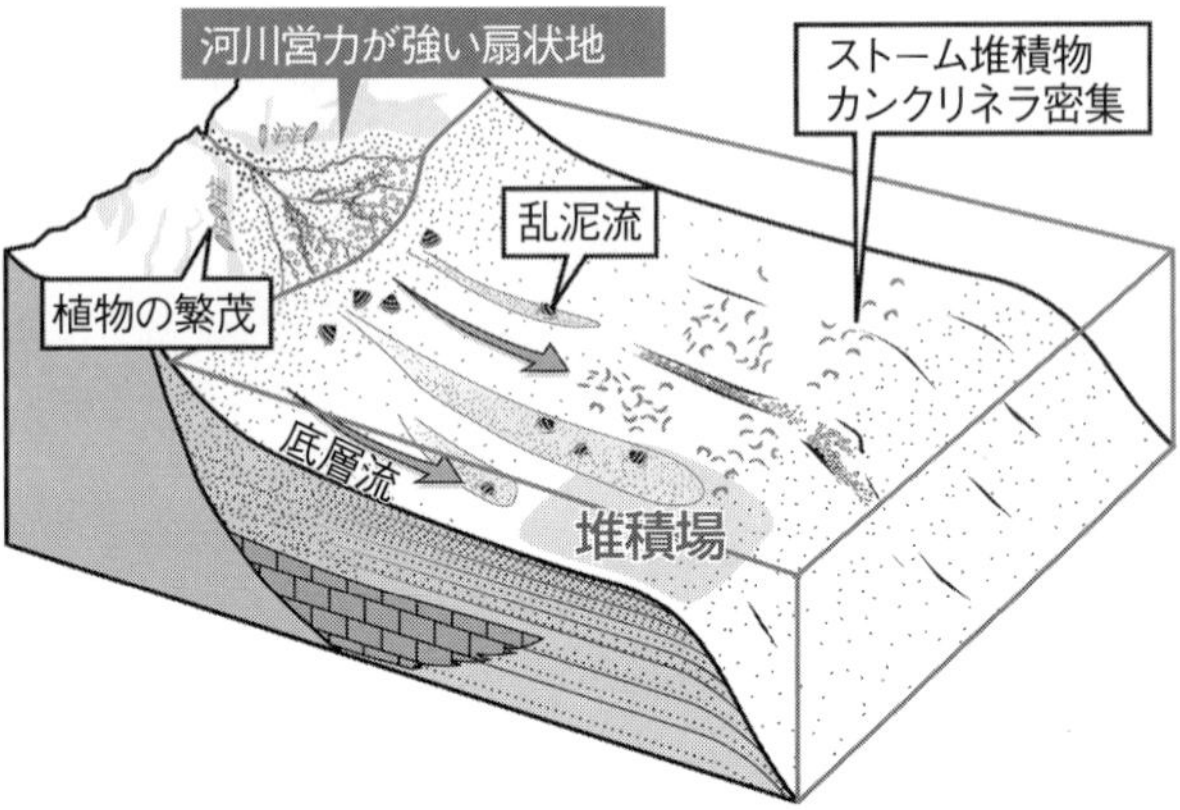

図1・25　上八瀬地域の下部で考えられる堆積場の復元.

川を眺めていると、川の水が泥でにごり、木の枝や葉っぱが流れていく光景を目にするだろう。そのまま海へと流出し、沖で堆積すれば、泥と植物を含んだストーム（嵐）堆積物となる。この現象を生み出す地質的な特性が、上八瀬地域でみられるペルム紀の堆積相に反映されていたのである（図1・25）。ちなみに、この層準がごっそり抜け落ちていた理由の一つは、植物片など有機物の含有量にあると見ている。有機物に富む堆積岩は風化しやすく崩れやすい。地質体ぐるみで貴重な情報を隠蔽していたわけだが、ようやくその首根っこをつかむことができた。

起こりうる現象を組み込んで矛盾をなくしたつもりであったが、上八瀬地域の解釈は多くの人に反論された。その主な理由は、「一般的に起こりえない」からだそうだ。よくよく出典を問うと、「一般的」とは教科書の記述のことらしい。その教科書の前提条件に当てはまらないのだから、違う結果になるのは当たり前だ。かつての私も、教科書の盲目的信者であった。すでに確立された一般論というのは、問題と解答例がセットになったドリルのようなものである。結果と正解が簡単に対応づけられるので、楽に成果を得られるだけでなく、教科書を盾にすれば解釈の責任逃れも簡単である。教科書とは、あくまで理解を深めるための参考文献であって、自分のバイブルとして暗記するように覚えてはいけないのだろう。

生物たちの巨大墓場

教科書との矛盾点は〝とりあえず〟解決し、堆積環境の変遷は明らかになった。上八瀬地域で解決すべき問題として、残すところは中部の石灰岩である。

この石灰岩、厳密には大量の生物遺骸を含んだ泥岩であり、石灰質泥岩に分類される。最もわかりやすい石灰岩の起源は、サンゴ礁である。サンゴは石灰質であり、そこに生息する貝類の殻も石灰質である。沖縄の砂浜から採れる星の砂も、有孔虫と呼ばれる微生物の殻であり、やはり石灰質である。多くの生物の遺骸が化石となり、かつて存在したサンゴ礁は、大規模な石灰岩体となって地層の中に現れる。しかし、上八瀬地域の石灰岩は、サンゴ礁を起源としていない。上八瀬地域の石灰岩が形成された堆積環境は、下部外浜よりも深い大陸棚の外側であり、サンゴ礁が存在しない環境である。確かに礁をつくるサンゴの化石は産出するが、サンゴの化石は石ころのように礫化していて、大規模な礁をつくっていた形跡はない（図1・26）。そもそも、光合成を行える浅い海にいたはずのサンゴが、なぜ大陸棚の深いところから産出するのか。大量に含まれる生物たちの骨格が、乱泥流や嵐などで流されてきた痕跡もない。まるで静穏な大陸棚の外縁部に突如出現した、生物遺骸の巨大な墓場である。

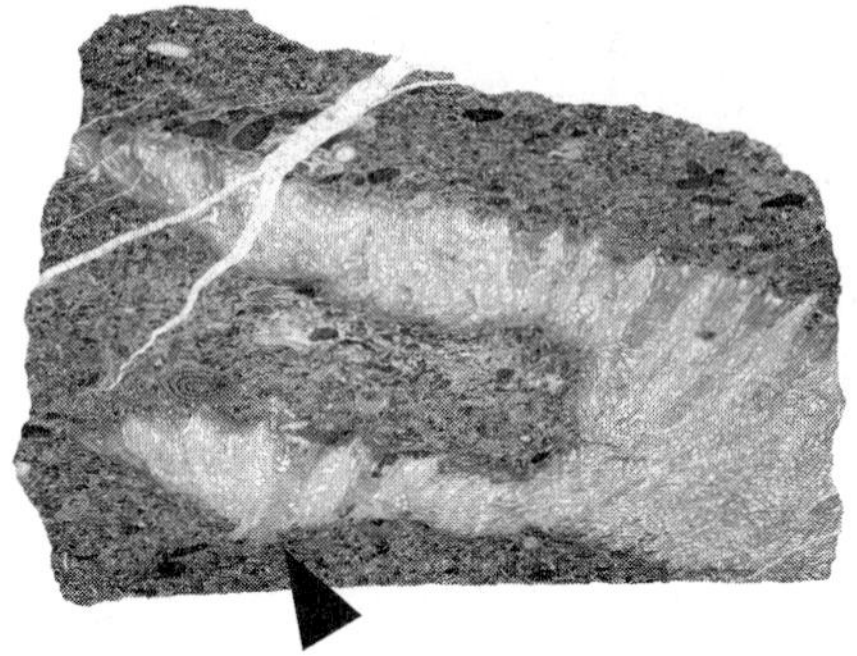

図1・26　礫化したサンゴ化石の薄片写真. 白く見える部分がサンゴで, 黒矢印のあたりが根元.

これらの特徴は教科書でも見かけず、前例をみない石灰質泥岩の解釈にたいへん苦労した。単純に考えれば、中部の石灰質泥岩が形成された当時は豊かな海で、多くの生物を育める海底環境であったと結論づけられるだろう。エサが豊富であれば、生物の多様度は高まる。上八瀬地域の下部で復元された大陸棚上の堆積環境と同じだが、中部を構成する石灰質泥岩の形成時には海洋環境が変わった、という解釈である。地質学の研究にありがちな結論であり、一般論が大好きな多くの同業者からは批判が少ない無難な落としどころである。

では、多様になった生物たちに目を向けてみよう。先に述べたサンゴに加え、卒業研究の目的であった三葉虫ももちろん産出する。ほかにも、海綿動物や、サンゴのように群体をつくるコケムシ、本書の主題でもある腕足動物が多産する（図1・27）。腕足動物の詳細は第2章で述べるが、二枚の殻をもちつつも、二枚貝には似て非なる動物だと思っておいてほしい。これらの生物化石を注意して観察すると、現地で死に絶えた生物と、破損して流されてきたとしか思えない生物遺骸が混合していることに気づいた。

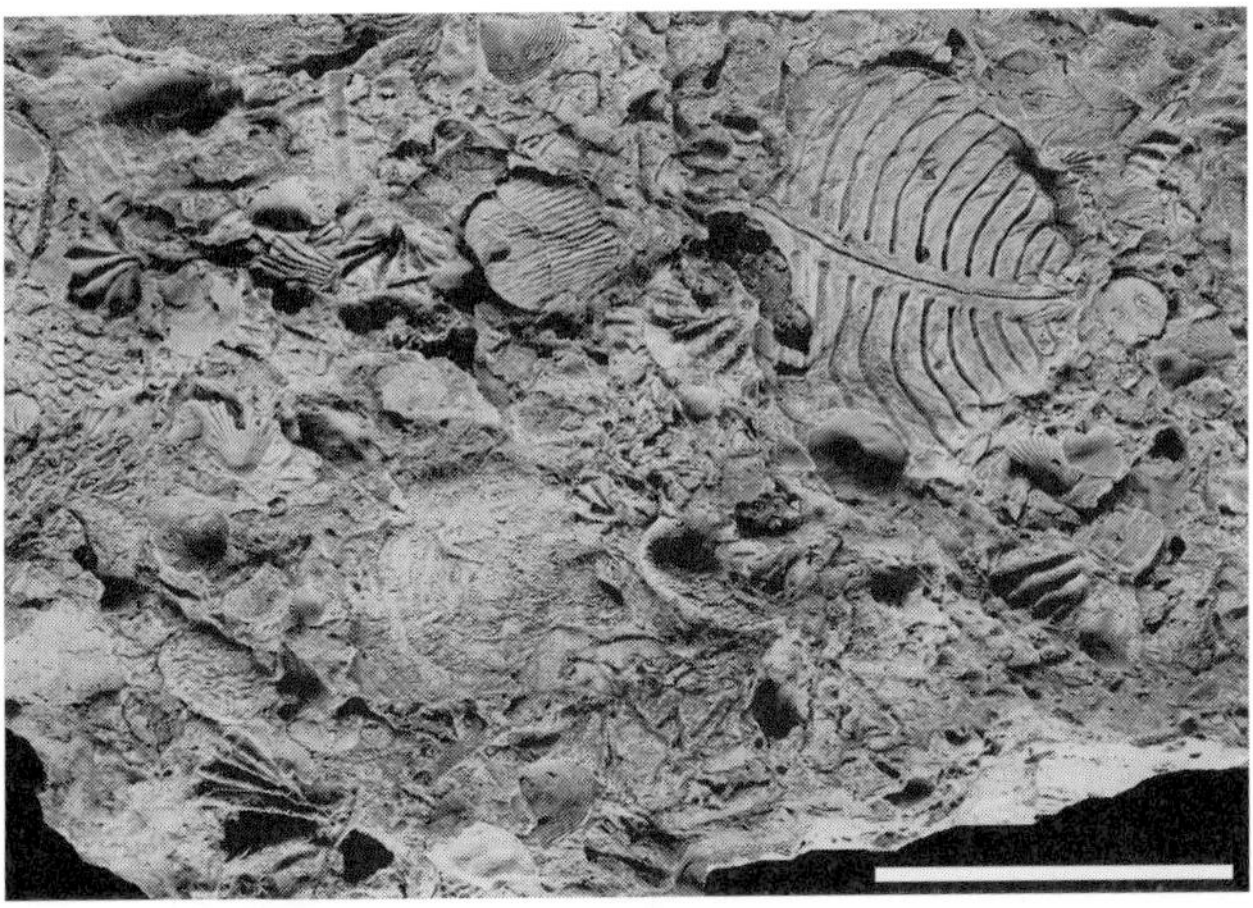

図1・27　腕足動物やコケムシの化石密集層. スケールは5cm.

たとえば、礁をつくる光合成生物サンゴの化石は根元が折れていて、もともと生息していたサンゴ礁から崩れてきたような保存状態になっている。また、サンゴのように礁をつくるコケムシも破損が激しく、ボロボロの状態で産出する。二枚貝のカキのように硬い部分に固着する腕足動物の一種レプトダスは、固着していた根元部分が必ず折れている（図1・28）。一方、三葉虫やその他の腕足動物に流された形跡はなく、現地の泥質環境に適応していたことは間違いない。つまり、石灰質泥岩を形成した海底環境にとって、サンゴ、コケムシ、レプトダスの存在が異質であり、それらの「異端者」たちは、光合成ができるほど浅く、固着できるほど硬い底質環境から混入したとしか考えられない。泥自体に流された形跡がないことを考えると、大陸棚の外側にあった上八瀬地域に、岩塊でできた崖のような高低差のある環境が隣接し、そこからサンゴ、コケムシ、レプトダスが「降ってきた」と解釈すれば納得できそうだ（図1・29）。

図1・28　腕足動物レプトダスの化石．白矢印の部分が固着部分であったが折れている．

大量に含まれる生物遺骸と環境要因は、簡単な対応関係にはなっていないことがわかるだろう。もちろん、環境が好転して生物が多様化したことを否定するわけではないが、そこに原因を求めるだけでは解決しない。上八瀬地域では、比較的狭い地域で環境が複雑になっていた。環境条件が多様であれば、そこに適応する生物種も数が増えるのは当たり前である。たとえば、環境がシンプルな砂浜と比べて、複雑な微環境を含んでいる磯の生物は多様である。上八瀬地域の生物遺骸も、環境の多様化に伴って、見かけ上の生物多様性を高めていたと解釈できる。

二億六〇〇〇万年前の巨大な地殻変動

上八瀬地域の地層が教科書の背景に当てはまらないのは、数々の証拠からも明らかである。しかし証拠を一般論に当てはめて解釈しない場合、その模範解答を避けた明確な理由を提示しなくてはならない。再調査で見つけた証拠で一つの疑問が解けると、また新たな疑問がわいてくる。そん

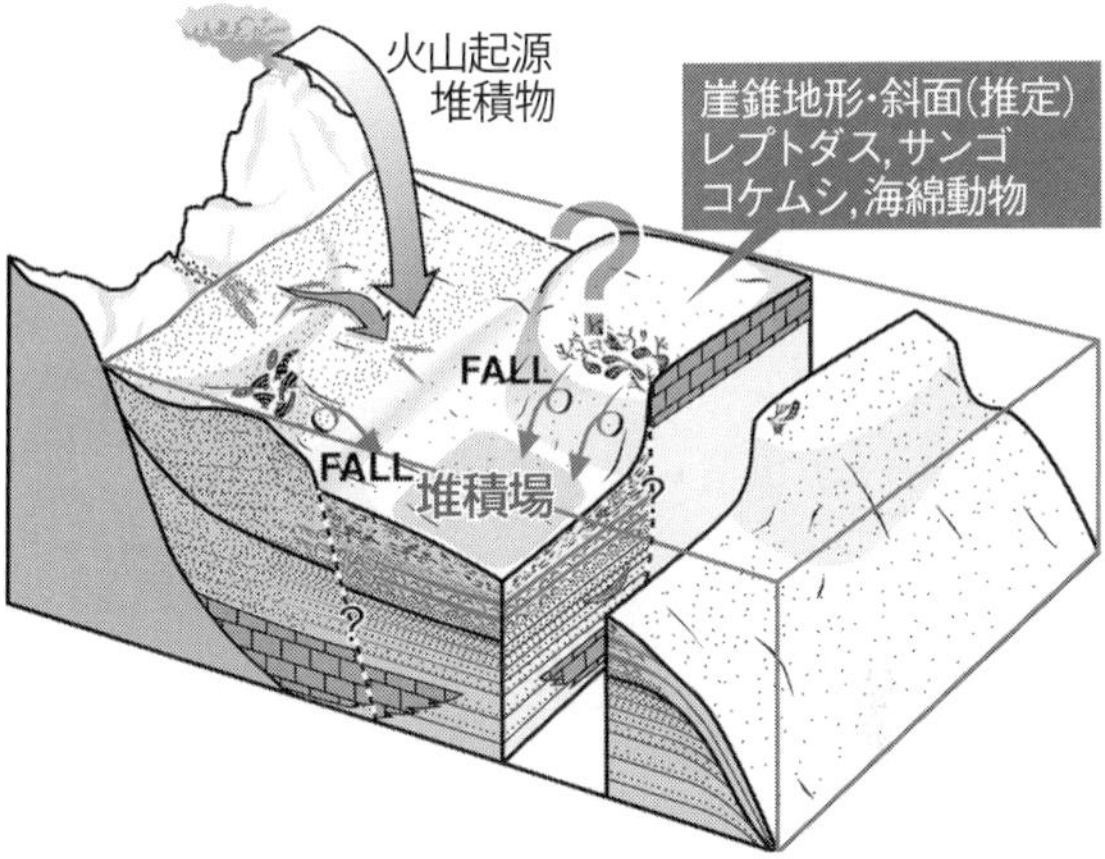

図1・29　上八瀬地域の中部で考えられる堆積場の復元.

な過程を何度も繰り返し、証拠と解釈を積み重ねていった。その末に、中部の石灰質泥岩が異質な堆積環境で形成されたことを突き止めたのだ。高低差のある環境を生み出す原動力は、もはや上八瀬地域だけの問題では収まらない。

地形を変えるほどの変化は、巨大な地殻変動を引き起こすような地質体規模の支配が必要である。しかし、情報の欠如した地層から、この仮説を証明することは難しい。可能性を確からしくするには、いくつかの状況証拠を積み上げて、限りなくクロであると判断するしかない。そこで、地殻変動の存在を裏づける証拠を探索しつつ、地域から世界規模で起こりうるさまざまな現象を組み込んで説明しようと、多重クロスチェックを試みた。

石灰質泥岩の層準や地域による違いを調べるために、再び野外調査へと向かった。露頭の隅っこをハンマーで叩き、少しずつ破断面を露出させ、これまでよりも丹念に一層ずつ見直してゆく。すると、いくつかの層準に石灰岩ではない厚さ数センチメートルの堆積岩が挟まれていることを発

図1・30　白色の火山灰層．矢印の層準を金ブラシで削って発見．

見した（図1・30）。この層準から採集した岩石試料を薄片にして観察すると、斜長石と呼ばれる鉱物を排他的に含む火山灰であることがわかった。顕微鏡下の観察から火山灰の鉱物学的な性質を読み解くと、日本のように活動的な地質体の火山にみられる特徴とよく一致する。つまり、ペルム紀の上八瀬地域も、日本列島のような活動的な大陸縁辺部に位置していたと考えられる。そして、中部の地層を形成した時期に火山活動が活発化したことは、疑いようのない事実となった。

世界規模の現象と比較するためには、地層の時代がわからないと意味がない。ある時代を特徴づける生物化石は示準化石と呼ばれ、地質時代の決定に役立つ。たとえば、三葉虫は古生代（およそ五億四〇〇〇万年前から二億五〇〇〇万年前）を代表する示準化石である。もちろんこの示準は、三葉虫の種によって細かく区分されていて、種の入れ替わりなどを指標に、世界各地で地層の相対的な時代が比較できる。

古生代ペルム紀の地層が露出する上八瀬地域では、星の砂で知られる有孔虫の仲間、フズリナを用いて時代を決定できる。

すでに堆積学で限界だった当時の私は、フズリナを扱った時代論に手を伸ばす気力が起きず、小林文夫先生（兵庫県立人と自然の博物館）にフズリナ学を指導していただいた。

コラム　時代を決める

フズリナは、ラグビーボールのような紡錘形の生物である。ペルム紀の石灰岩であれば、かなりの確率で含まれている。しかし、数ミリメートルから数センチメートルのフズリナの種を石灰岩の表面から判断することは難しく、普通は断面の形態を薄片から観察して種を決める。まず、石灰岩のブロックを短冊状に細切れにする。断面を観察し、いくつかのフズリナのなかから、正中断面に近いフズリナ部分だけをチップ状に切り出す。この岩石チップを顕微鏡で確認しながら研磨し、正中断面を露出させてから薄片にする。フズリナの中心には、最初期に形成された初房と呼ばれる球体の殻がある（図1・31）。これをきれいに露出させた薄片こそが、正確な種の決定を可能にする。一連の作業は職人技に近い。学生の浅知恵を働かせた私は、とにかく多くの薄片を製作しようと物量作戦に出た。およそ一か月で五〇〇枚程度のフズリナ薄片を製作し、小林先生に見てもらったが、一枚たりともフズリナ論文に組み込まれることはなかった。熱意だけは認めてもらったが、フズリナの種を決められる完成度の薄片がなく、すべて小林先生に作り直していただいた。

上八瀬地域から産出するフズリナ化石によれば、中部の地層はペルム紀のなかのキャピタン期に相当す

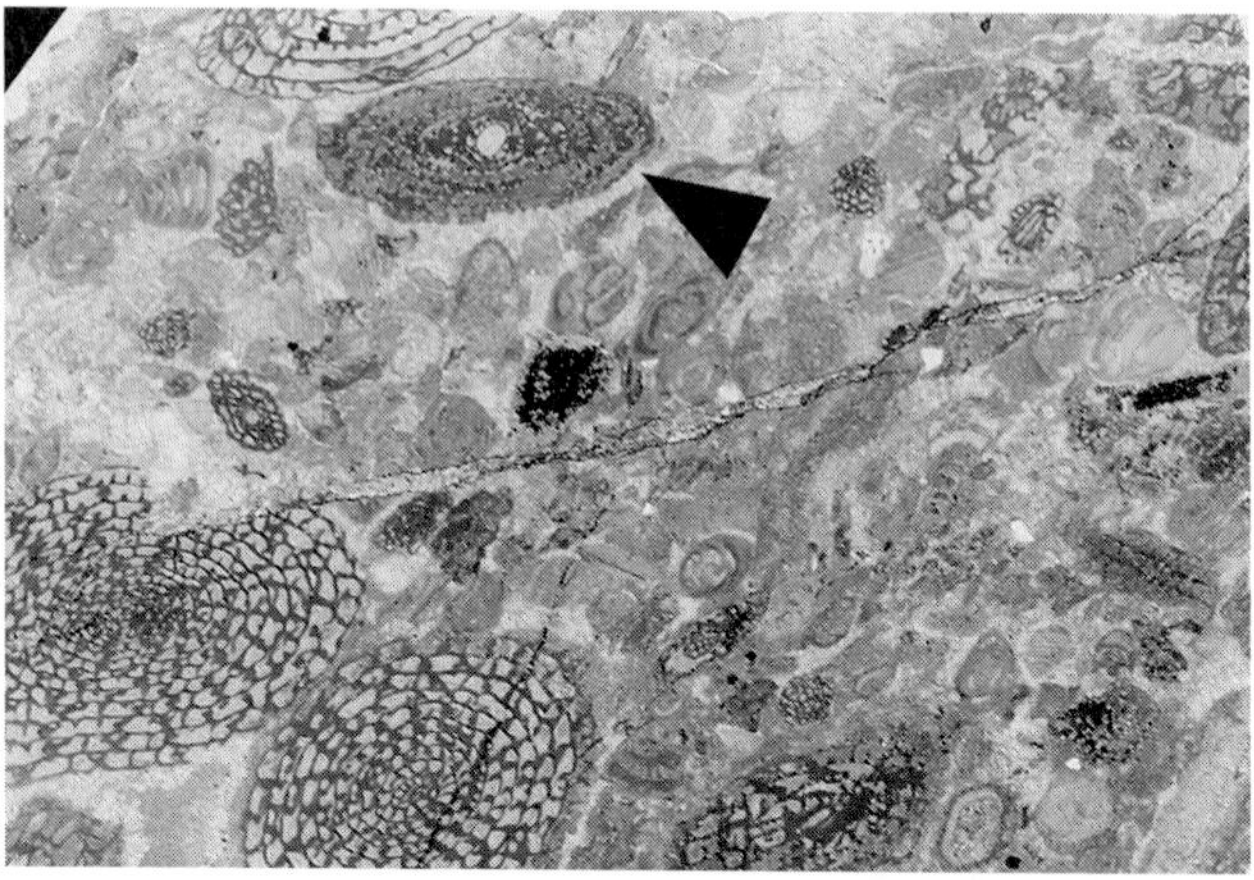

図1・31　フズリナの薄片写真．矢印で示した標本の中央円形部分が初房．

ることがわかった（椎野ほか、二〇〇八；Kobayashi *et al.*, 2009）。同じ時代の地層を追ってゆくと、上八瀬地域と同様の石灰岩が東北地方に広く分布している。つまり、上八瀬地域の中部で見いだされた現象は、かなり広域にわたって起こった地殻変動に起因すると考えられる。また、キャピタン期には地球内部のマントル運動が活発化した可能性も示唆されている（Kutzner and Christensen, 2002）。当然ながら地球内部が動けば、地殻変動のかたちで地球上にも影響が及ぶ。その影響が、上八瀬地域近辺の火山活動を活発化させていた可能性は無視できないだろう。

三葉虫の生息環境を知るために始めた研究だったはずが、最終的にはペルム紀に起きた大絶滅との関係へ言及するまでに至ってしまった。もの言わぬ化石を見ているぶんには実感できないが、当時の環境がみえてくると、なかなか恐ろしい光景が目に浮かぶ。中部で解釈された崖のような高低差は、火山活動を伴う地殻変動が関与していたことに間違いなさそうだ。だとすれば、高低差を生む劇的な隆起や沈降、もしくは巨大な断層活動があったことになる。そこには、とんでもない規模の地震が想像されるだろう。中部で見いだされた事件は、少なくとも東北地方一帯に影響している。わかっている範囲だけでも、二〇一一年三月一一日に起きた東北地方太平洋沖地震と同等以上である。地震と火山、ペルム紀に起きた想定外中の想定外がみえてきた（Shiino *et al.*, 2011a）。

さて、この成果が論文として出版されるまでには随分と長い時間を費やした。学部三年、二〇〇二年の夏から始めた卒業研究の調査は二〇〇九年にすべてのデータを取り終え、成果をまとめて論文を作成し、最終的に雑誌へ掲載されたのが二〇一一年であった。このときはすでに修士課程二年、博士課程三年をとうに終え、日本学術振興会の特別研究員二年目も終わりに差しかかっていた。「君の卒業研究は、どうせ論文にならないでしょ」など、当時いただいたイヤミはすべて反骨精神に置き換え、じつに九年越しで着地点を見つけることができた。かつての指導教員には、この吉報をずいぶんと待たせてしまった。

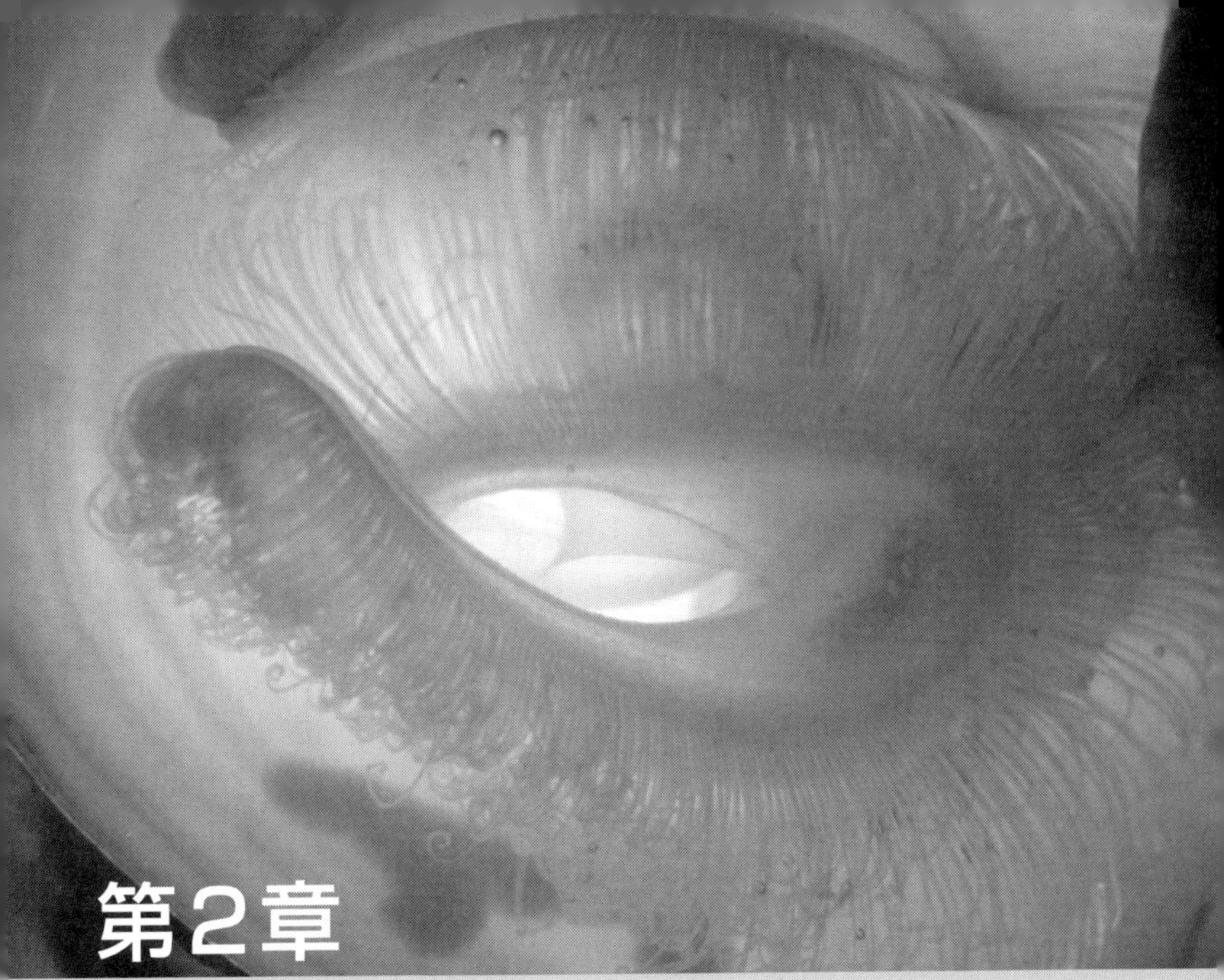

第2章
腕足動物

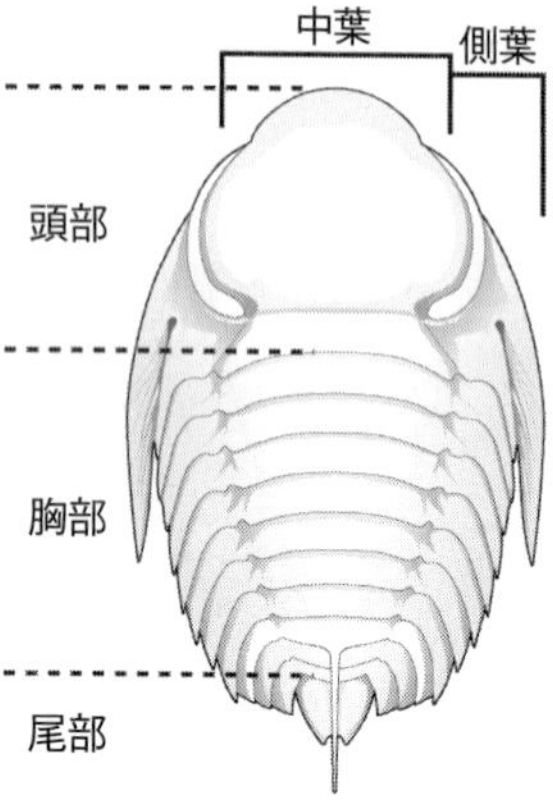

図2・1　三葉虫の体制.

腕足動物を題材に

研究対象を変えよう

山ごもりと堆積物に翻弄され、いつの間にか修士課程と博士課程が終わったかのように書いてしまったが、もちろん他の研究テーマを進めていたから修士号と博士号を取得できたのである。きっかけは、修士課程に進学する直前の春休みに訪れた。

化石のなかでも有名な三葉虫。しかし、その標本を国内で採集することは難しい。海に棲む絶滅節足動物である三葉虫は、一つひとつの節に一対の足（付属肢）をそなえていた。ダンゴムシのように多数の節をそなえた姿から、海底を歩きまわる動物像が思い浮かぶだろう。

三葉虫の体は、中葉と左右対の側葉に縦三分割で区分され、これが三葉虫の名前の由来にもなっている（図2・1）。また、頭部、胸部、尾部といった横方向の区分で考えることもできる。三葉虫が死ぬと、この横方向の区分に準じてバラバ

図2・2　バラバラになった三葉虫の化石.

ラになりやすい。死んで時間がたったカブトムシの角（頭部）と胴体がはずれやすいように、三葉虫の化石は、頭部、胸部、尾部の各パーツとして産出する。しかも節足動物である三葉虫は脱皮をする。一個体の三葉虫が何度も脱皮をしながら成長するため、脱皮によって脱ぎ捨てられた殻の化石が圧倒的に多い（図2・2）。化石として採集される状態は、堆積物に埋没される過程や化石となるまでの条件によって異なるが、ここで述べたいのは完全な三葉虫を採集することがいかに困難か、ということである。私が費やした四〇〇日ほどの調査では、頭部、胸部、尾部がつながった完全な三葉虫の化石は、たった一つしか見つけることができなかった。そもそも、三葉虫が絶滅しかけていた時代であるペルム紀の地層は、三葉虫の採集には適していないのだろうと痛感した。

地質調査と並行して化石を採集する卒業研究では、研究材料の三葉虫に気をとられ、その他の化石に目を向けることは少なかった。現場で層理面を見分け、当時の海底面を露出させるように、ハンマーで岩石を叩き割る。生物遺骸の密集した部分に当たれば、たくさんの化石にお目にかかれる。しかし、密集部分に三葉虫が入っていなければ意味がない。それら大量の化石を壊してでも、さらに細かく叩き割るしかない。とにかく三葉虫が出るまで、岩石を割り続けていく。取り出した岩石から三葉虫が見つからなければ、粉々に粉砕された「何かの化石だったもの」が残され、次の岩石を割る作業へと振り出しに戻る。もったいない気もするが、三葉虫をテーマにしたからには標本がないと研究できない。仕方ない。とにかく、地質調査に時間がかかりすぎて、化石採集を行う時間的な余裕はなかった。

さて、卒業論文の提出を終えて春休みとなり、当時の私は長く大きな一息をついていた。論文の公式な出版まで荊の道が待っているなど予期できるわけもなく、精神的に余裕のあった私は、調査地域の挨拶回りを兼ねて、バールや携帯エンジンカッターを持たない軽装で化石採集に出かけた。

かつて粉砕してきた化石の多くは、腕足動物と呼ばれる二枚貝のような生き物の殻である。私の調査地域では、この腕足動物の殻化石が、集積所のゴミ山のごとく産出する。腕足動物の化石は、上八瀬地域のいたるところで採集できた。化石が密集する部分は腕足動物の殻ばかりが含まれていて、わずか数十秒の作業で四〇〇日かけて集めた三葉虫の標本量を軽々と上まわるほどだった。

モノを扱う研究にとって、第一の難関は標本の蓄積である。これは化石の研究に限らず、岩石や鉱物、生物、考古資料など、あらゆる分野で共通する。たいていの場合、化石や岩石など地質学に関係する標本には、倫理や文化的遺産など難しい規制が設けられてない。つまり、自分で採集した標本は好きなように扱える。切断してみたり、削ってみたり、塗料をぶちまけてみたり、研究に関わる情報を抜き出すためなら、いかなる所業であっても許される。そういった理由から言えば、沸いて出るように産出する腕足動物の化石は、研究対象としては宝の山だったのだ。

腕足動物って何？

自然科学に興味がない人は、「腕足動物」という生き物がいることを知らないだろう。生物に詳しい研究者であっても、腕足動物を知っている人は少ない。その知名度は、あらゆる生物グループのなかでも、ワーストクラスだと断言できる。腕足動物とマイノリティを競っていた他の生物は、特徴的な生存戦略が注目され、近年のメディアを通しておもしろおかしく紹介されている（たとえばクマムシなど）。腕足動物は、日陰者の生物がもつおもしろさが話題となるなかで、いまだ取り上げられる兆しがない生物の一つと言える。少し長くなるが、腕足動物についてご理解いただけるよう、丁寧に説明しようと思う。

腕足動物は、海に棲む無脊椎動物であり、現在ではおよそ三三〇種ほどが知られている。二枚の殻をもつ見た目から二枚貝と間違えられることが多いが、二枚貝の所属する軟体動物の仲間とはまったく異なるグループである。

動物の分類区分に「門（Phylum）」と呼ばれる階級があるが、腕足動物は「腕足動物門」、二枚貝は「軟体動物門」に属する。一般的に分類階級の「門」同士は、体のつくりがまったく比較できないとされている。たとえば、私たちが属する脊索動物門に比較的血縁関係が近い動物は、ウニやヒトデなどが属する棘皮動物門とされている。磯遊びでヒトデを見つけて、「自分と体のつくりがそっくりだな」と思う人は少ないだろう。

遺伝情報を使う分子生物学の進展によって、少しずつ腕足動物を取り巻く血縁関係がわかってきた。まだ各分類群の詳細な関係は解決していないが、腕足動物門に近縁な動物としては、二枚貝を含む軟体動物門だけでなく、ミミズやゴカイなどが属する環形動物門もノミネートされている。つまり二枚貝と腕足動物は、それくらい体づくりに共通性がみられない「血縁関係」と言える。

分類区分のうえでいくら共通性をもつといっても、「門」のなかでも大きく体づくりに違いがあることは想像できるだろう。ヒトが属する脊索動物門をみても、私たちと魚はずいぶん異なる。軟体動物門のなかには、二枚貝だけでなく、イカやタコ、巻貝など、多様な形の貝類が含まれている。これと同じように、腕足動物門は大きく三つのグループに分けられる。その一つは、現在の有明海にも生息しているシャミセンガイとその仲間たちである（図2・3、口絵1、口絵2）。残りの二つは、お遍路さんがかぶる菅笠のような殻の形をしたカサシャミセンの仲間と、西洋のランプや提灯のように見える（らしい）チョウチンガイと呼ばれる腕足動物の仲間である（図2・3、口絵3）。生物に造詣が深い方であれば、シャミセンガイやカサシャミセンの名前は聞いたことがあるかもしれない。しかし本書では、どちらも取り上げない。ペルム紀の山でシャミセンガイの仲間の化石を採集するのは、三葉虫の発掘と同じくらい難しかったからだ。本書で述べる腕足動物は、チョウチンガイの仲間を示していることに留意していただきたい。

図2·3　現生種の腕足動物．左からシャミセンガイの仲間，カサシャミセンの仲間（提供・芳賀拓真氏），チョウチンガイの仲間．中央のカサシャミセンの仲間は，上に外形，下に内形を示した．スケールはすべて5mm.

コラム　化石として残る潜在能力

シャミセンガイの殻は、化石として残りにくい。その理由は、殻をつくる成分にある。シャミセンガイの殻は、カブトムシの硬い翅と似たようなキチン質リン酸カルシウムと呼ばれる成分である。現存するシャミセンガイの殻は、ペラペラした弱いプラスチックのような触感で、昆虫の体を連想させる。一方、本書で中心的に取り上げるチョウチンガイの仲間は、いわゆる貝殻や石灰岩の成分と同じ炭酸カルシウムの殻をもつ。つまり、シャミセンガイの殻は、堆積物の圧密や造山運動による圧力で簡単に変形し、化石となる過程で失われやすいが、硬い殻をもつチョウチンガイは、化石として保存されやすい。また、シャミセンガイの仲間は殻の形がそっくりであるため分類が難しい。かつて、現存するシャミセンガイ（*Lingula* 属）はカンブリア紀から残っている「生きた化石」とされていたが、現在では修正され、確かなシャミセンガイは新生代以降のものに限られている。化石は形の情報が最重要であるにもかかわら

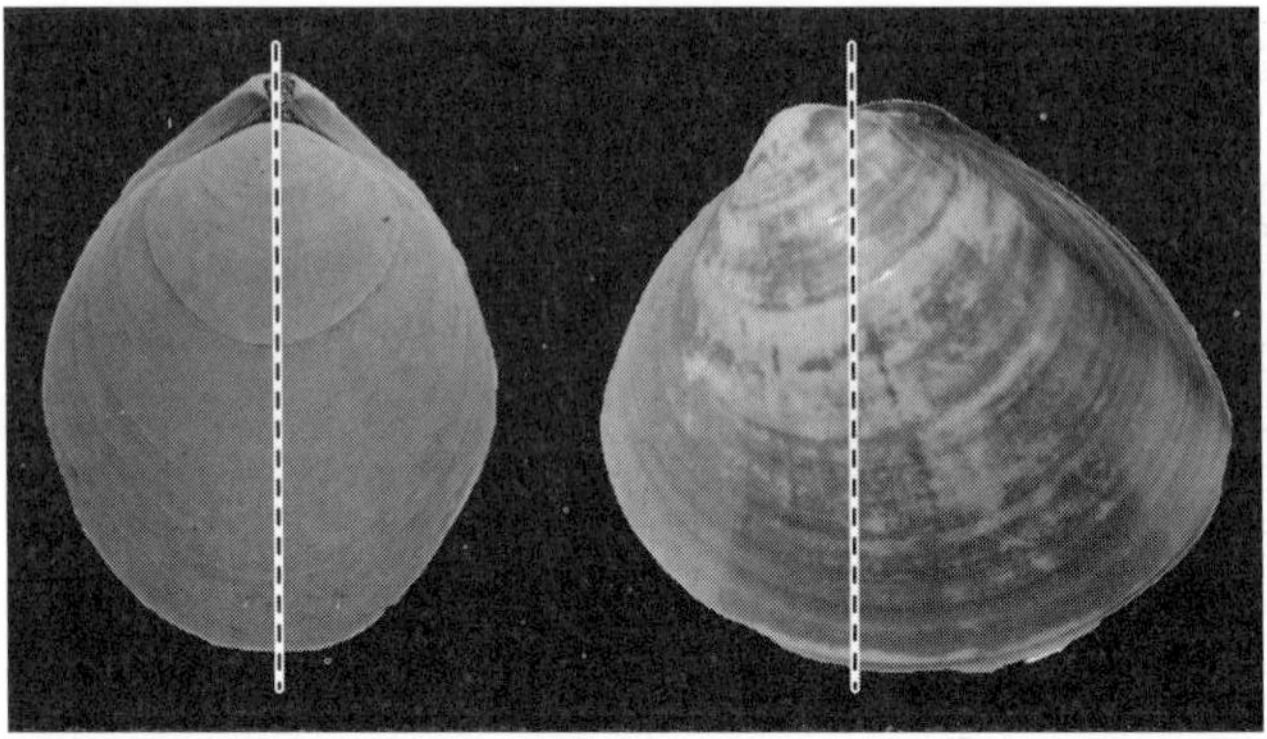

図2･4　二枚貝のハマグリと腕足動物のホウズキチョウチン．左の腕足動物は殻が左右対称になる．

ず、化石となる過程で変形しやすく、しかもその形があまり変化しない点は、長い時間スケールでとらえるシャミセンガイの研究を妨げている。

二枚の殻で構成される体づくりでは、そこまで生物学的な差が出ないのではないか、と思うかもしれない。腕足動物と二枚貝の異質性について、ホウズキチョウチンの仲間を例に説明してみよう。まず、腕足動物と二枚貝では「体の向きに対する殻の関係」が大きく異なる（図2・4）。シジミやハマグリなど多くの二枚貝は、一枚の殻が左右対称になっていない。その代わり、二枚の殻を並べて比較すると、左右対称になっていることに気づくだろう。つまり二枚貝は、私たちの感覚でいうところの右と左にそれぞれ殻をもち、正中線上で二枚の殻を合わせたような構造になっている。かたや腕足動物は、それぞれの殻自体が左右対称となっている。これは、体の腹側と背中側に殻をもったような体制を意味している。一見するとそっくりな二枚の殻は、体に対する付き方がまったく違うのである。

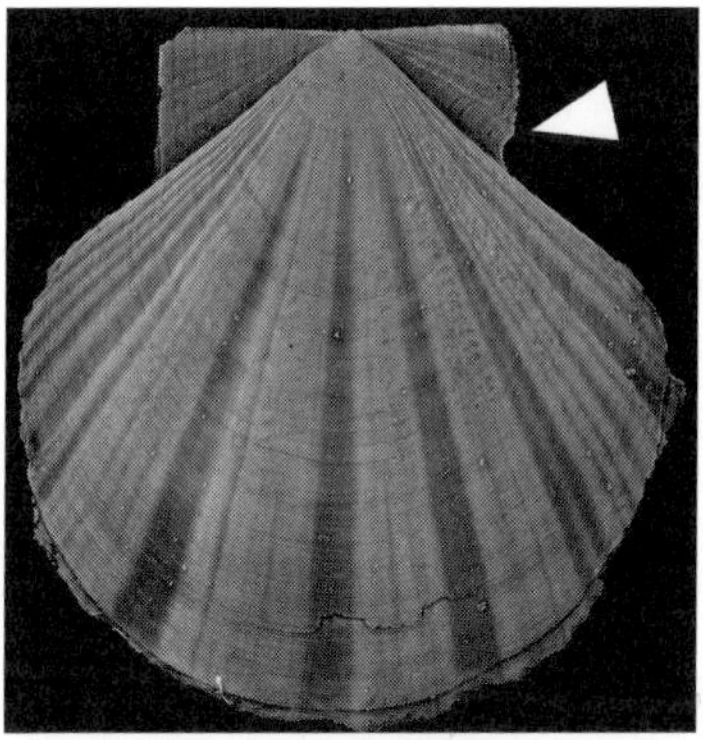

図2・5　トウキョウホタテの化石．一見すると左右対称だが，蝶番まわりは非対称である（白矢印）．

コラム　左右対称性

殻の対称性について話をすると、「ホタテやカキには当てはまらないだろう」と詰め寄られることが多い。ホタテの仲間には、殻自体が左右対称に見える種が多く、一見すると腕足動物に似た対称性をみせる。しかし、ホタテの殻を注意深く観察すると、わずかであるが蝶番まわりで非対称になっていることが多い（図2・5）。殻の内面構造は、ホタテの非対称性をより顕著に表している。ホタテの殻内面には、殻を閉じる太い筋肉（いわゆる貝柱）の付着痕跡が残っている。この痕跡は、ぴったり中心には位置せず、左右が非対称になっていることがわかるだろう。ホタテの仲間は、殻をバタバタと開閉する力で遊泳できる種が多い。つまり、できるだけ左右対称の体をもつことで、真っ直ぐ遊泳する能力を高めていると考えられる。これとは逆に、カキの殻は、どこにも対称性を見いだせないことが多い。カキは、カキ礁とも呼ばれるような群落を干潟や河口域で形成する。この場合、親の殻に子が付着し、さらに子の殻に孫が付着し、と繰り返しながら力キ礁が成長してゆくため、付着できる領域や個体間の隙間の都合によっては、きれいな対称性を保つことが難しくなる。もちろん腕足動物のなかにも同じ例がある。カキのような生存戦略であったと考えられる腕足動物の一部は、カキと同様の非対称な殻をもつ。適応の仕方や、周囲の環境条件によって体の対称性が崩壊し、結果的にアブノーマルな生態を獲得したのであろう。

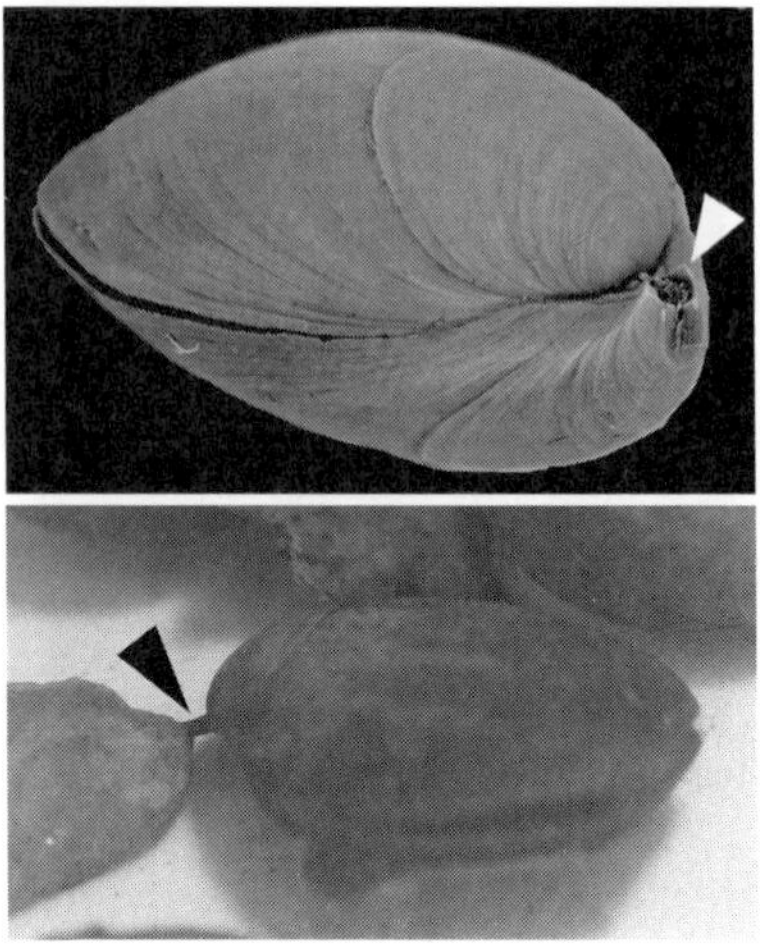

図2·6　ホウズキチョウチンの肉茎孔（上）と肉茎（下）.

殻を見てわかる違いは、左右対称性のような小難しいところだけではない。腕足動物の殻には、腹側の殻の後端部に肉茎孔と呼ばれる穴がある（図2・6）。この穴から、肉茎と呼ばれる器官が殻の内側から突出しており、二枚貝とは明らかに違っている。ホウズキチョウチンの仲間の多くは、この肉茎で硬い部分に付着し、そこから一度も離れることなく生涯を過ごす。その生息姿勢は、肉茎を足として殻を支えているよう

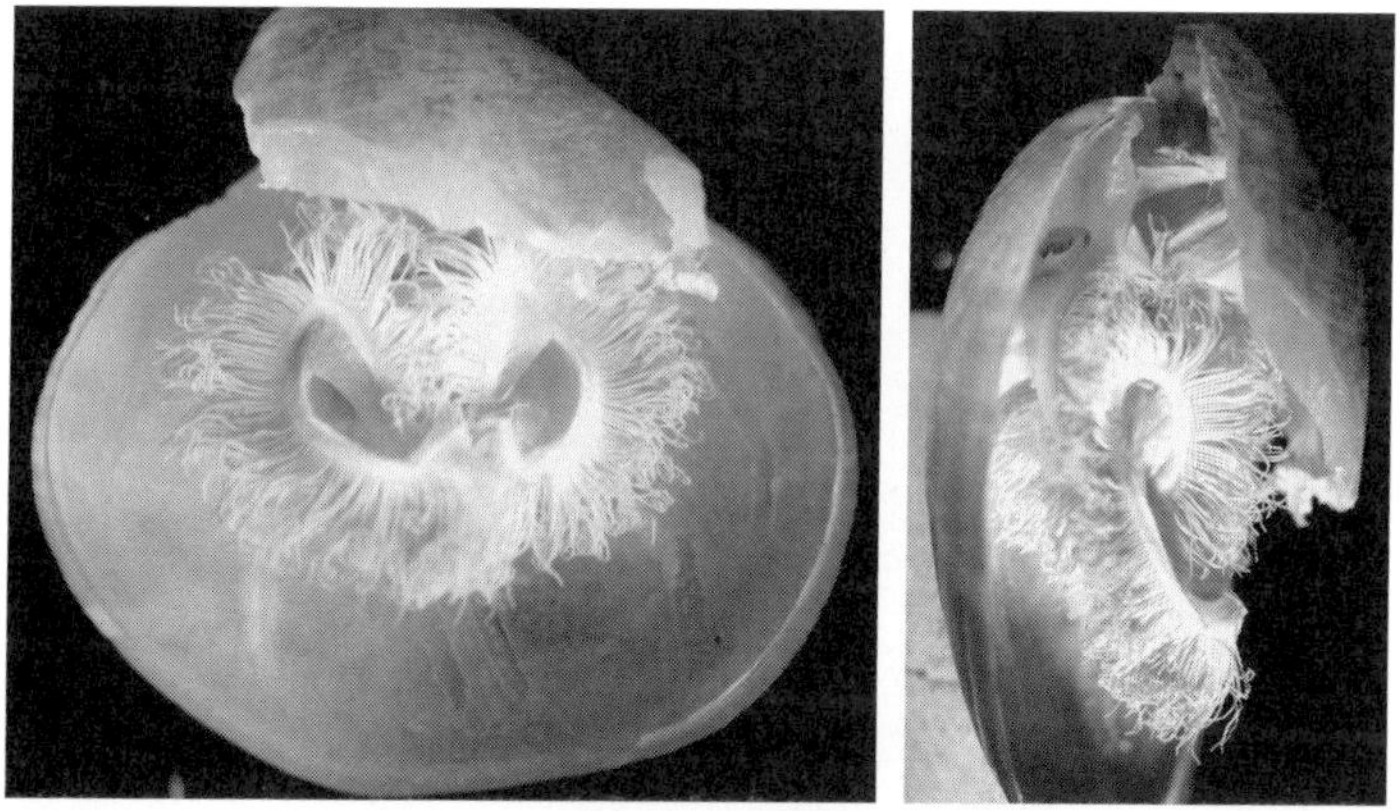

図2·7　ホウズキチョウチンの触手冠.

にみえるため、腕足動物の名前に含まれる「足」の由来になっている。かつてホウズキチョウチンを飼育していた私は、試しに付着した岩から肉茎を引きちぎったことがあった。その個体は、数日後に絶命した。腕足動物の「足」は、生きるためにかなり重要らしい。

体づくりの異質性は、殻の中身をみても一目瞭然である。肉質の軟体部が詰まった二枚貝とは異なり、多くの腕足動物は殻の内側がスカスカである。空間の大部分は、多数の触手が配列した毛むくじゃらな触手冠と呼ばれる構造で占められている（図2・7）。この触手冠は、腕骨と呼ばれる細い骨のようなもので支えられている種類が多い（図2・8）。これが腕足動物の「腕」である。

触手冠は、海水中に漂う植物プランクトンなどの小さな有機物を捕らえる濾過器官である。一本ずつの触手の上に細かい繊毛が配列されていて、その繊毛がエサとなる有機物を捕まえる。捕まえたエサは、触手上の溝を伝って触手の根元へ、そして腕骨に沿って繊毛運動によって口へと運ばれる。ミクロの世界で

図2・8　ホウズキチョウチンの触手を支える腕骨.

行われる大玉転がしのようだ。
　二枚の殻が完全に触手冠を覆っているため、エサを食べるには、まず殻を開かなくてはならない。殻を開け閉めするための筋肉は、殻内側にある触手冠のさらに奥、蝶番まわりに、わずかな空間を利用して収納されている。この空間は二枚貝の身に相当する部分であり、申し訳程度しかない身の大部分は、殻を開閉する筋肉と消化器官で占められている。
　ハマグリなどの二枚貝を金網の上で焼いたことがあるだろうか？　二枚貝の殻は、火にあぶられ続けると突然パカッと開く。これは、二枚貝の殻を閉じている筋肉が殻の内面からはずれ、殻をつないでいるバネ状の靱帯（殻の蝶番付近にある黒っぽくなった部分）が殻を強制的に開かせるためである。つまり二枚貝の殻の開閉は、閉じるための筋肉と、開けるためのバネ状靱帯によって行われる。一方、腕足動物の殻は、二枚貝のようなバネ状靱帯を持たず、火であぶっても殻を開かず静かに焼け死ぬ。その代わりに開殻筋と閉殻筋の二種類の筋肉をそなえ、支点・力点・作用点の関係をうまく利用し

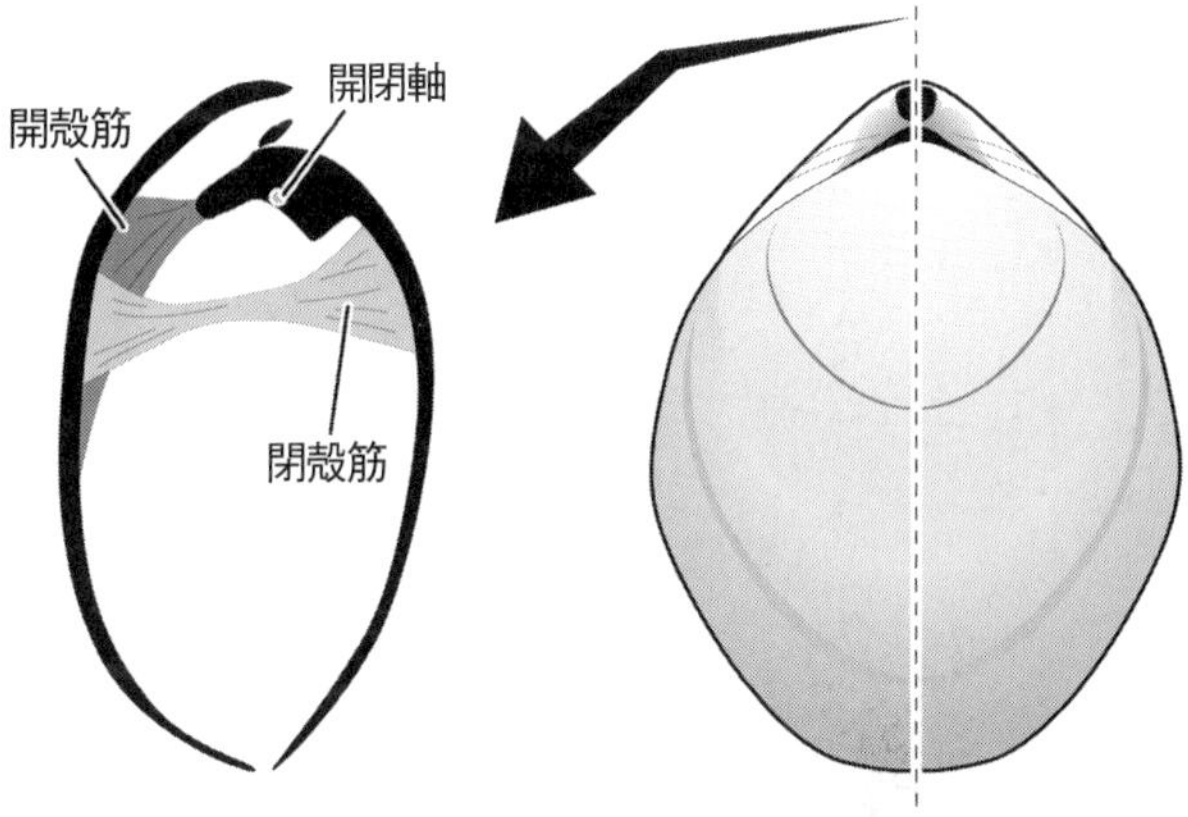

図2・9　腕足動物の殻開閉を示した断面模式図．開閉軸をまたいで開殻筋と閉殻筋が付着している．

て殻を開閉している（図2・9）。

腕足動物は、触手冠とそれを覆う二枚の殻、さらに殻を開閉する最低限の筋肉で構成されたような体つきと言える。その体制は、海水中のエサを濾過するためだけにつくられたかのようだ。運動能力がほとんどなく、消費するエネルギー量は少ない。筋肉などの軟体部分も少ないため、動物のなかでも著しく低い代謝であることも知られている（Peck, 2001）。筋肉質で活動的な二枚貝とは異なり、腕足動物は、きわめて非活発な独特の生存戦略によって特徴づけられている。

コラム　食卓の腕足動物

誰もが二枚貝を知っている理由の一つは、料理されたものとして食卓に並ぶからだろう。魚屋やスーパーに行けば、調理の用途に応じたさまざまな貝類を見ることができる。もちろん、時期や地域によって店頭へ並ぶ貝類は異なるが、一切の貝類を扱わない生鮮魚店などはありえない。一方の腕足動物はどうだろうか。私の知る限り、シャミセンガイの一種が福岡県柳川市の鮮魚店に並ぶだけである。

腕足動物のなかでもシャミセンガイは、きわめて肉づきのよい体をもつ。たとえば、ホウズキチョウチンの肉茎は、人の腱や皮膚のような運動性のない結合組織であるが、シャミセンガイの肉茎は筋肉でできている。つまり、肉茎の運動能力によって、比較的活発に動くことができる。また、ホウズキチョウチンの筋肉は開殻筋と閉殻筋の二種類であるが、シャミセンガイは蝶番の代わりに殻同士をつなぐ筋肉や、二枚の殻を捻るように動かすための筋肉が数種類ある。そして、シャミセンガイの触手冠は腕骨がなく、やはり肉質である。同じ腕足動物であるものの、シャミセンガイとホウズキチョウチンは体のつくりが著しく異なり、生態を単純に比較することができない。運動能力をそなえた肉々しい体のシャミセンガイは、どちらかというと二枚貝的である。

さて、本書の主題でもあるホウズキチョウチンを仮に食べたとしよう。その場合、可食部のほとんどは触手冠であり、その触手冠でさえ肉質ではない。初めてホウズキチョウチンを採集したときに、中身を切り出して食べようと試みたことがあった。毛むくじゃらで嚙み切れない軟骨を口に含んだ感触は味わう以前に不快であり、忘れられない気持ち悪さが私の心を蹂躙した。

腕足動物ブリーダー

化石を研究する人にとって、自分の研究対象が現在もいることは心強い。化石には、生体の構造が保存されないため、摂食や呼吸など生活様式に関わる情報の多くは、現生種の知見に頼らざるをえない。私も化石の腕足動物を研究していくなかで、幾度か現生種と触れ合う機会があった。少し話の時系列がずれてしまうが、ここでは腕足動物の現生種と触れ合った研究の枝葉を紹介したい。

博士課程に在籍していたとき、棘皮動物のウミユリを研究している大路樹生《おおじたつお》先生と北沢公太氏から、サンプリングに行くと必ず腕足動物も採れる、という情報をいただいた。山に行く私にとって、海での採集はめったに訪れないチャンスである。なんとか頼み込んで、サンプリングへ同行させていただくことになった。

海底をさらう

静岡県伊豆半島の西側に広がる駿河湾。ここは、陸地から深海までの傾斜が切り立った崖のようにきつく、国内有数の深さを誇る湾である。静岡大学に在学中は、ヘマをした人に対して「駿河湾に沈めてやる」というフレーズが流行っていた。冗談と理解しつつも、駿河湾の深さを知っている人にとっては、洒落にならない恐ろしさを秘めたフレーズだった。そんな駿河湾で、大路研究室特製の生物ドレッジを使い、海底の生物たちをさらいあげる調査に参加した。

静岡県沼津市の南に、大久保の鼻と呼ばれる岬があり、漁船などが停泊するマリーナが隣接している。

図2·10　ドレッジをお願いしている漁船.

ほぼ毎年、大路先生をはじめとする研究室メンバーは、このマリーナで漁船をチャーターし、海底生物を採集するために海へと出向いていた（図2・10）。ターゲットはもちろんウミユリである。私の欲しい腕足動物の現生種は、あくまで副次的な採集物である。おこぼれに預かれることを祈って採集に臨んだ。

大久保の鼻を出てから三〇分もたたないうちに、伊豆半島の西側にある大瀬崎沖四キロメートルほどの目標地点へ到着した（図2・11）。この地点で生物ドレッジの網を投入し、歩く程度のスピードで海底の生物を捕らえてゆく。深さ約一三〇メートルの海底を三〇分ほど引きずった後、船首のモーターで網を引きあげ、最後は総員で船上へと持ち上げた。

長さ三〇センチメートルほどのウミユリは、ドレッジが水面まで引きあげられると目視で確認できる。ウミユリはデリケートな生物らしく、北沢公太氏の手によって、丁寧かつ迅速にボックスへと封入されてゆく（図2・12）。その傍らで、網から取り出された採集物のなかから、生きている腕足動物

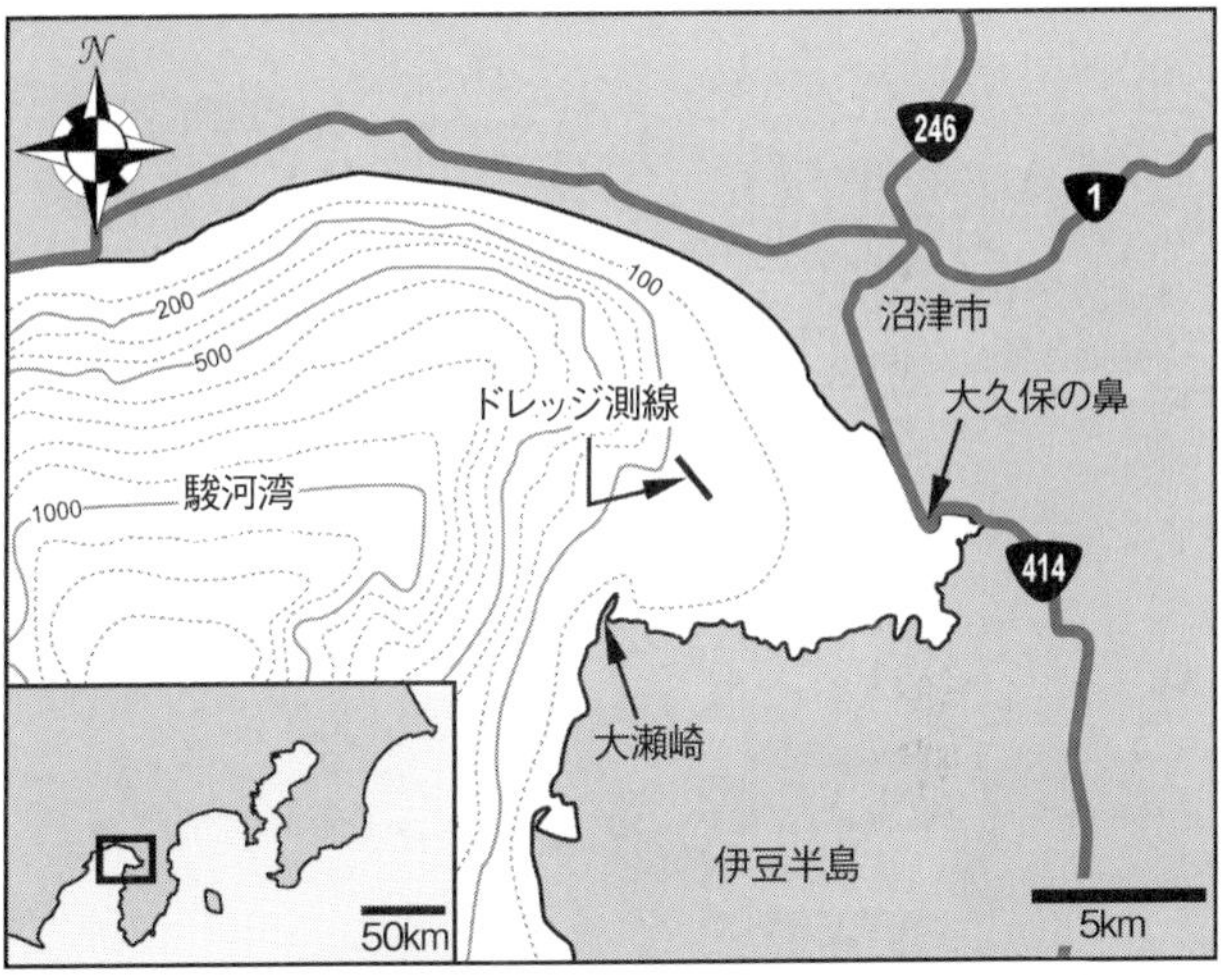

図2·11　サンプリング地点. 等深線が急激に密になる手前の陸棚縁辺部である.

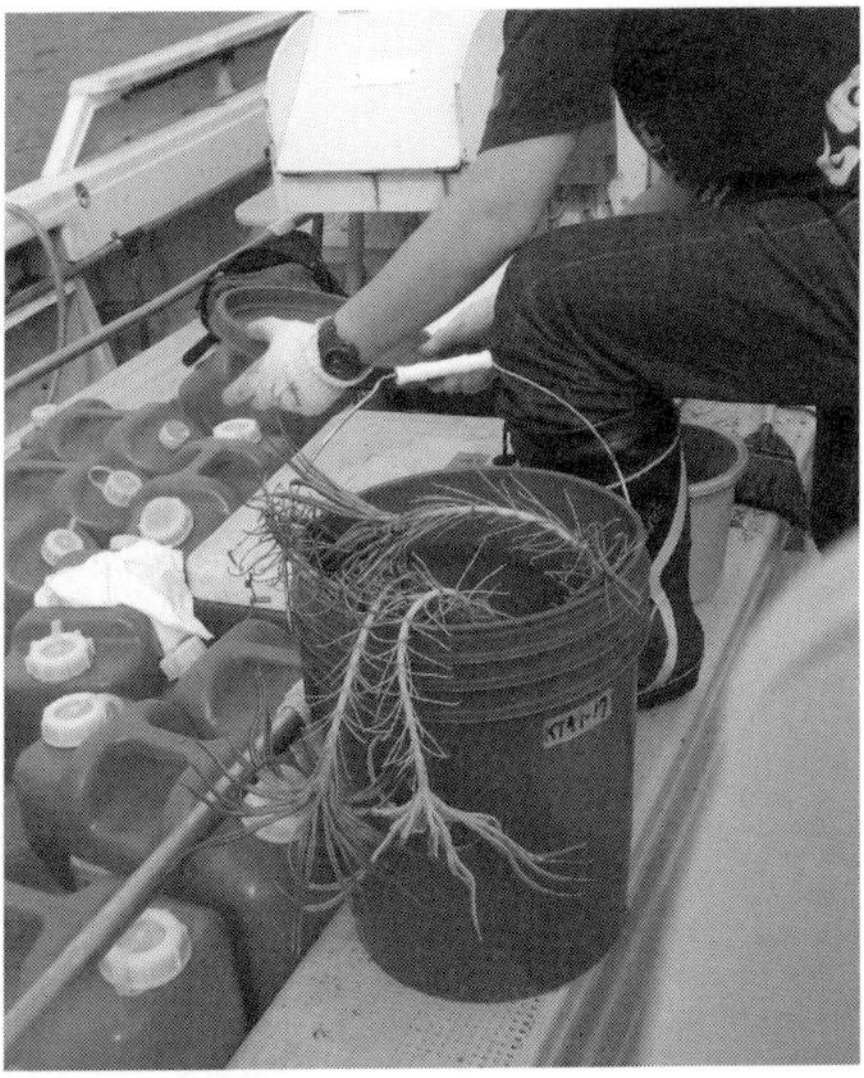

図2·12　採集したウミユリ. 北沢公太氏の研究対象である.

を探し出す。

コラム　船上の戦い

調査船での大敵は船酔いである。この時点でコラムの内容を察した食事中の人は読み飛ばしてほしい。調査は日帰りのため、一日に行えるドレッジは二回ほどであった。私は乗り物酔いがひどく、初めて乗船したときは、一回目のドレッジ中に引きあがる網を待たずダウンしてしまった。お願いして同行したくせに真っ先に船酔いし、昼食を撒き餌として海へ吐き出した後、船の中で寝込んでいたのだ。このとき、自分を情けなく思うと同時に次年へのリベンジを誓った。一年かけて少しずつ擬似船上作業の訓練開始である。具体的には、毎日器械体操のマット運動のように布団の上で前転を繰り返し、気持ち悪くなる限界突破を図った。また、通学中の電車で常に下を向き、採集物の仕分け作業に備えるシミュレーションを行った。酔い止めとしてのドーピングも、薬の種類、量、タイミング等、研究に勤しんだ。その結果、次の調査では一回目のドレッジと仕分け作業を完遂し、さらにその次の調査では、二回目のドレッジまで自分を保つことに成功した。ばからしくも、現状打破への心意気は結果としてついてくるものだ。

ゲテモノの海

船上にさらされた採集物は、生物骨格や石ころを大量に含んでいた（図2・13）。瓦礫の山を丹念に仕

図2·13　貝殻など生物の遺骸や石ころを大量に含んだ採集物.

図2·14　腕足動物の現生種ホウズキチョウチン.

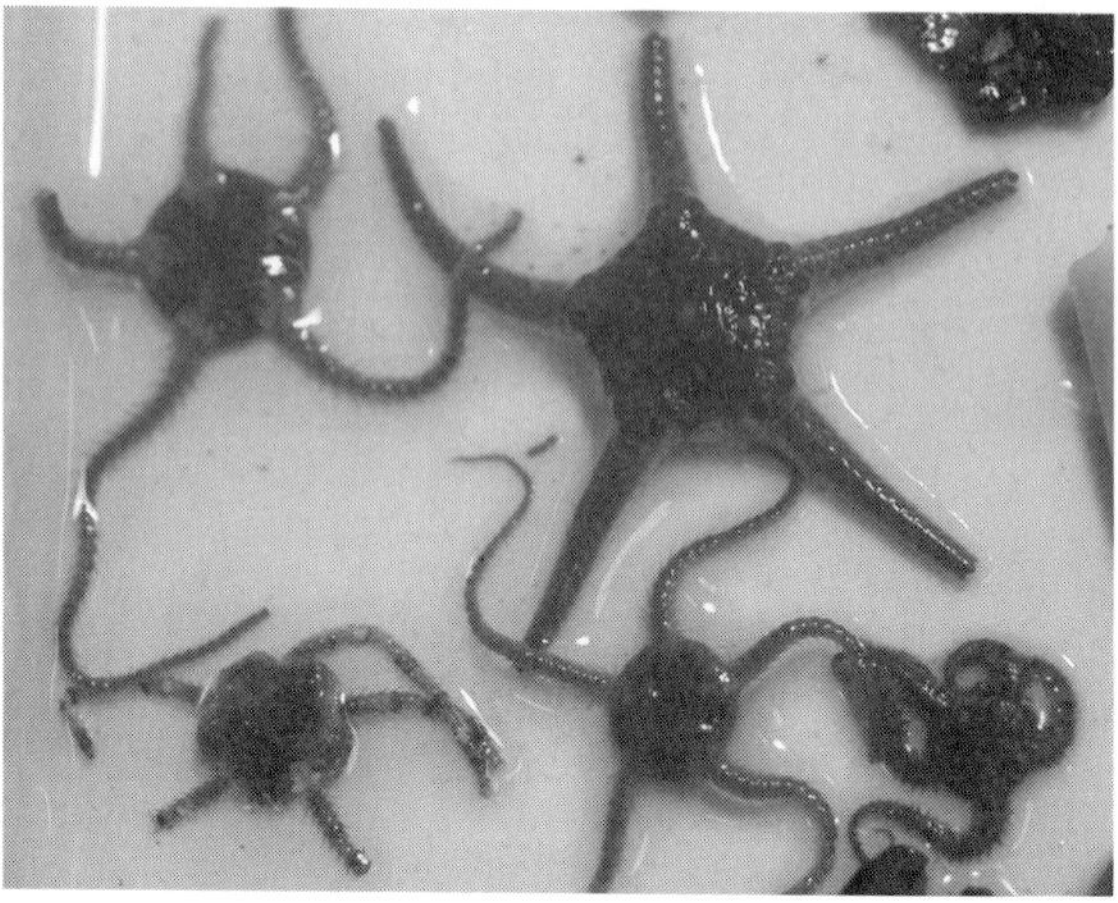

図2・15　棘皮動物クモヒトデの仲間.

分けていくと、多種多様の生物を見つけ出すことができた。なかでも腕足動物ホウズキチョウチンの個体数は多く、予想外の収穫であった（図2・14）。そのほかにも、棘皮動物クモヒトデの仲間や、コシオリエビなどの節足動物が数多く採集できた（図2・15、図2・16）。

小さいころに磯でよく遊んだことを思い返すと、二枚貝や巻貝といった軟体動物や、ウニやヒトデなどの棘皮動物しか思い出にない。大瀬崎沖で採集した生物サンプルは、私が海の底生生物に思い描いていたイメージからかなり離れていた。個体数だけでみれば、腕足動物ホウズキチョウチンと、知る人ぞ知る棘皮動物ウミユリが〝繁茂〟する異世界の海底が大瀬崎沖に広がっている。

コラム　瓦礫の山の行く末は

ドレッジで引きあげられる採集物は、網の目の大きさ

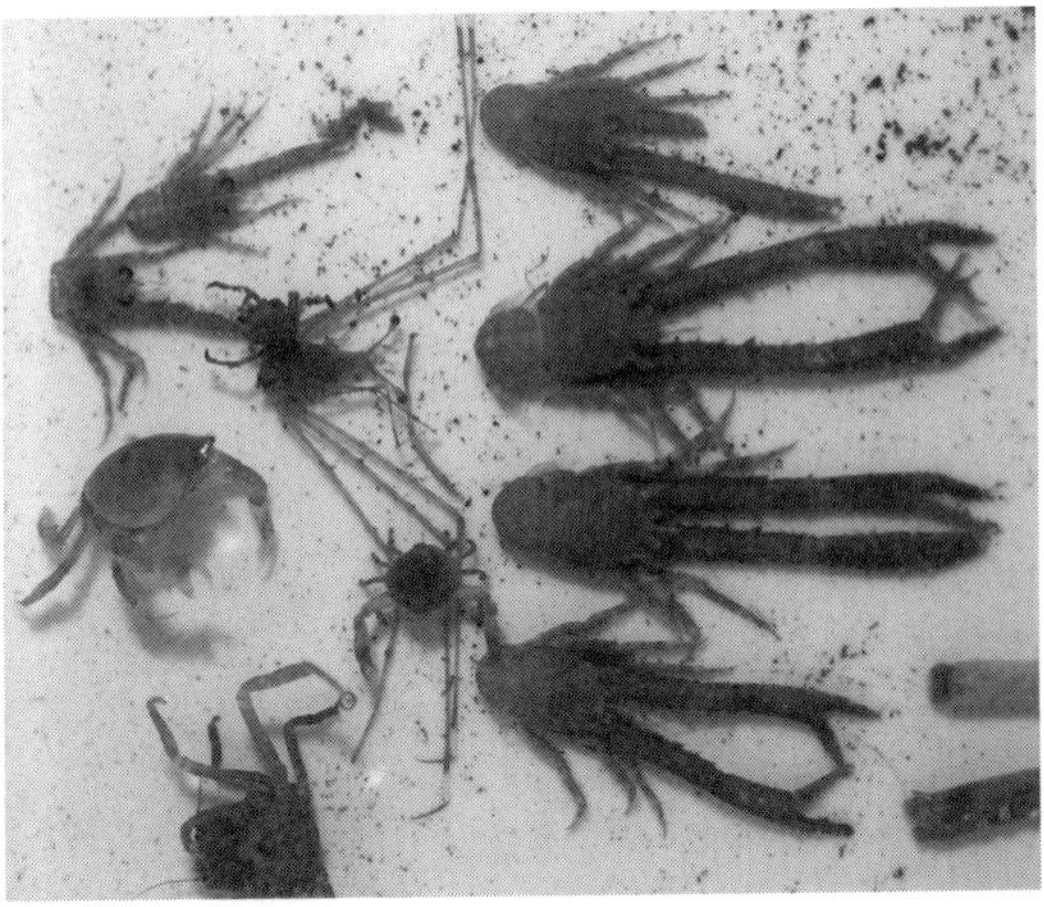

図2·16　節足動物コシオリエビの仲間など.

に依存する。ウミユリは数十センチメートルと大きいため、網の目は数センチメートルの粗さがあった。つまり、船上へ引きあげられるまでに砂や泥などの小型砕屑物は網をすり抜けて落っこちている。大路先生の研究によれば、調査地点の海底は瓦礫が散在した泥底らしい。堆積学的に言えば、生物遺骸や礫を豊富に含んだ泥が、大陸棚の縁辺部に堆積しているのだ。これは、上八瀬地域のペルム紀中期にみられた堆積岩の特徴とよく一致する。ペルム紀の日本と同様に、現在の日本列島も活動的な大陸縁辺部に位置し、山から海底へと至る勾配が厳しい。そのため、大型の砕屑物がかなり深いところまで運搬されている。仮に、数億年後まで残った人類が、地上に隆起した大瀬崎沖の堆積岩を見たとしよう。きっと私が上八瀬地域の中部で感じたような意味不明さを味わうに違いない。

こいつ、動くぞ！

現生種の醍醐味はなんと言っても生きていることである。

図2·17　飼育中のホウズキチョウチン.

ウミユリ・ブリーダーの北沢氏を見習い、私も余った水槽でホウズキチョウチンを飼育することにした。

とりあえず、砂を敷き詰めた水槽に現場で採水した海水を入れ、水槽用クーラーで水温を一六度に設定してみた。資材のなかから見つけた小さなエアーポンプで水槽に空気を送り、見た目だけは飼育水槽らしくなった。ここに採集したホウズキチョウチンを入れてやると、殻の朱色がよく映える美しい光景となった（図2・17、口絵4）。

現生種が見たいと言いつつも、特に具体的な計画がなく始めた飼育である。熱が冷めるのもあっという間で、数日間はわが子の成長を喜ぶ親のごとく写真をひたすら撮影し、その後は時々私の心を慰めるだけの放置された存在と化していた。しかし、一か月後のある日、ふと覗いた水槽を見て突然研究のアイディアがひらめいた。定住性のくせに、やつらは動いていたのである。

ホウズキチョウチンの動いた痕跡は、水槽に敷き詰めていた砂に残されていた。チョウチンガイの仲間は、殻の後端に

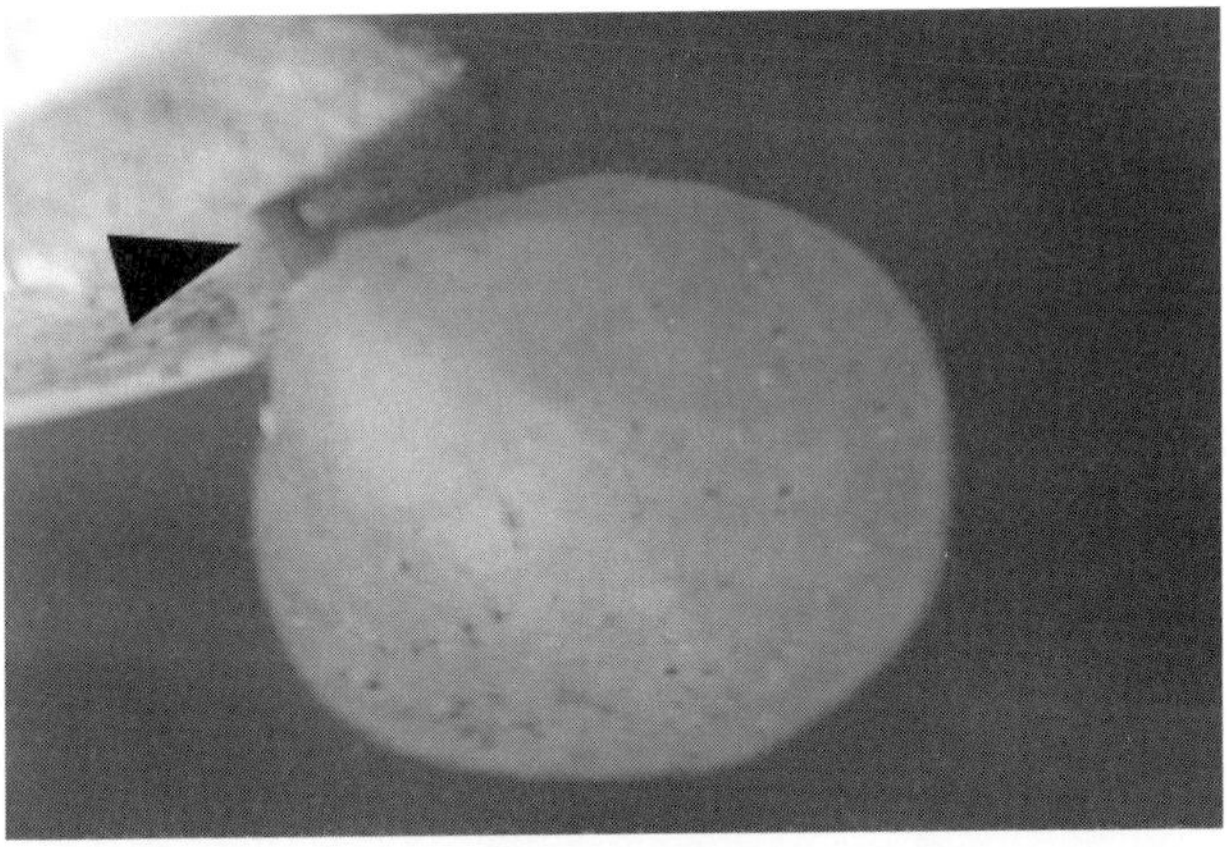

図2·18　ホウズキチョウチンの肉茎付着（黒矢印）.

ある穴から突出した肉茎で、殻や石などの硬い部分に付着している（図2・18）。この肉茎を殻の内側にある筋肉で引っぱり、体を少しだけ回転できるのは知っていた（Richardson, 1979）。現に私が飼育していた何個体かは、付着した石ころなどを軸に回転するような痕跡を残していた（図2・19）。これらと別の個体は、明らかに回転ではなく、位置を移動させている（図2・20）。一か月の結果から考えると、最大で年間六〇センチメートルは動くのである。

たかが数十センチメートルの移動で何が変わるものか、と思われるだろう。そこで、少しだけおもしろい思考をめぐらせてみたい。動く能力はたいしたことないが、もがく能力と考えてみる。たとえば「もがき」のできない生物の場合、堆積する泥の粒子に埋められて、抗うことなく静かに埋没して死ぬ。しかし、もがくホウズキチョウチンは簡単には埋没しない。泥が降り積もっても、肉茎を振り回してもがく。触手冠で占められたホウズキチョウチンの体はスカスカで密度が低く、もがけばもがくほど堆積物の表面へと露呈する。試し

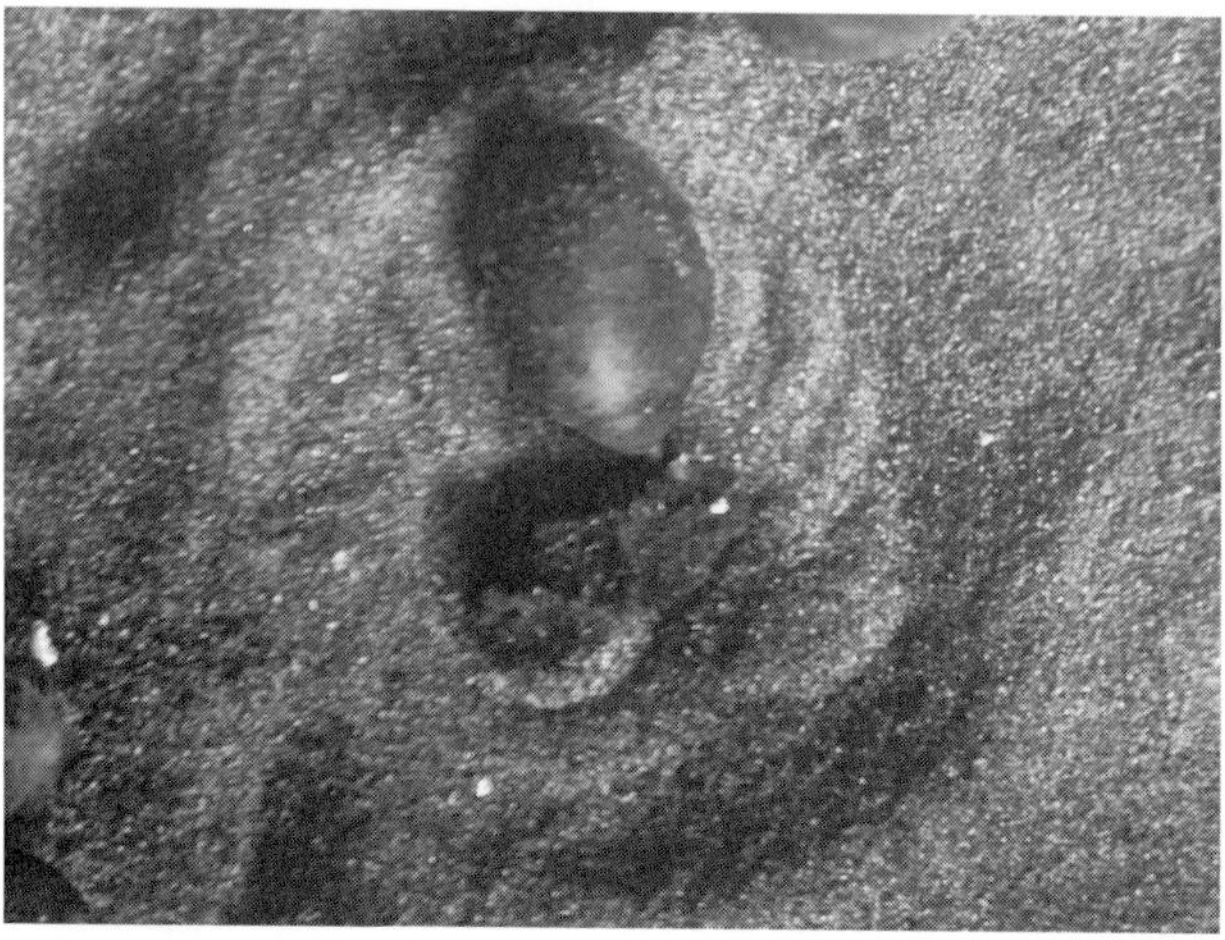

図2·19　回転した痕跡を砂に残したホウズキチョウチン.

図2·20　右方向への引きずり痕を砂に残したホウズキチョウチン.

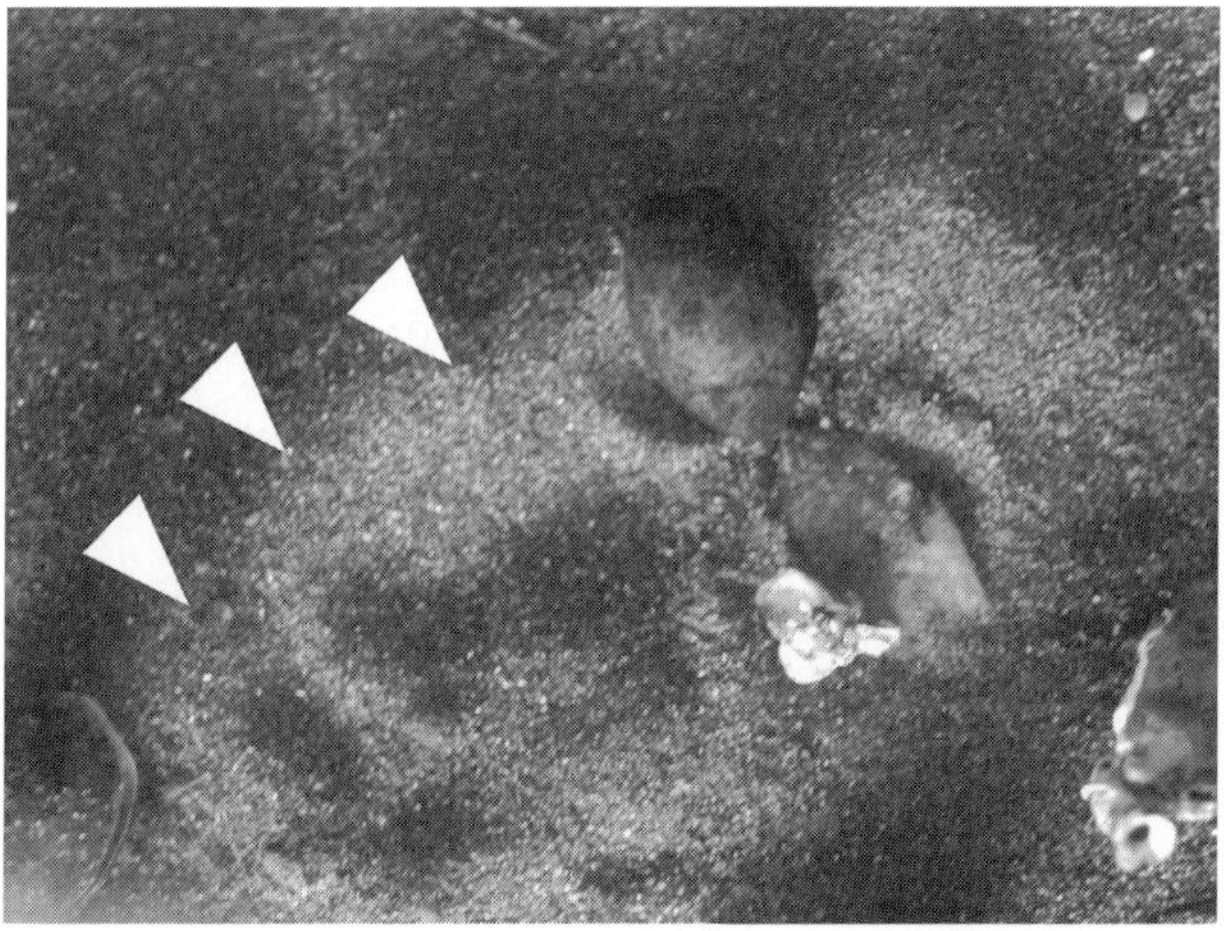

図2・21　埋められないようにもがき，砂を押しのけたホウズキチョウチン．

に毎日少しずつ砂をかけてみたところ、飼育していたホウズキチョウチンはもがき、堆積物を押しのけたような痕跡を残した（図２・21）。埋まりにくいのである。

ここから一つの起こりうるストーリーが思い浮かぶ。硬い部分に付着する定住生物は、小さな石ころよりも岩礁地のように頑丈な場所を生息地としたほうが安全であろう。しかし、もしその岩礁地が壊れたり、環境が悪化した場合は、そこに適応した生物が全滅する危険をはらんでいる。一方で小型の付着場所は、常に埋没の危険にさらされている。ここで、ホウズキチョウチンのように「もがき」で乗り切ることが可能であれば、サブの生息地として適応できるだろう。たとえるなら、首都機能を分散させているような分布様式である。首都となる岩礁地が壊滅しても、サブに生き残っていたホウズキチョウチンが、環境回復後の首都に再び舞い戻ることも可能だろう。あるいは遷都のように、サブだった生息地を新しい首都へと変更することもありそうだ。こういった分布のさせ方は「コア・サテライト戦略」と呼ばれている（Hanskiand and Gyllenberg, 1993）。経済学の分野では、リスク分散方法の一つであり、まじめな生存戦略なのだ。

馴染みのない腕足動物に、少しでも生物像を感じ取っていただけただろうか。現生種の腕足動物について綴るのはここまでにし、再び修士課程の私へと話を戻そうと思う。

コラム　学術とウンチクの境界

ホウズキチョウチンの観察結果は、私が腕足動物を自虐的に紹介する持ちネタの一つであった。生き物としては笑える存在であり、ふざけ半分で学会発表はしたものの、論文にまでしようとは思っていなかった。そんなとき、かつて私が所属していた鈴木研メンバーとの飲み会で、腕足動物の話が持ち上がった。予想以上に反響がよく、誰かの「論文にしちゃえよ」の一言に対し「書きましょう」と、その場の調子で応じていた。このノリが冷める前に一か月ほどで書き上げ、投稿した論文は無事『日本ベントス学会誌』に受理された（椎野・北沢、二〇一〇）。残念ながら英文にする気力はなかったが、バカ話のウンチクが、まぎれもない研究成果へと一変した。

図2･22　上八瀬地域で採集できた腕足動物プロダクタス類．トゲの生えた殻が特徴的．スケールは1 cm.

ペルム紀の腕足動物を見直そう

不思議な形の腕足動物たち

現存する腕足動物の殻は、円形で滑らかな表面形状をした二枚貝を思わせる形が多い。ところが上八瀬地域で採集した腕足動物の殻は、きわめて多様な形をしている。丸っこい殻だけではなく、大量のトゲが生えた殻、肋骨を思わせる葉脈のような殻、平らで扇のような殻など、腕足動物だと知らなければ認識できない化石が数多く採集できた。

最も簡単かつ大量に採集できた腕足動物化石は、殻の表面にトゲが生えたプロダクタス類と呼ばれる種類であった（図2・22）。トゲは、髪の毛のように細く長い繊細なものから、太くまばらなものまで、多種多様なパターンが見て取れる。プロダクタス類は、地域や層準を問わずどこでも採集できたが、堆積環境の変遷に応じて種類やサイズは変化する。ストーム（嵐）堆積物で密集する常連でもあった。

また、上八瀬地域の中部を構成する石灰岩からは、肋骨を思わせ

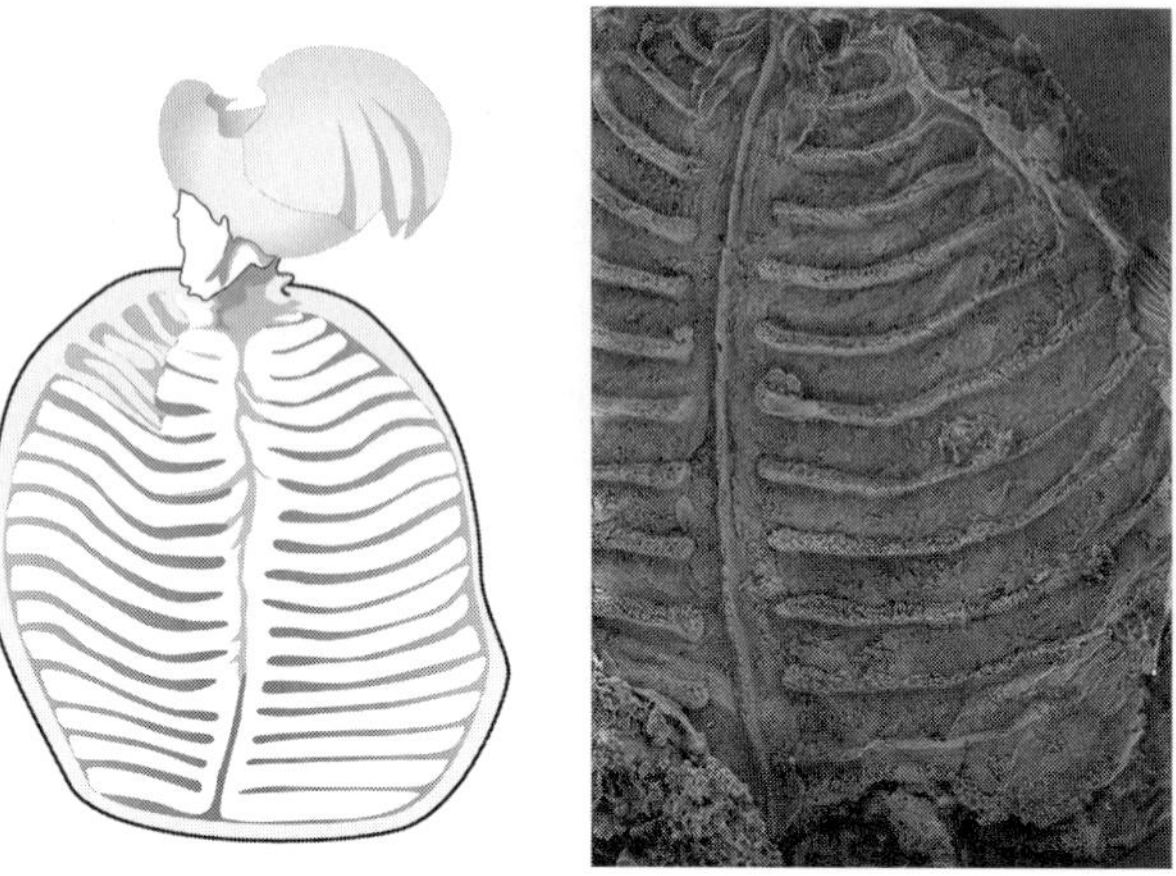

図2·23　レプトダスの化石と模式復元図.

る葉脈のような装飾をもつレプトダスが大量に採集できた。先にも述べたが、レプトダスは二枚貝のカキのような固着生物である。レプトダスの殻は、腕足動物らしくない左右非対称であり、腹側の殻は葉脈のようなレリーフをもつ浅いお皿の形をしていて、もう片方の背殻は、葉脈だけ取り出したような不可思議な殻を持つ（図2・23）。

きれいな化石を採集するのは難しいが、パーミアネラと呼ばれる少し変わった種類もレプトダスとともに産出する（図2・24）。パーミアネラは、二本の帯を並べたような細長い殻をもっている。最初は、「門」のレベルでさえ鑑定できず、何かの生物の部品だろうと思っていたが、まさか腕足動物の全体だとは想像もつかなかった。

一見、無関係だと思っていたレプトダスとパーミアネラは、なんとプロダクタス類に分類されていた！　これには驚愕した。私が上八瀬地域で採集した多種多様な腕足動物は、ほとんどプロダクタス類だったのだ。

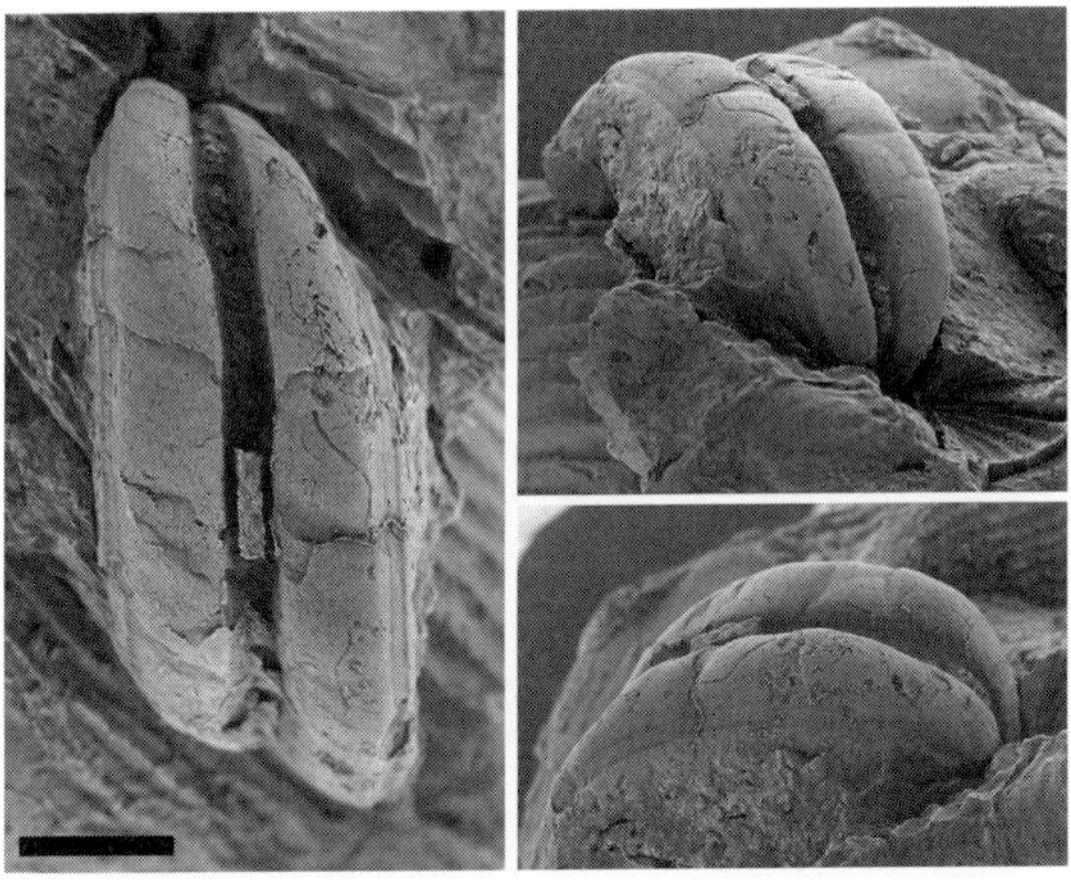

図2·24　パーミアネラの化石．スケールは5mm．

形態的な多様性

現在の海で細々と生き残った腕足動物とは対照的に、時代をさかのぼれば一万二〇〇〇種以上の化石記録が知られている。特に、約五億四〇〇〇万年前から二億五〇〇〇万年前の古生代と呼ばれる時代では、現生種と比較できない奇怪な殻形態をもった腕足動物が、劇的に繁栄し絶滅へと至る過程を繰り返していた（図2・25）。

古生代の最初期、カンブリア紀に腕足動物は登場し、オルドビス紀に入ると劇的に多様性を増加させた。この時期は、後の時代に繁栄し、絶滅へと至るすべてのグループが登場しているため、腕足動物にとって非常に重要な時期であったのだろう。

古生代中期のデボン紀は、腕足動物史上、最大の多様度へと達した。あまりの多様さから、腕足動物の黄金期とも言われている。そのなかでも、スピリファー類と呼ばれる腕足動物が栄華を極めた。形の多様さに加え、適応できる環境も広くなり、人が海水浴で泳げるような深さから、大

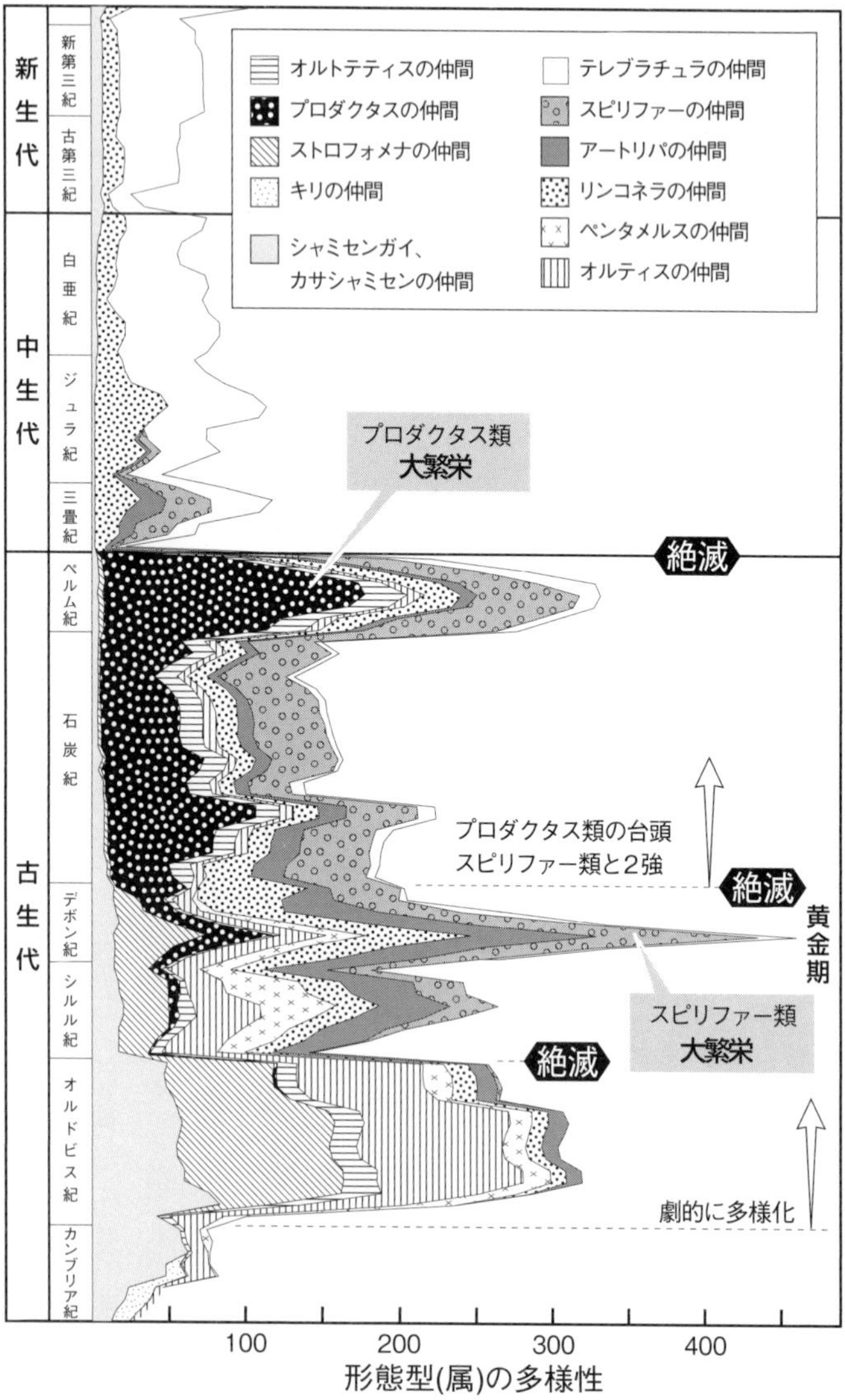

図2·25　腕足動物の多様性変動図．縦軸に時間，横軸に分類階級の属の数をとっている．

陸棚よりももっと深い海底に至るまで、生息場を拡大していたらしい。

続く石炭紀には、デボン紀の終わりから多様性を増やし始めたプロダクタス類が台頭し、スピリファー類とプロダクタス類の二大グループが海洋底を占有していた。ちょうどこの時期に、腕足動物界で最大のギガントプロダクタスと呼ばれるプロダクタス類が登場している。そして、古生代最後期のペルム紀には、まるで「形のバブル」とも言い換えられるほど、プロダクタス類の殻形態が多様化した。先でも述べたように、明らかに今しか考えてないでしょ、と言いたくなるようなレプトダスやパーミアネラも、バブル期に乗じて登場したかのようである。あまりに悪ふざけした形のせいか、多くのプロダクタス類はペルム紀中期に絶滅し、結局はペルム紀末の大絶滅イベントで一掃された。上八瀬地域で行ってきた私の調査では、まさにプロダクタス類が大繁栄したペルム紀の海底をみていたわけだ。

中生代以降へと生き残った腕足動物は、地球の生命史のなかで、二度と表舞台へと立つことはなかった。事実、中生代から現在に至るまで多様性を高めることはなく、まるで同じような生き様の二枚貝に立場を奪われたかのようである。ペルム紀末の絶滅イベントを乗り越えた一部のスピリファー類は、ジュラ紀中期に絶滅してしまった。生き残った腕足動物をみると、二枚貝のような丸っこい殻の形をもつ種類が中心となり、正直なところ形としておもしろくない。形態的に個性をなくした腕足動物が二枚貝と間違われるのは、当たり前のことなのだろう。

題材として何が利点なのか

さて、修士課程の初めに腕足動物を材料に研究する気持ちは固まった。しかし、材料を手に何をするのか、を決めなくては意味がない。未開の地をひたすら発掘して未報告の種類を発見するような古典的な研究は、ごく一部の派手な動物を対象とした研究にのみ許された特権である。化石のなかでもかなり有名な部類に入るはずの三葉虫やアンモナイトですら、そのような特権階級にはいない。まして、腕足動物など無名の動物では、未報告（新種）の化石をどれだけ採集しようが、報告のない地域から発掘しようが、誰も見向きもしないし、地域のニュースにすらならない。自虐の趣味があるわけではない。要するに、腕足動物を題材として、どのような独自性を出してゆくのか考えなくてはならないのだ。

自然科学分野での研究は、まず研究対象について「お勉強」し、そのモノについて未解明な部分を洗い出すことから始まる。そのうえで、取り組むべき課題を決め、適切な研究手法を選定し、結果を出してゆく、という一連の研究デザインが求められる。幸いなことに、かなり膨大で多岐にわたる研究があり、お勉強には事欠かなかった。現在も細々と生き残っている腕足動物のおかげで、生物学的な知識は蓄積されている。また、化石記録も豊富であるため、長い時間スケールでみられる多様性の変動パターンや、形態的な傾向も知ることができる。二枚貝との比較研究も多く、体づくりの違いが生み出す生態的な性質なども議論されている。

近年の腕足動物の研究事情を見渡すと、遺伝子の働きや殻をつくるメカニズムなど、私一人では太刀打ちできそうもない最先端の研究が多い。その一方で、なぜ時代とともに腕足動物の多様性が変動するのか、といったマクロな視点の研究は少なく、いまだ推論の域を出ていなかった。過去の環境データをもとに、絶滅イベントの全容解明に取り組む研究者は多い。しかし、スピリファー類やプロダクタス類の腕足動物のように、繁栄や絶滅のタイミングが異なるのはなぜだろうか。

多様性変動パターンを理解するために、似通った多様性変動パターンを示す動物をまとめ、一つの動物群として考える方法がある。その区分方法によれば、カンブリア紀から現在までの生命は、カンブリア紀に大繁栄したカンブリア型動物群、古生代を通して繁栄した古生代型動物群、中生代から現在に至るまで多様性を高めてきた現代型動物群の三つに区分される（Sepkoski, 1981）。これに従うと、シャミセンガイの仲間を除くチョウチンガイ類の腕足動物は、疑う余地のない古生代型動物群である。腕足動物のほかにも、棘皮動物のウミユリ類や刺胞動物のサンゴ類、オウムガイなどの頭足類が、古生代型の多様性変動パターンをみせる。古生代型動物群の特徴は、オルドビス紀に多様性が激増し（通称、オルドビス紀大放散）、古生代の中後期には大繁栄したものの、ペルム紀末の大絶滅で壊滅的な被害を受けたことである。また、腕足動物、ウミユリ、サンゴのように、運動能力に長けていない共通点も注目すべきかもしれない。もし、腕足動物の多様性をうまく説明できれば、他の古生代型動物群を考えるうえでも重要な成果となるに違いないと確信した。

「古生代の腕足動物について多様性を説明する」

当面の目標を見据えて生じた最大の問題は、現在ある素材でどのように料理すればゴールへと向かうのか、である。ここで、現存する生物ではなく、化石を題材とする研究に特有の制約が立ちはだかる。化石は生物の硬い組織の痕跡である。したがって、基本的な生命活動を担う「生身」の部分は残らず、遺骸として保存された殻や骨などから、身に相当する部分を推定し、当時の生態を復元しなくてはならない。また、化石の保存状態は、埋没される過程や堆積物の種類、その土地の地質学的な性質によって異なる。同じ種の化石生物であっても、本来観察できる構造が、埋没過程で削られたり壊されたりしたために欠落している例は多い。つまり、地域によって抽出できる情報が違ってくるのだ。極端にいえば、たった数立法センチメートルしかない一つの岩石の中で、保存状態が異なることもある。こういった理由から、化石となった生物種そのものの特性だけでなく、材料としての性質もよく理解したうえで扱わなくてはならない。「数億年前の化石を使って遺伝子解析をしたい」などの立案が、あっという間に頓挫するのは目に見えているだろう。

第3章
海外の一級標本に触れる

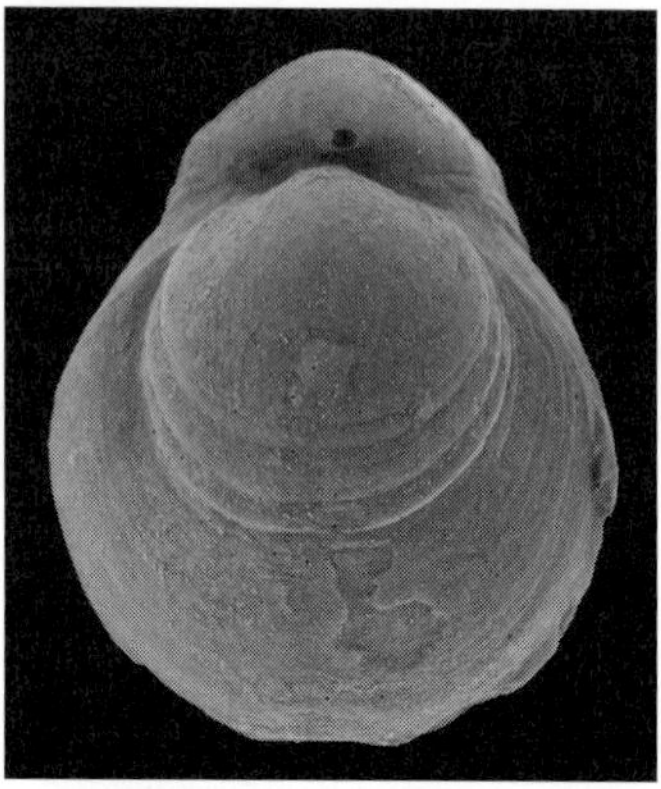

図3·1　ダルマン標本の1つヒンデラ（学名：*Hindella cassidea*）．最初はアートリパ（学名：*Atrypa cassidea*）として1827年に記載された．

初めてのスウェーデン調査

ゴットランド素材ツアー

スウェーデン王国は、スカンジナビア半島の東側に位置する北欧の一国である。水の都ストックホルムを首都とし、世界有数の観光名所として知る人も多いだろう。

古生物学者にとっても、スウェーデンは興味深い国である。中南部スウェーデンには、日本ではあまり馴染みのない古生代の地層が広く分布している。特に化石を豊富に含んだカンブリア紀、オルドビス紀、シルル紀の地層は、古くから地質学や古生物学の分野で研究されてきた。ストックホルムにあるスウェーデン自然歴史博物館の収蔵庫に行けば、一九世紀初頭にスウェーデンの古生物学を推し進めた物理学者で昆虫学者のダルマン博士が収蔵した化石標本を目にすることができる（図3・1）。

三葉虫を研究対象としている鈴木先生は、まさに古生代初期の三葉虫を狙って、ほぼ毎夏スウェーデンへフィールド調査に出かけている。研究室の学生もスウェーデン産の三葉虫をテーマにしているため、鈴木先生に同行していた。私の手ごわい化石採集とは反対に、三葉虫など多数の化石を楽しく採集してきた土産話を聞かされ、夢でうなされることもあった。そんなあこがれのスウェーデン調査であったが、修士課程一年生の夏休み、ついに鈴木先生から同行許可をもらうことができた。おそらく、腕足動物の研究を決意しつつも、明らかに行き詰まっている私を見かねた鈴木先生の「少し世界を見せてやろう」という計らいであったと思われる。しかし、単純な私はそんな気遣いをよそに、ただ喜んで調査装備の準備に熱を入れていた。

調査序盤の拠点は、バルト海の南部の島、ゴットランド島であった。現在は観光名所として知られているゴットランドは、中世にはヴァイキングの拠点として栄えていたらしい。バルト海沿岸の貿易を支配していたハンザ同盟都市の一つであり、フェリーで到着するヴィスビー市には、当時の砦や城壁に囲まれた中世都市が残されている（図3・2）。世界遺産に登録されているだけでなく、映画『魔女の宅急便』の主人公キキが降り立った町のモデルでもあり、見どころ満載の由緒正しき観光地といえる。ちなみに私は、ゴットランドの「ゴット」を「god（神）」だと勘違いしていた。神の名がつく島とは恐れ多いなと思っていたが、神ではなくゴート族（Gote）と呼ばれるゲルマン系民族に由来するらしい。

ゴットランドに降り立って、まず陸地が平らであることに驚いた。それもそのはず、海抜八二メートルしかない。島の内側に少し入ると、坂の少ない陸地に針葉樹林の森がどこまでも続き、民家がほとんどない。地学的に言えば、ゴットランドはシルル紀の化石サンゴ礁がそのまま干上がったような島である（図3・3）。かつてシルル紀が「ゴットランド紀」とも呼ばれていたことからも、模式的なシルル紀の地層

図3・2　中世の面影を残すヴィスビー市．街を取り囲む城壁と（上），映画に出てきそうな海の見える風景（下）．

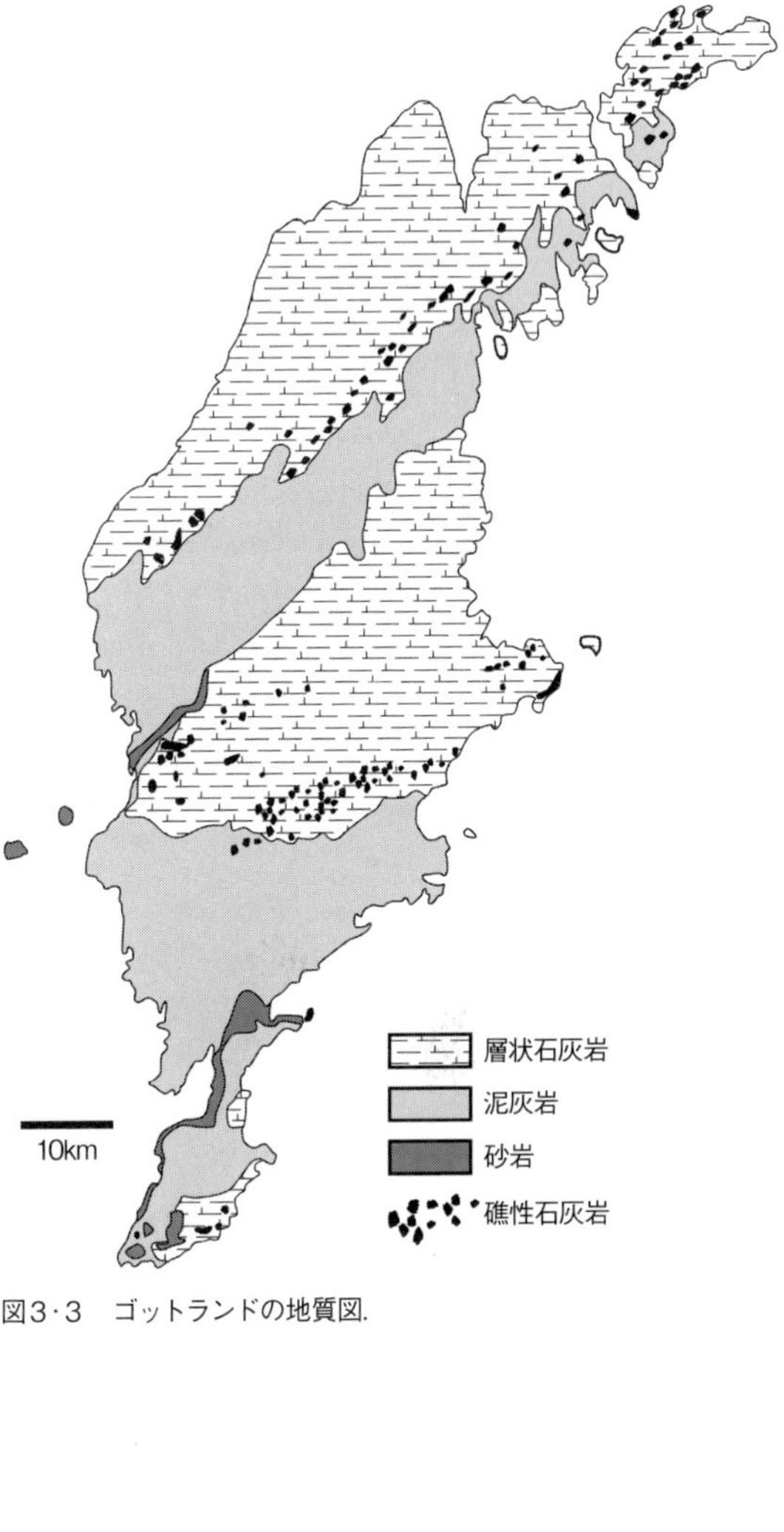

図3・3　ゴットランドの地質図.

が露出していることがうかがえるだろう。

観光地となっている城壁内に足を運ぶと、一軒の宝飾店が目についた。そこでは、ゴットランドから産出する化石をもとに、シルバーアクセサリーを製作している。くすんだ銀光沢の絶滅生物が陳列されているなかから迷わずシルル紀の腕足動物を購入した（図3・4）。

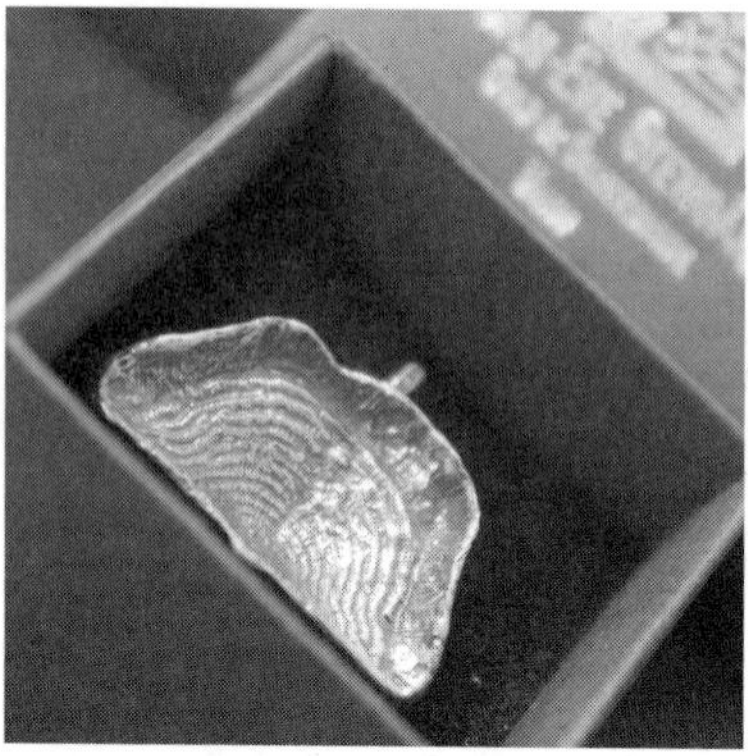

図3·4　腕足動物 *Leptaena* sp. のシルバーアクセサリー.

コラム　暗闇から忍び寄る影

ゴットランドでの調査期間中、一度だけ夜のヴィスビー市に繰り出したことがあった。地ビールが有名らしく、城壁内にある飲み屋でたらふくを飲んでから帰路についた。低緯度地域特有の薄明るい夜道を通り、ヴィスビー大聖堂の脇に差しかかったところ、三〇センチメートルほどのわりと大きな影が道を横切った。ネコやタヌキのような動物には慣れているが、どう見ても半球状の塊で四肢を確認できない。それはハリネズミだった（図3・5）。初めて見たが、ハリは爪のような質感であった。使い古されたせいか、ハリの先端は磨耗していて、持ち上げても痛くない。イボイボのマッサージボールを持っている感覚である。撮影会が終わって地面に放してやると、一目散に逃げていった。化石だけでなく、日本では馴染みのない自然も満喫することができた。

図3・5　夜の散策で見つけたハリネズミ（現生）.

国内調査とは違うんです

山がなければ、沢がない。上八瀬地域のように、沢沿いに露出する露頭に目星をつけることができない。

その代わり、上八瀬地域では考えられない夢のような調査方法も実現できる。たとえば、標本採集をする露頭の鼻先まで車をもっていけることは、初めての経験であった。すべての露頭が車横付けとは限らないが、歩くといってもハイキング程度である。上八瀬地域で経験した尾根越えなどに比べれば散歩のようなものだ。

もちろん、あまりよくない点もあった。上八瀬地域の山は木々が茂り、太陽の光が遮られている。そのせいで沢は暗く、露頭が見えにくいという難点があった。一方、茂った木々は雨風を大幅に軽減してくれる。上八瀬地域では雨具を持たずとも調査できたし、木陰で雨をしのぎながら紙とペンで情報を記述することもできた。しかし、スウェーデンの調査でそうはいかない。雨が降れば遮るものがなく、濡れネズミのようになってしまう（図3・6）。レインコートでは適わない雨天も多く、上八瀬地域では邪魔になる傘が必需品であった。動きやすい格好の利点を評価しウインドブレーカーのみで最初のスウェーデ

図3・6　ゴットランドの採石場．木々はなく，雨風を遮る障害物はない．

ン調査を敢行したが、冷たい雨に濡れて体温が低下し、逆にパフォーマンスが激減した。結果として、惨敗兵のような姿をさらすことになった。

調査地の選定方法も、国内とずいぶん勝手が違っている。上八瀬地域のように国内で調査する場合、時代区分がある程度わかっている地域の山を、沢沿いにひたすら攻めてゆく。そうすれば、沢に残された何かしらの露頭を簡単に見つけることができるので、情報を沢ごとに集めてゆけばよかった。しかし先述のとおり、山がなく攻める沢が見つからない。したがって、先行研究によって調査地域の時代区分が解明されていても、どこでその露頭を見つけたのかがわからない。海外の化石に関する研究論文を読むと、採集地点の情報が事細かに記述されている。上八瀬地域では「茂路沢上流一〇〇メートル」などですむ情報が、起伏のない土地をもつ海外では「国道○号の交差点を右に進み□□の目印から△△メートル南」のような表現になる。地図上でピンポイントの露頭情報を知っていなければ調査が難しいのである。最も効率的な方法は、採石場を目指すことである。いわゆる石灰を採集する石切り場は、堆積性の石灰岩であることが多いので、そこに含まれている生物遺骸の化石を狙えばよい。

コラム　幻の露頭を追う

スウェーデンで一度だけ目当ての露頭にたどり着けなかったことがある。鈴木先生に誘われ、ある論文に記載されていた標本の産出地域を見に行くことになった。該当の場所付近に到着したものの、公道から見渡す限りでは露頭らしきものが見えず、仕方ないのであたりを散策することになった。私有地のため、こちらの意図を伝えて許可をもらい、遠くでウシに見守られながら林のなかを進んでいった。沢がないため空気が澱み、とにかく蚊が多かったのを覚えている。化石が産出する規模の崖があるはずだと狙っていたが見つからず、現地の住民たちに崖の話をしても、聞いたことがない、とのこと。結局見つからず、蚊に刺されただけで宿へと戻った。

美しき標本たち

地質の特性が違えば、化石の産出状況や保存状態も大幅に異なる。地殻変動の影響を受けた上八瀬地域の化石は、潰され、変形し、殻の石灰部分が溶けて抜け落ちていることが多かった。一方、スウェーデン

図3・7　“拾い”で採集したゴットランドの単離化石.

の標本は殻の石灰部分が残されている。そして、島が地殻変動の影響を受けていないために、化石が変形せずに保存されている。

ゴットランドの地層の多くは、豊富な化石と石灰質の泥によって構成された石灰岩である。泥は雨風によって風化しやすい。海岸沿い、湖、運河など、水場が近いとなお風化が進んでいて、砕石場や崖から堆積物が崩れていることが多い。すると化石部分だけが地層から単独で飛び出し、地層のふもとに転がり落ちることが多々ある。新しい泥山から四億年前の生物遺骸を拾う化石採集作業は、まるで燃えるゴミとして捨てられたばかりの大量の殻を拾っている気分にさせられた（図３・７）。

採集した主な化石は、腕足動物、サンゴ、三葉虫である。上八瀬地域で採集できたなら、お宝扱いされるほど良質な三葉虫の骨格がゴロゴロ転がっていた。しかし、それ以上に目を引く存在が腕足動物である。二枚の殻がつながった合弁の標本はもちろん、背腹の殻それぞれが単離して産出

図3・8　腕足動物アートリパの化石．外面（右）と内面（左）の見える化石が採集できる．スケールは1cm.

しており、延々と破損のない標本を拾い続けることができた。泥がきれいに風化していれば、殻の内面と外面を両方観察できる場合もあった（図3・8）。

コラム　ゴニオファイラムを狩れ！

鈴木研メンバーは三葉虫、私は腕足動物であったため、基本的には標本の取り合いとはならない。しかし、ある露頭での化石採集では、メンバー全員の熾烈な取り合いとなる化石がある。ゴニオファイラム（学名：*Goniophyllum pyramidale*）と呼ばれる単体サンゴの化石だ。ゴニオファイラムは、種名「*pyramidale*」のとおり、四角錐のようなピラミッド形の単体サンゴである（図3・9）。一般的に放射相称的な体づくりをするサンゴは、円柱状、円錐状となることが多く、円錐状の単体サンゴであれば大量に採集可能である。一方、少しレア度の高いゴニオファイラムをよく見ると、ピラミッドとしてみた場合の底面に相当する部分が正方形でなく台形であり、放射相称的な体づくりのなかに左右対称性を

図3・9　ゴニオファイラムの化石．スケールは5mm．

見いだすことができる。こういった形の異質性は、機能や形態に興味のある研究者にとって、きわめて魅力的に映る。しかし、冷静になった今となっては、誰も研究対象としてみているわけではないし、なぜ取り合いになるのかわからない。ただ言えることは、次回の調査でも日本人たちによるゴニオファイラムをめぐる大人の争いが繰り広げられるだろう。

腕足動物の化石を題材にすることを決めた私は、スウェーデン調査期間の空き時間を使って、書籍のコピーや論文を読みながら勉強していた。そのなかの一つ、『Invertebrate Palaeontology and Evolution (Clarkson, 1998)』の第七章「腕足動物」を読んでいたところ、腕足動物の殻形態を紹介するページにヴィスビエラ（学名：*Visbyella visbyensis*）と呼ばれる化石種が取り上げられていることに気づいた。もしやと思い、ゴットランドで数日間採集していた標本を見直すと、どうみてもヴィスビエラである（図3・10）。鈴木先生に紹介してもらったヴィスビー市の観光ショップに立ち寄り、ゴットランドの地質と化石に関する本（Eliason, 2000）を購入した。やはりそこにも、採集した標本とまったく同じヴィ

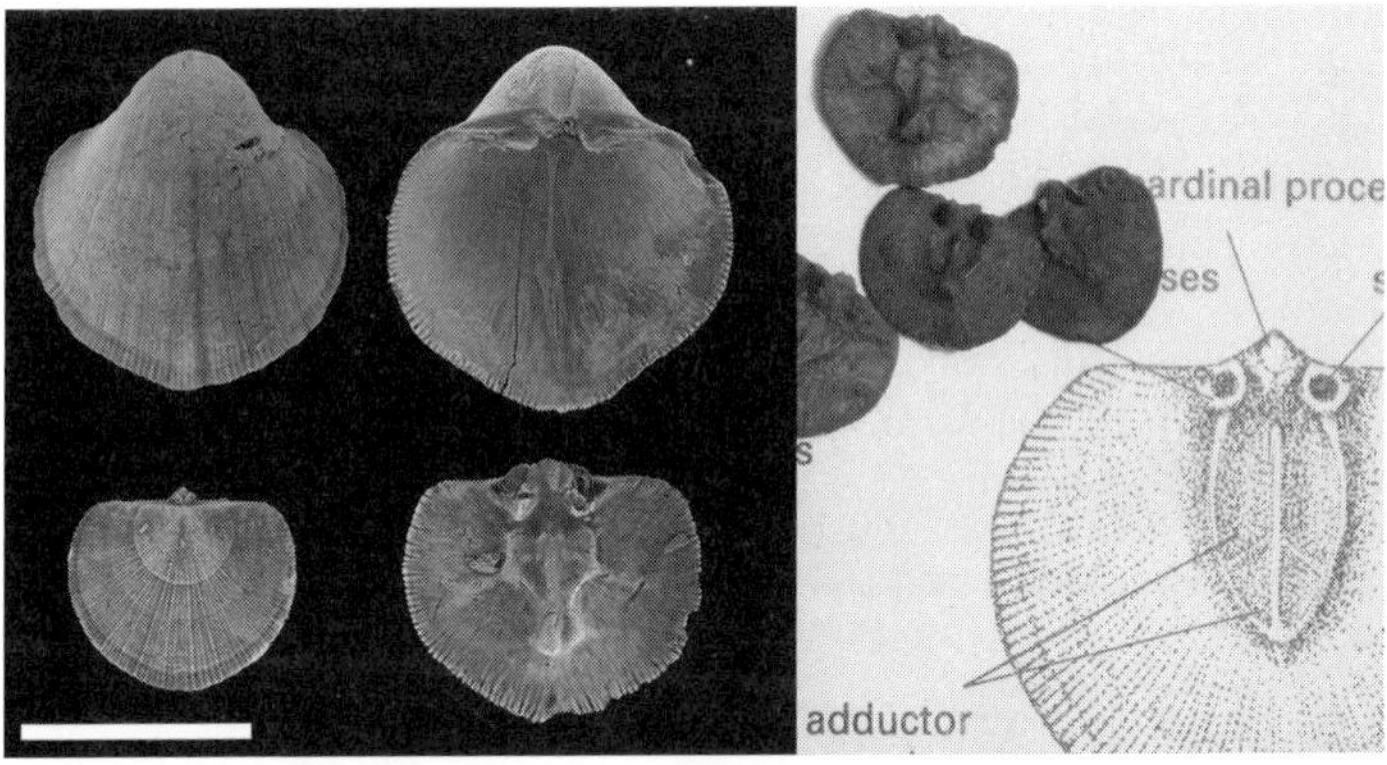

図3·10　教科書に載っているヴィスビエラのイラストと実際に採集したヴィスビエラ標本. スケールは1 cm.

スビエラが掲載されている。

化石種を記載するには、その模式となる標本を提示し、模式地も併せて記述する。その場合、属名や種名には地域の名前がつけられることもある。ヴィスビエラはまさにその例であり、ヴィスビー市で採集された化石が模式標本となっていたのである。教科書に掲載されるほど一般的な種を、実際に採集することができるとは思ってもみなかった。

先に述べた書籍に記されている十数種の化石腕足動物のうち、さらに二種類をゴットランドで採集した。単離標本を簡単に採集できるエオプレクトドンタ（学名：*Eoplectodonta transversalis*）は、上八瀬地域で大量に産出したプロダクタス類の祖先系統に当たるストロフォメナ類に属し、殻の外側と内側の形態に興味深い二面性がある。シンプルな外面形状に対して、内面にはヒダ状の生々しいリッジが残されており、このリッジに沿ってエサを濾過する触手が配列していたらしい（図3・11）。現生種の腕骨に相当する部分を背殻の内面に貼り付け、リッジ状の構造で代替しているのである。また、初期のスピリファー類

図3·11　エオプレクトドンタの内面形態．ヒダのような数本のリッジが特徴的である．スケールは1cm.

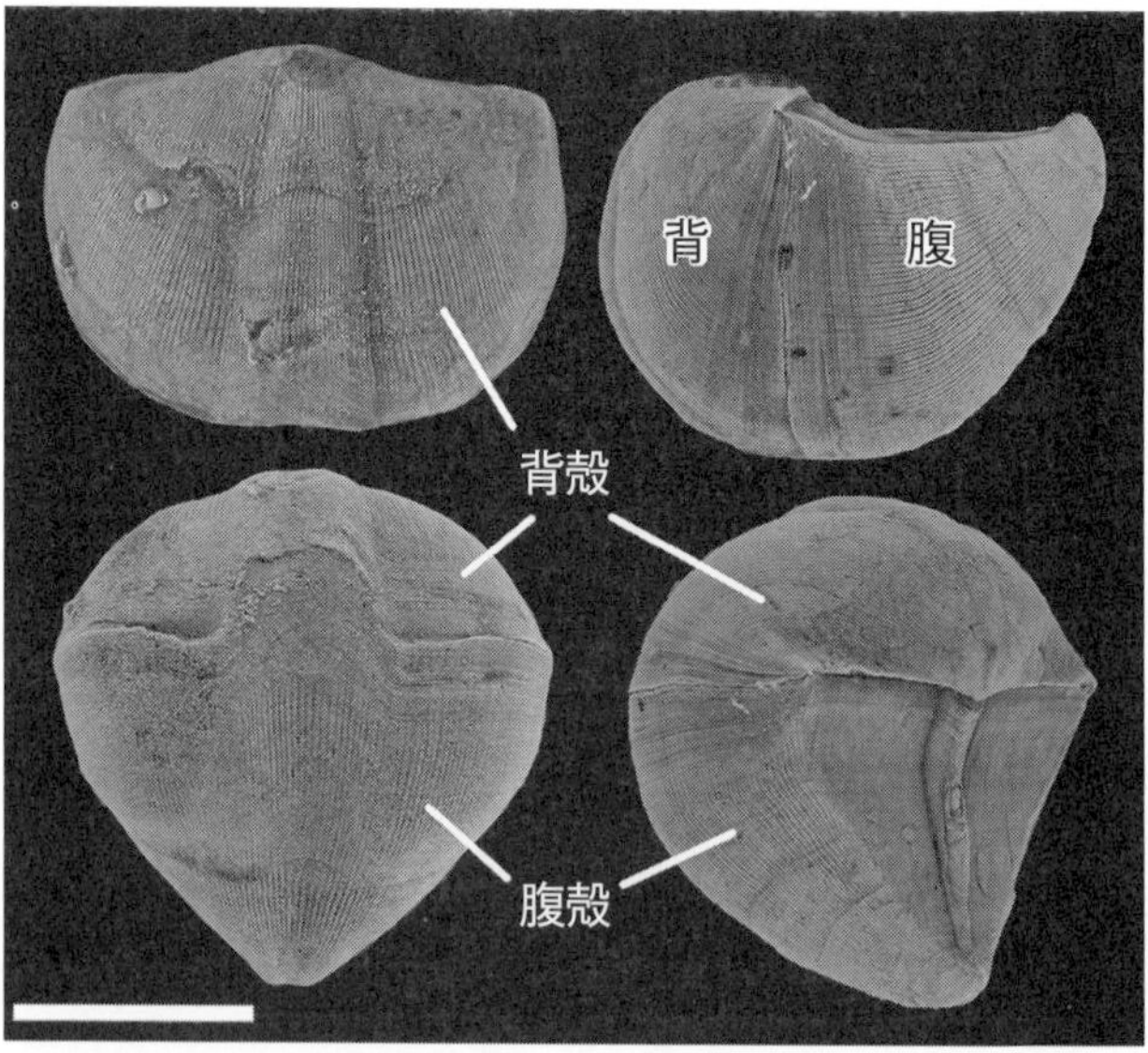

図3·12　スピリファーの仲間，キルティア．腹殻が腹方向に尖った形態である．スケールは5mm.

図3・13　ゴットランド島に隣接するファーロ島の石灰岩海岸. おもしろい化石を見られるが, たとえ礫であっても石を動かすことは禁止されている.

に属するキルティア（*Cyrtia sp.*）は、腹殻が尖ったような形をしていることから、調査メンバーのなかでは「爪」の愛称で呼ばれている（図3・12）。偶然にもまったく同じ標本と見比べながら教科書を読めたおかげで、殻の形に対する理解を深めることができた。腕足動物の初心者にとって、これ以上の幸運はないだろう。

コラム　観光地の宿命

ゴットランド島の北端から定期連絡船で、隣接するファーロ島に渡ることができる。ファーロ島の海岸には、波で浸食された柱状もしくは丘状の石灰岩が散在している（図3・13）。化石を含む石灰岩であり、海岸の礫を見ていると珍しい化石を見ることができる。しかし、この化石を持ち帰ってはいけない。海岸の大部分は国定の自然保護区とされていて、採集はおろか小石を動かすことも禁止されている。故意に動かさなければ、海岸沿いを歩いたり、丘状の石灰岩に登ってたりしてもよいらしい。現地の住民や観光者の保護意識は強く、ここに欧米の景観が守られている理由を垣間見ることができた。しかし研究する人間としては、貴重な化石の目の前を素通りしなくてはならず、すばらしい景色が苦い思い出となった。

ヴェステルイェーテランド

水平な地層と飴色の化石

ストックホルムの西南西、約三〇〇キロメートルに位置するヴェステルイェーテランド地方は、スウェーデンで最大の表面積となる湖、ヴェーネルン湖（琵琶湖の約八・五倍の面積）と、二番目に広いヴェッテルン湖を擁する水の豊富な地域である。ヴェッテルン湖の水はきわめて良質で透明度が高く、そのまま飲み水としても利用できる世界最大の水塊とされている（飲みたい方は自己責任でお願いします）。どちらの湖も、スカンジナビアの氷河が後退したことによって取り残された水域に由来し、湖の一部には内陸型のフィヨルドが残されている場所もある。水のある環境を大切にするスウェーデンらしさをコンパクトにまとめた地方であり、観光地としても名高い。

ゴットランドでシルル紀の化石を満喫した余韻も冷めないうちに、本土に再上陸し、化石採集のためにこのヴェステルイェーテランドを訪れた。ここではシルル紀よりもさらに古いオルドビス紀とカンブリア

図3·14　ヴェステルイェーテランドの地層．水平な地層が切り立った崖となっている．

紀の地層が露出している。

最初に化石採集へと向かったのはオルドビス紀の地層が露出する採石場の跡地であった。切り立った崖に水平な地層が露出している様子は壮観である（図3・14）。この地層は、厚さ約一〇センチメートルの単層が積み重なって形成されており、その中から三葉虫ニレウス（学名：*Nileus armadillo*）が産出する。

三葉虫ニレウスは、鈴木研の同期である小野田祐子氏が修士研究の題材として扱っていた。そのため、鈴木研の総力（当時五名）を挙げてニレウス狩りに取りかかった。修士課程は二年しかないため、修士一年目の標本採集を空振りすると、研究の進展に大打撃となる。当時のメンバーのうち、地層からの化石採集に慣れていたのは鈴木先生と私だけであり、同時に男手もこの二人だけであった。連れてきてもらった身

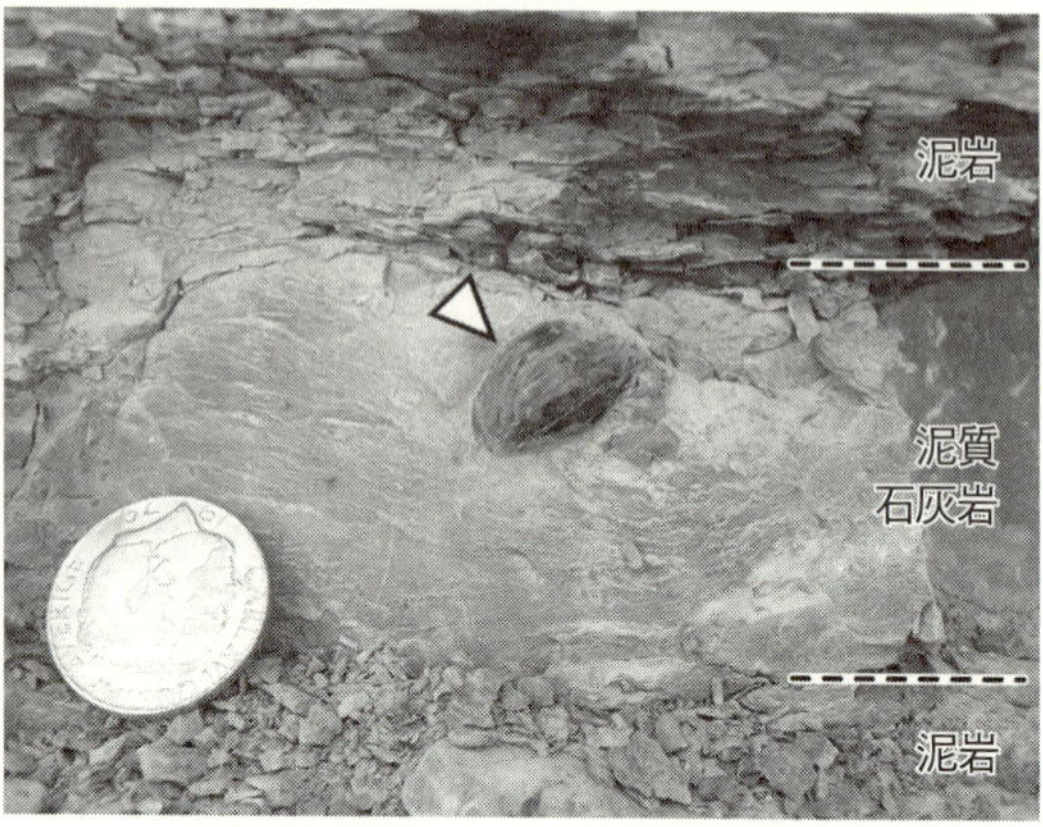

図3・15　球体化した三葉虫ニレウスの化石（白矢印）.

としても協力を惜しむわけがなく、「とれないとまずい」という空気のなかで、全員が言葉にできないプレッシャーを感じていた。

最初にニレウスを見つけたのは鈴木先生であった。それを皮切りに、全員で包囲網を絞るようにニレウス標本を集めていった。ニレウスが産出する単層を見ると、厚さ一〇センチメートル程度の泥質石灰岩部分と、数センチメートルの層状となった泥岩部分で構成されている。これは、乱泥流堆積物やストーム（嵐）堆積物の特徴とよく一致する。泥質石灰岩部分から産出するニレウスは、ダンゴムシのように丸まっている（図3・15）。おそらく、乱泥流に巻き込まれたために、球体化した防御姿勢を保っているのだろう。また、泥岩部分から産出するニレウスは、丸まらずに伸びきった姿勢で産出することが多い。ニレウス以外にも、アサフスと呼ばれる種類の三葉虫が産出し、そちらは好きなだけ持って帰ることを許された（図3・16）。

単層の中から採集できたニレウスは、まるでカンロ飴のよ

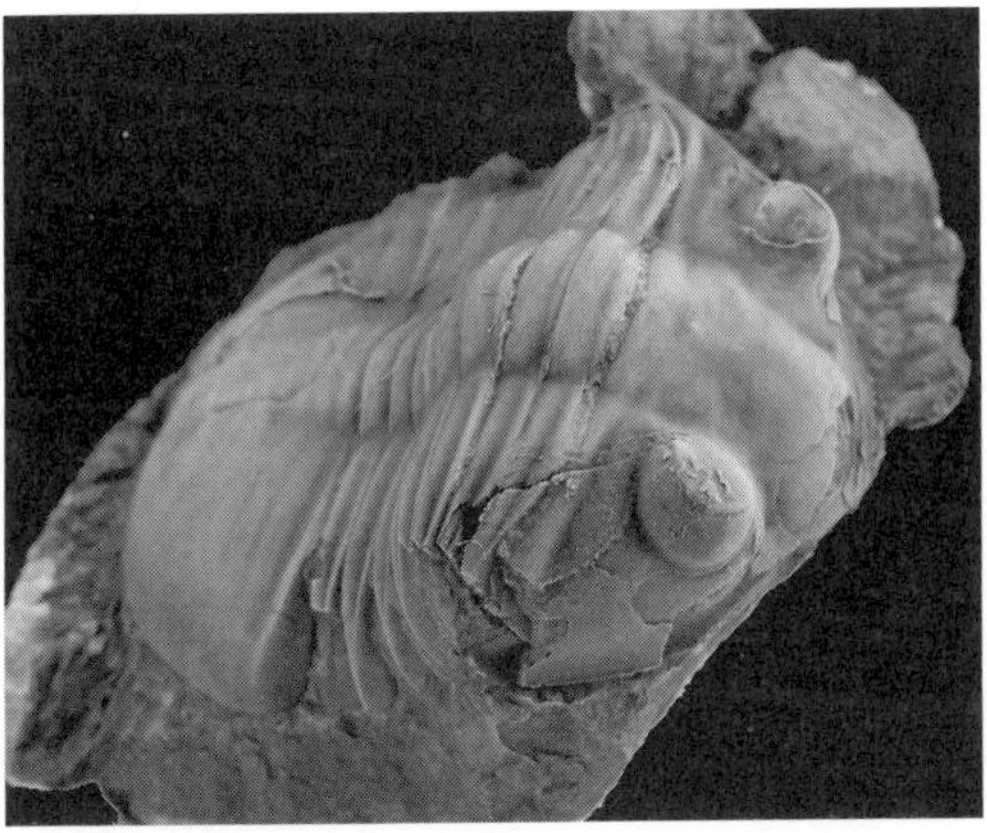

図3·16　三葉虫アサフスの化石.

うな色合いの美しい保存状態であった（口絵5）。骨格の内側が、飴色の化石に少しだけ透けて見える。そこには、内表面に付着していたと考えられる筋肉痕をはっきりと見ることができる（図3・17）。軟体部そのものではないが、およそ四億六〇〇〇万年前の肉の痕跡を生々しく残した化石の保存状態に驚かされた。

コラム　がっかりした欧米人

ヴェステルイェーテランドで化石を採集していたときに、同じく化石採集に来たと思われる女性に出くわしたことがあった。私たちが採集している姿を見て、真似して化石を探していたのだが、彼女が手に持っていた採掘具は、先端が二又に割れた鉄棒、音叉であった。なんと音叉で露頭を叩いていたのである。うまく化石をとれるはずもなく、ついにあきらめたのか、快調に採集していた私に話しかけてきた。初対面の外国人に対してお決まりの会話をし、私が

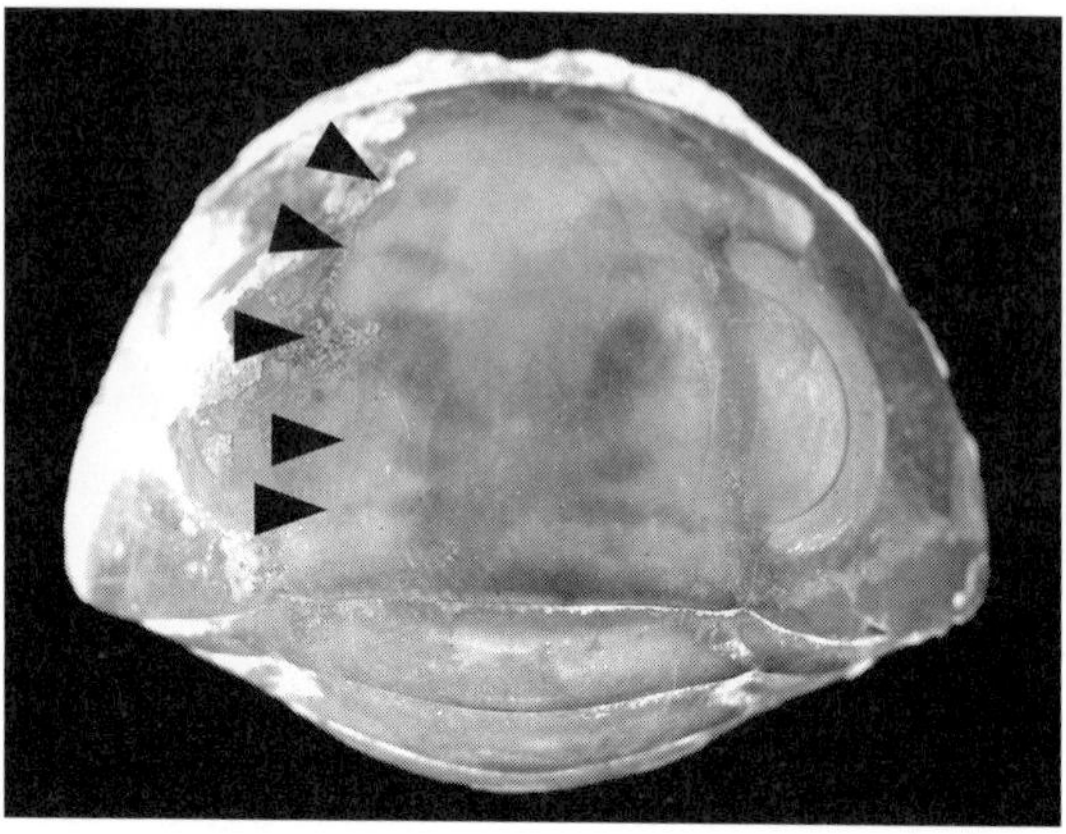

図3·17　ニレウスの化石に透けて見える筋肉痕（黒矢印）．良質な保存状態ならではである．

日本人であることを告げると、彼女は「ホーランドから来た」と教えてくれた。ちなみに私は、現在進行で英語に不慣れであるが、当時は基本的な単語もままならないほどひどかった。ホーランドがオランダだとは知らず、「ポーランドね」と答えると、語気を荒らげて「違う！　ヨーロッパの一国でネザーランドだ！」と返答された。それでもピンとこない私を見て、彼女はたいそうがっかりしたようだった。東洋人とはいえ、まさかオランダを知らない人がいるとは思いもよらなかっただろう。知らないの一点張りであった私に、一所懸命「風車がたくさんある」とか「サッカー選手のヨハン・クライフで有名だ」とか説明してくれた彼女に申し訳なく思う。

カンブリア大爆発のリアリティ

水平な地層を調査する場合、上八瀬地域のように地質断面図をつくって地質構造を明らかにする手間が省ける。地層が水平であるため、土地の標高に沿って同じ層準が露出している。つまり、海抜が下がればそのまま古い時代の地層となる。

図3·18　多数の生痕化石. ぼこぼこした部分はすべて生物の這いまわった跡.

ヴェステルイェーテランドのなかでも低地にある採石場では、オルドビス紀よりも古い地層を見ることができる（田中・鈴木、二〇〇五）。

オルドビス紀の前はカンブリア紀と呼ばれる時代である。およそ五億四〇〇〇万年前から始まるカンブリア紀は、硬組織をもった生物が誕生し、劇的に多様性を増大させたカンブリア大爆発でも有名だろう。ヴェステルイェーテランドでは、カンブリア紀の最初期から地層が露出していて、いくつかの採石場をまわるとカンブリア紀の最後期までコンプリートできる。

ヴェーネルン湖の湖岸には、カンブリア紀の最下層が露出している。この層準は砂岩で構成されていて、砂岩の底面に当時の動物が這いまわった痕跡を示す生痕化石が保存されている（図3・18）。生痕化石のなかには、多数の溝が刻まれた半球状の化石があり、これは海底に生息していた三葉虫の休憩痕らしい（図3・19）。生物骨格の化石は見つからなかったが、どの砂岩層にも残された多量の生痕化石が、多くの生

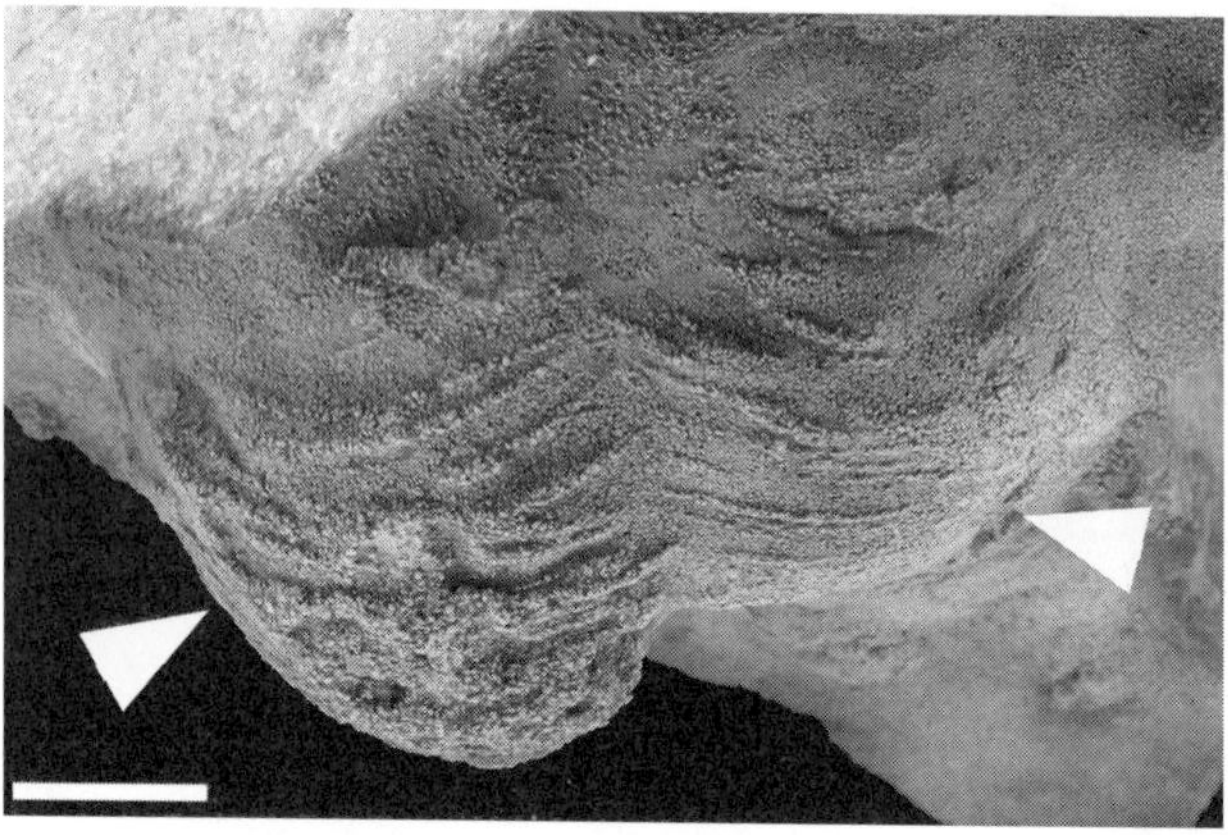

図3·19　三葉虫の休憩痕．対となった左右方向の溝が，三葉虫の引っ掻き痕にみられる特徴．スケールは1cm.

物の存在を物語っている。

湖岸から少し水中に手を伸ばし、湖底の岩石を採集すると、砂岩を削り込む礫岩が採集できる（図3・20）。この礫岩はカンブリア紀の基底となる層準であり、この基底礫岩と直下の砂岩との間が、先カンブリア―カンブリア紀境界となっている。つまり、カンブリア紀が始まった直後の海底は、生痕を残した多種多様の生物でにぎわっていたのである。

ヴェーネルン湖から少し離れると、今度はカンブリア紀中期から後期にかけての地層を見ることができる。ここでは、生物骨格の化石が産出するので、生痕化石よりは直感的な化石を採集できた。最も数多く産出したのは、アグノスタスと呼ばれる三葉虫のような生き物である（図3・21）。採集できたアグノスタスの化石はバラバラになっているが、円形の頭部と尾部を二つの体節でつなぐ全体像は、一見すると三葉虫である。しかし、骨格の特徴や、化石として偶然保存された肢から、三葉虫とは異なるグループで

図3·20　基底礫岩．礫岩部分が下の砂岩部分を削り込んでいる．この境界が先カンブリア―カンブリア紀境界となっている．

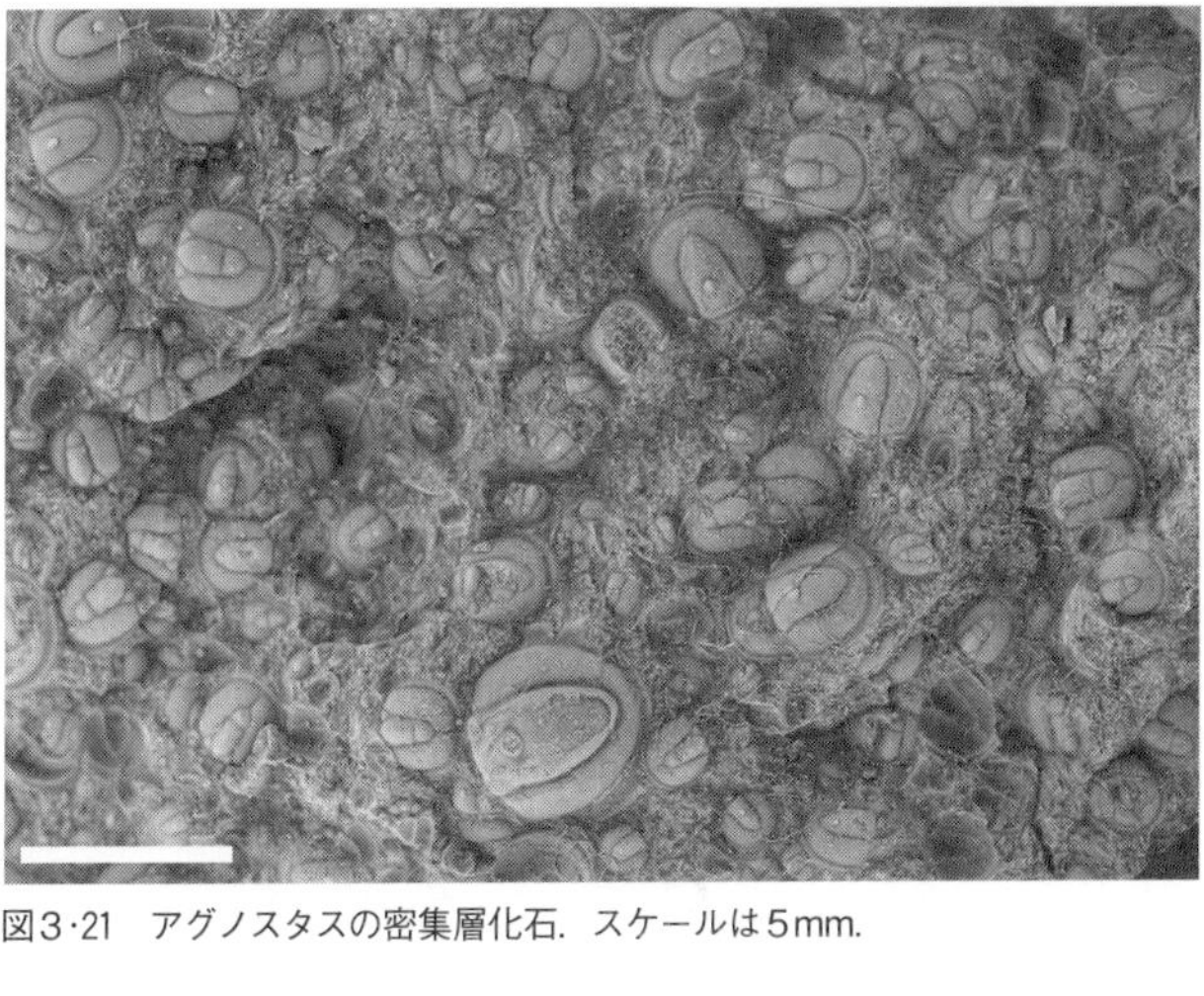

図3·21　アグノスタスの密集層化石．スケールは5mm．

図3·22　腕足動物の化石密集層．チョウチンガイの仲間の大先祖オルシア（学名：*Orusia lenticularis*）である．写真右下に少しだけ含まれているのは三葉虫ペルトラ．スケールは5 mm.

あることがわかっている。アグノスタスの分類には諸説あり、節足動物のどこに分類されるのかは解決していない（鈴木、二〇〇二）。また、アグノスタスの化石密集層とは別に、腕足動物の化石密集層も含まれている（図3・22）。この腕足動物はオルシア（学名：*Orusia lenticularis*）と呼ばれ、チョウチンガイの仲間の大祖先にあたる。殻が一枚ずつ外れた状態で層状に密集している様子は、上八瀬地域で見つけたストーム（嵐）堆積物とそっくりである。今も昔も同じような埋没過程によって化石になっていたという証拠を目の前にして、当時の私は、原理の共通性におもしろさを感じた。

およそ五億年前の生物墓場を暴いた次は、さらに山側の採石場跡に連れていってもらった。いよいよカンブリア紀の最後期である。産出する化石は、アグノスタスやチョウチンガイの祖先など共通していたが、この採石場跡での見どころは地層そのものである。採石場は二段構造となっていて、下の段にカンブリア紀の地層が露出し

図3·23　カンブリア—オルドビス紀境界．黒矢印の層準を境にカンブリア紀の黒色泥岩と，オルドビス紀の白色石灰岩が露出している．

ている。一方、上段は白い石灰岩の崖で囲まれていて、オルドビス紀の化石が産出する。つまり、ちょうど白黒の境目がカンブリア紀とオルドビス紀の境界になっている（図3・23）。時代ごとに化石生物が異なるのは当たり前のように教科書で述べられているが、実際それを観察できる機会はかなり少ない。後にも先にも、時代をまたいだ岩相と生物の変化を露頭レベルで見ることができたのは、この一回だけである。

近年、生物骨格の化石が産出する以前から生命が多様化していた現象は、生痕化石の研究から明らかになっている。ヴェステルイェーテランドでも同様に、生痕化石から始まる生物多様化シナリオの縮図を示していた。美味しいところをコンパクトに見られるような教育的配慮であったのだろう。しかし、生痕化石や境界に加え、その後もマニアックな趣向を叩き込まれたせいか、通常の研究者とは趣向が違ってしまったらしい。

たとえば、当時喜んで持ち帰ったカンブリア—オルドビス紀境界の岩石がある（口絵6）。この岩石の研磨断面を作成すると、カンブリア紀の黒色泥岩の上に、オルドビス紀の堆積性石灰岩が重なっている様子を見ることができる。境界部をよく見ると、カンブリア紀の泥岩が削られてできた小さな窪地に、緑色の堆積物が詰まっている。この緑色の粒子は海緑石と呼ばれる鉱物で、堆積速度が低下した環境で形成されることが多い。つまり、海緑石の含まれるオルドビス紀の地層と、その直下にあるカンブリア紀の地層の間には不整合と呼ばれる時間間隙があり、地層を考えるうえで重要な不連続性の好例なのである。しかし、この研磨断面を同級生に自慢したところ、誰一人として食いついてくれなかった。大方「へぇ、そうなんだ」の一言で片付けられてしまい、すでに変わってしまったらしい私には、なぜ興味をもってくれないのか見当がつかない。

奇妙な露頭群、ボーダ石灰岩

横につながらない地層

六日ほど滞在したヴェステルイェーテランドを後にし、北北東へ三〇〇キロメートルのダーラナ県シリヤン地域へと移動した。ここでは、オルドビス紀中期から後期にかけての地層が露出している。地質図によれば、ボーダ石灰岩と呼ばれる露頭が点在していることがわかる。散点的な露頭分布は上八瀬地域でも経験しており、いよいよ得意なタイプの地層か、と考えながら現地入りした。

シリヤン地域は、デボン紀に衝突した隕石のクレーターに由来する地形となっている。このときできた

図3·24　ボーダ石灰岩の採石場.

「シリヤン・リング」に沿って、スウェーデンで第六位のシリヤン湖をはじめとする複数の湖沼が分布している。ボーダ石灰岩も、シリヤン・リングに沿って分布している。レットヴィーク市内から少し北上したところに、直径四〇〇メートル程度の採石場がある。採石場の四方は石灰岩に囲まれていて、マウンド状の石灰岩の内側をくり貫き、マウンドの中心から外側を見ているような格好となる（図3・24）。ここは鈴木先生のメインフィールドであり、鈴木研における三葉虫研究の聖地といえるだろう。

そんな聖地である採石場だが、意外にも他の研究者は寄りつかないらしい。その理由はすぐにわかった。まず、層理面や単層が見えない。上八瀬地域では、堆積構造がわからないにしろ、風化の具合によっては層理面を見ることができた。しかしボーダ石灰岩は、保存状態がよすぎて岩石の風化が進んでいない。隕石衝突の影響でできたらしい岩石のひび割れくらいは判断できるが、層理とは無関係である。後日、岩石を持ち帰って切断してみたが、私の知っている堆積構造は観察できず、やはり感想としては「よくわからない」であった。これは、石灰岩の形成過程に依存しているらしい。

石灰岩とは、石灰質を五〇パーセント以上含む、という乱暴な定義で決められている。上八瀬地域で見てきた石灰岩は、泥岩の中に石灰質骨格の化石を豊富に含んだことで、結果的に五〇パーセントのノルマをクリアしている。これとは別に、サンゴ礁のような環境がそのまま化石となれば石灰岩だし、鍾乳洞のように無機的に沈着する岩石も石灰岩となる。ボーダ石灰岩は、まさに礁のような環境に由来する礁性石灰岩であった。少し場所が違うだけで異なる生物が見られるサンゴ礁のように、ボーダ石灰岩も横につながりにくい地層となっていたのである（Suzuki *et al.*, 2009）。

コラム　ワッフルの洗礼

シリヤン地域を滞在の拠点として調査するときは、鈴木先生が修士のときからお世話になっているゲストハウスを利用させていただいている。オーナーの方はたいへん優しく、私たちが訪問したときは必ずミニパーティーを開いてくれる。そこでいつも出されるのが、サワークリームとジャムをたっぷりと盛ったお手製のワッフルである（図3・25）。甘いものが大好きな私は、このワッフルこそスウェーデンの珠玉、と思っている。問題は、その量だ。欧米のマナーかスウェーデンのしきたりなのかは不明だが、オーナーさんは、

図3·25　ワッフルの洗礼．たっぷりのサワークリームにブルーベリーのジャムが載せられている．

食べ終わって空になったお皿へ即座にワッフルを差し込んでくる。こちらが「少しお腹いっぱいだ」などと日本人的な対応をすると，湯水のごとくワッフルを注がれてしまう。ここでは明確に「いらない」とキッパリ意思表示をしないと，ワッフルにお見舞いされることになる。

ポケットを叩けば

ボーダ石灰岩では，どこを叩いても化石が出てくる。上八瀬地域に比べれば圧倒的な頻度だ。しかし採集の効率を考えると，闇雲に石を割るのではなく，当たりをつけなくてはならない。化石の密集部，ポケットを狙うのである（図3・26）。サンゴ礁の表面がなだらかでないように，ボーダ石灰岩形成時の礁もゴツゴツした表層であった。サンゴやコケムシなど礁の枠組みをつくる生物が成長すると，周囲に隙間が多くなりポケット状の窪みが形成されやすくなる。そういったポケット状の隙間には，堆積物が充填されたり，死んだ生物の遺骸が溜まりやすい（Suzuki and Bergström, 1999）。ただし

図3·26　ポケットの岩石．層理面は写真の左右方向であるが，黒矢印から下に向かってポケットが延び，その間を化石が充填している．

ボーダ石灰岩は、海綿動物や微生物の作用によってつくられた礁であるため、サンゴ礁の例と単純には一致しない。ポケットができる理由は諸説あり、未解決の問題として残されている。いずれにせよ、礁の石灰岩と性質の異なる充填堆積物を手がかりに、ポケットを探し出すことができる。そこに充填した化石の鉱脈を掘り当ててゆくことには変わりない（図3・27）。

ここでのターゲットは、骨格表面が平滑化したイレニモルフ型三葉虫のステノパレイアである。ステノパレイアは、鈴木先生の研究でも中心的な題材であり、当時学部四年生の後輩が扱う研究対象でもあった。ヴェステルイェーテランドのニレウス採集と同様、私は人足として働いた。

ポケットのなかでも、ステノパレイアは最も見分けがつきやすい部類であった。ステノパレイアは、半球状の頭部と尾部をもち、滑らかな表面形状をしている。頭部と尾部をそれぞれ単独で見ると、貝殻を思わせる形をし

図3·27　ポケットの中に密集した化石．扇形の尾部をもつ三葉虫エオブロンテウス（白矢印）とイレニモルフ型三葉虫ステノパレイア（黒矢印）．

ている。ステノパレイアが入っている岩石を叩き割ると、半球部分が露出するため、一目で識別できる。上八瀬地域で丸一日苦労しても採集できるかわからない三葉虫が、ボーダ石灰岩では無限といえるほど採集できる。上八瀬地域を調査していた当時の私からすれば、三葉虫だけが密集したポケットなんて夢のようであった（図3・28）。

大量に化石を集めたものの、三葉虫ステノパレイアは鈴木研の研究対象である。採集する喜びだけを心に残し、標本は後輩の学生や鈴木先生へと献上するつもりで持ち寄った。ところが、私の採集した標本は両者とも「いらない」らしい。三葉虫の化石には、死亡個体と脱皮個体の二種類がある。死亡個体は、文字どおり、死後にそのまま埋没したり、流されてバラバラになった遺骸である。一方、節足動物である三葉虫は脱皮をする。もちろん抜け殻も化石となるのだが、多くの三葉虫は頭部の数か所を分離させて脱皮する。つまり、脱皮個体の頭部は、部品のなかの部品であり、頭部としては多くの情報を欠損

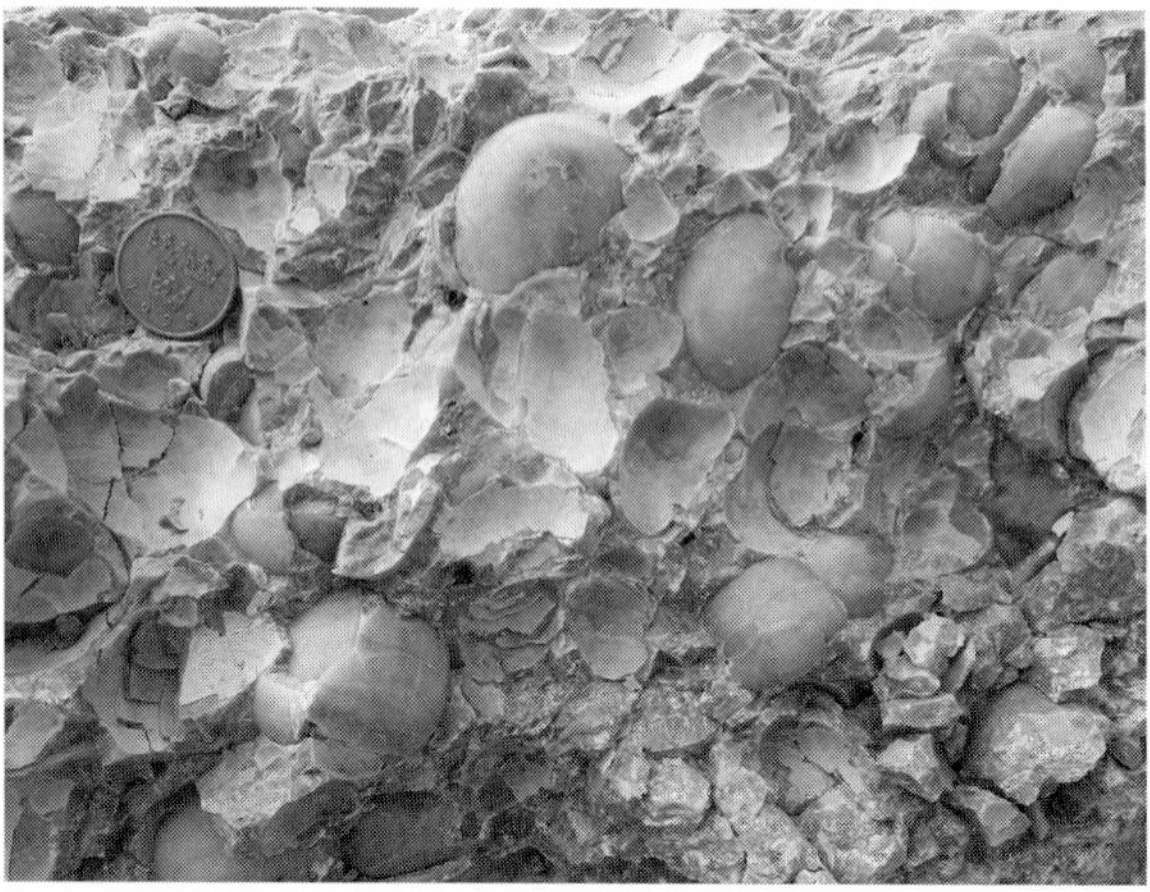

図3·28　ポケットのなかに密集した三葉虫ステノパレイア.

しているのである。私が喜んで一所懸命見つけていたステノパレイアは抜け殻の標本であり、採集の優先順位としては最低だった。当時後輩が進めていた研究は、少なくとも死亡個体の頭部でなければ成立しなかったらしい。

驚くべき多様度

ボーダ石灰岩では、三葉虫と同じくらいの頻度で腕足動物の化石も産出する。ステノパレイアを採集していると、共産する腕足動物化石がどんどん集まってゆく。

ゴットランドやヴェステルイェーテランドでは、採石場や露頭ごとに、ある程度決まった種類の腕足動物が採集できる。一方のボーダ石灰岩では、ポケットごとに産出する腕足動物の種構成が変わる。ゴットランドでの採石場単位でみられる違いが、たった四〇〇メートル四方の採石場のポケット単位に相当するのである。

オルドビス紀は、腕足動物の多様性が激増した時代である。ボーダ石灰岩は、当時の多様化イベント、オルドビス

図3·29　ボーダ石灰岩から産出する腕足動物たち．まだ分類しきれていないため名無しにしてある．スケールは1 cm.

紀大放散を示すかのごとく豊富な種類の化石が産出し、後の時代に出現する腕足動物の形態型が出揃ったかのようである（図3・29）。まだ出たての腕足動物には適応の優劣がなく、それぞれの種類が対等な関係にあるのではないかと感じられた。上八瀬地域では、地形のちょっとした違いが生物を多様にしていた。同様に、微小な地形差やポケットの有無なども、ボーダ石灰岩の腕足動物を多様化させる原動力だったと考えられる。

国産と海外産の標本を見比べて

スウェーデン産の化石は、文句のつけようがない美しい保存状態であった。古い時代であるにもかかわらず、殻がしっかり保存され、ほとんど変形していない。当たり前ではあるが、私が勉強のために読み込んでいた古生物の教科書は、こういった良質な化石を使って作成されていたのだ。絶滅生物の古生態を復元し、進化や絶滅の要因について研究が展開されてきたのは、素材の潜在能力という背景があってこそなのだろう。

一方、私の調査地域ではどうだろうか。地殻変動の影響で化石は変形し、形を扱う研究に耐える標本はきわめて少ない。上八瀬地域に典型的な殻の溶けた保存状態では、殻構造を観察したり、化学分析も使えない。スウェーデン産のきれいな化石に出合い、多くのことを学ばせてもらった。しかし、自分の扱っていた素材のレベルを嫌というほど思い知らされ、当時の私がグレるには十分なインパクトでもあった。

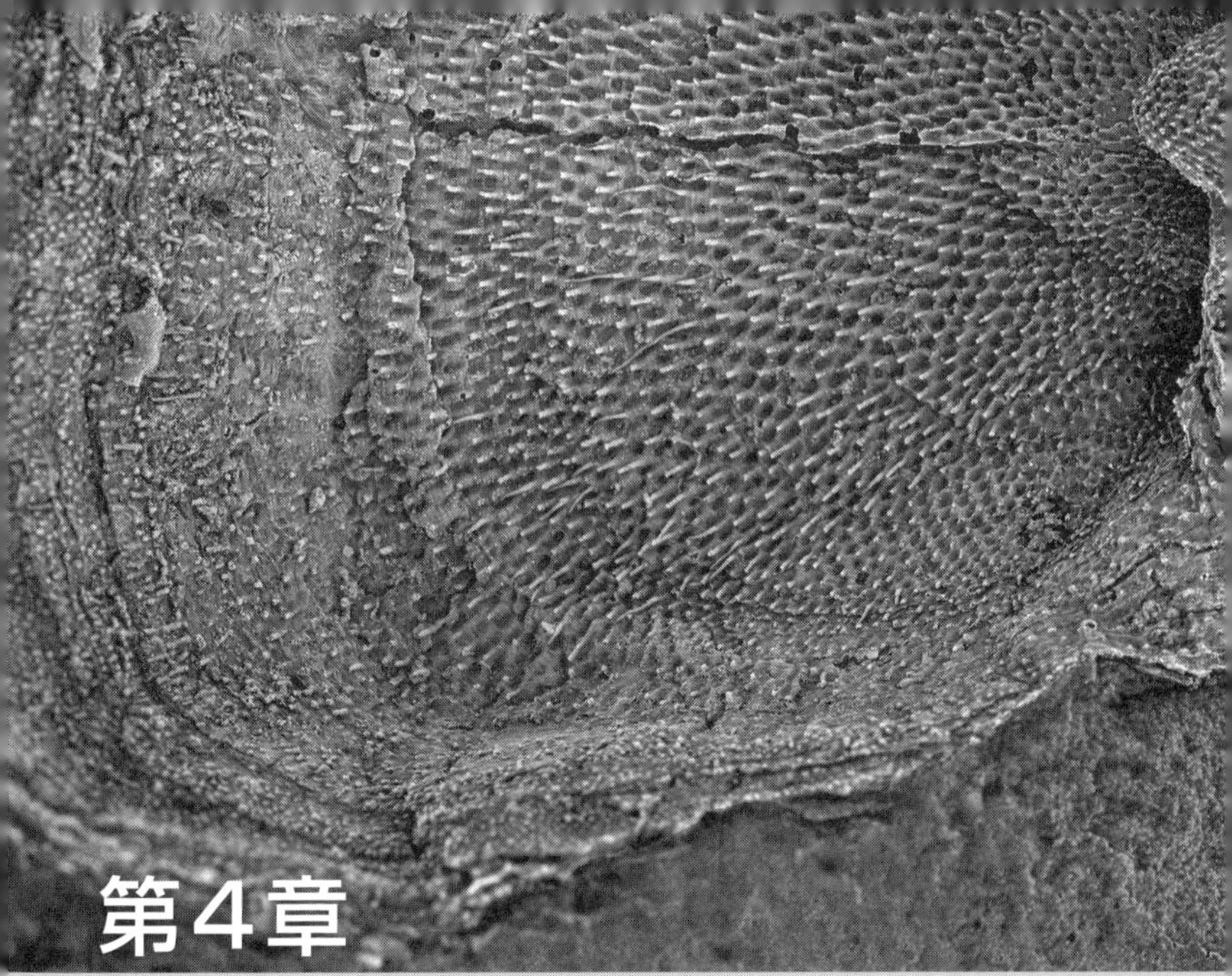

第4章
化石から生物像を探る

化石に付加価値を見いだす

多くの人が思い浮かべる化石とは「恐竜」のことらしい。その恐竜を発掘し、新種を提唱することが化石の学問だと思っている人は多い。恐竜でないとしても、古生物学とはアンモナイトや三葉虫などを題材に、何らかの「新種」を報告しているイメージが強いそうだ。たしかに、化石の話がメディアに露出するときは、発見ネタに関わる成果が多く、長い年月を経て「化石研究者＝発掘屋」のイメージが定着しつつある。化石は生物の痕跡であるが、果たしてどれほどの人が生物学研究のイメージを持っているだろうか。

古生物学者像に抱かれる「発掘屋」の印象は、あながち間違いではない。かつての古生物学者は、資源や災害対策など国益に関わる課題として、その土地の性質や地層が形成された年代を知るために、化石を指標として扱った。ときには未報告の化石を発見し、大々的に「新種発見」などとメディアに取り上げられることもあった。しかし、時代とともに研究例が増え、必然的に空白の調査地域は減ってゆく。地質学の一分野から、独立した古生物学へ。かつての発掘屋は、しだいに発見すること以外に研究の付加価値を求めるようになった。その一つが、化石の生物学である。

とはいえ、化石を扱ううえで「発掘」を回避することは難しい。古生物学の研究対象である化石は山に埋まっている。どうあがいても、石の中の化石を掘り出すことから始めなくてはならない。そして、化石を掘り出すには、地質を読み解く知識が必要である。上八瀬地域で私も実行したように、地質を知るにはかなりの時間と労力を要する。仮に、時間の制約があまりない学生時代を、地質学の勉強で終わらせてしまったとしよう。すると、生物としての化石について学ぶ時間は削られ、いざ化石の生物学に取り組もうとしたときには、博士研究の立案、今後の研究指針、科学研究費の申請書などが押し寄せ、とても新しい研究をデザインしている暇はない。まして、化石は硬組織しか残っていないため、一般的な生物学の手法を直接応用することは不可能である。そういった経緯から、化石屋さんの多くは、化石そのものを産出報告する記載分類学か、地質学のテイストを強めた研究スタイルを突き詰めていくことが多い。付加価値を求めて地質学から独立した古生物学は、結局のところ「化石は地球科学に役立ちます」といった迎合から抜け出せずにいる。

凹凸形の殻形態

開き直りで集め始めた化石

独自性の強い研究と言っても、そんな簡単に思いつくものではない。化石に付加価値を見いだしながら他分野との差別化を図るなど、修士の学生には無理難題である。化石を「化石」として認識できる理由は、生命の痕跡を形として残しているからである。そう考えると、化石として保存される形を題材に、何か研究をデザインすればよい。そのために、腕足動物の生物学を勉強してきたのである。しかし、知識としての腕足動物と、調査地域で経験してきた現実との間に乖離が生まれ、研究材料を目の前に思いつめる時間だけが過ぎてゆく。転機となった事の発端は、大学院修士課程二年生の夏休み、気仙沼市上八瀬地域の地質調査で発見した化石にさかのぼる。

当時の私は、腕足動物を題材にしようと決意しつつも、卒業論文のテーマをそのまま延長させたようなテーマを続けていた。それまでに収集した地質学的なデータへの未練を断ち切れず、最初に望んでいた生物進化の研究からは遠ざかる一方である。三葉虫ステノパレイアで思い知らされたように、あの美しい標本でさえ条件が合わなければ研究材料にできない。まして上八瀬地域の標本など、研究する以前の問題ではないのか。おもしろいテーマを捻出する能力もなく、このまま行く先には暗く深い絶望がみえている。待ち受ける未来を想像して虚脱状態に陥った私は、とりあえず修士課程をなんとか惰性と努力賞で取得して就職先を探そうと心に決めていた。そのため、私の進学を見越して付き合ってくれた多くの教官や友人に「もう進学は諦めて就職する」と挨拶してまわっていた。

進学を諦めたこともあって、地質の追加調査は終わりにした。修士二年生の夏は最後の野外調査になるだろうと予感し、それまでに楽しめなかった化石採集だけのために入山した。

化石採集を目的とするならば、とにかく多くの化石が含まれる露頭を叩きたい。上八瀬地域では、中部の石灰質泥岩がこれに該当する。化石採集が初心者の私でさえ、岩石を叩けば必ず化石を採集できる。しかし、化石が密集した部分では、きれいな一点ものが産出しにくい欠点がある。化石採集が得意な人からすると、密集部分を好んで叩く私の趣向は素人らしい。

石灰質泥岩の直上に相当する層準には、厚さ二〇メートルの細粒砂岩層が露出している。この層準は数センチメートルから数十センチメートルの間隔で化石が密集層を形成している。うまく層理面を出すよう

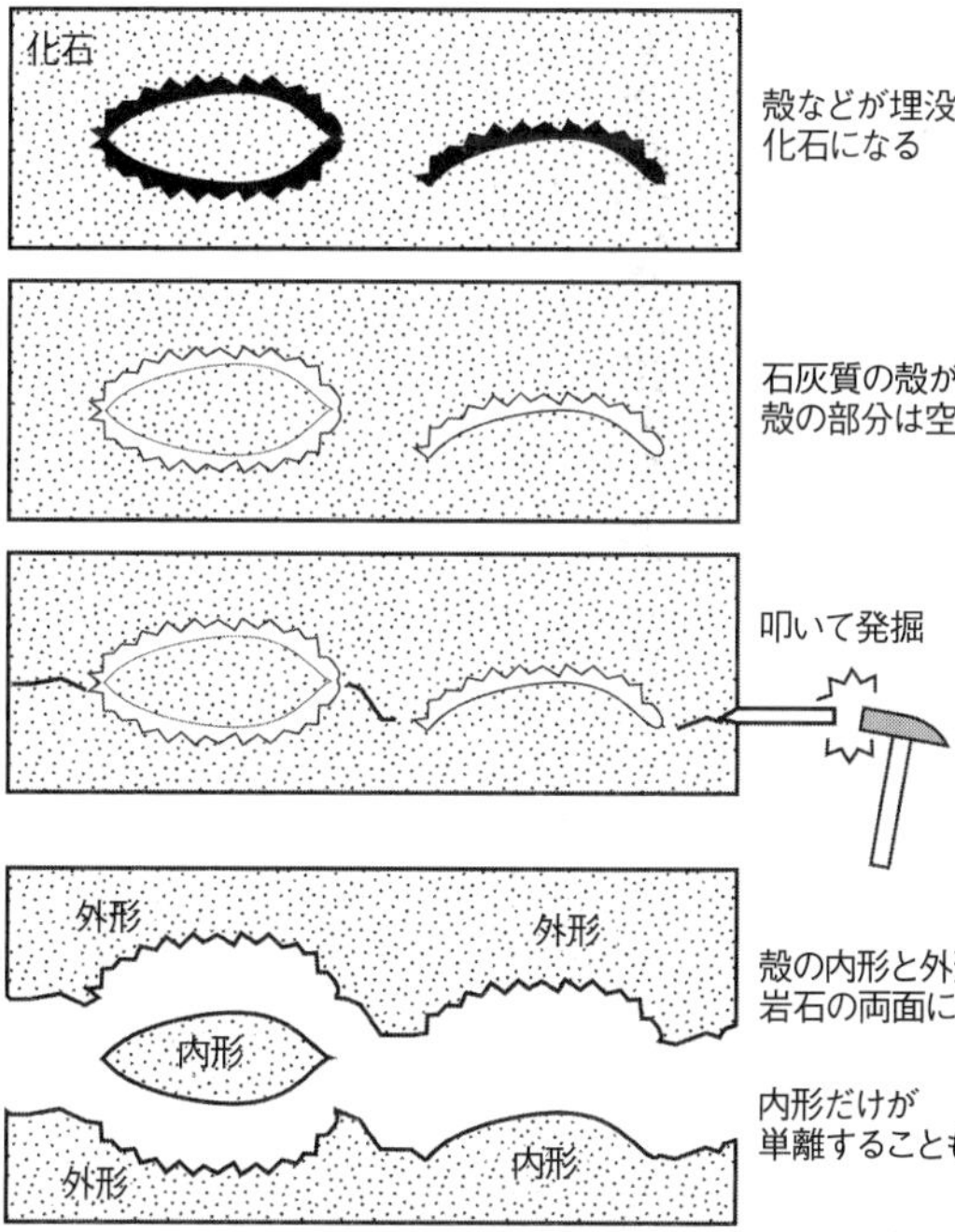
石灰質の殻が溶脱
殻の部分は空間になる
殻の内形と外形が
岩石の両面に残される
単離することもある

図4・1　上八瀬地域における化石の保存概念図.

にハンマーを振るうと化石の密集部分がきれいに露出するため、私にとって特にお気に入りの層準であった。

この細粒砂岩層は、化石生物の殻をつくっていた石灰質部分が風化し、完全に溶けきっていることが特徴的である。砂岩自体は硬く締まっているため、二つに割った砂岩の両面に、溶けきった本体の印象がくっきりと残されている。たとえば、腕足動物は二枚の殻をもっている。生きていたまま埋められると、二枚の殻はつながった状態で産出する。しかし、殻の部分は溶けてしまっているため、二つに割った砂岩の破断面には、背殻と腹殻の両表面が印象として残される（図4・1）。さらに、二枚の殻の間を充填している砂岩部分が、ポロッと単離して採集できる。死後に流された腕足動物は、二枚の殻が外れて産出する。この場合、二つに割った砂岩の破断面には、背殻もしくは腹殻の外表面と内表面がそれぞれ印象として残される。殻の内表面は、二枚貝でいう貝柱のような筋肉が付着していた軟体部の痕跡が残されていることもある。

スウェーデンで採集した標本では、殻がきれいに保存されている。そのため、殻の内表面を露出させることが難しく、軟体部の痕跡を観察する機会は少なかった。仮にうまく殻を外せたとしても、上八瀬地域のような締まった堆積物ではないため、堆積岩に残される印象には期待できない。特に、殻の凹側表面を観察するためには、一枚の薄い殻にこびりついた泥岩粒子を完璧に取り除く必要があり、これには多大な労力を必要とする。上八瀬地域では、地質の特性が殻を溶かしてくれたので、叩き割るだけで嫌でも内表面を見ることができる。

この層準の密集層を構成する腕足動物は、凹凸形のプロダクタス類、ワーゲノコンカ（学名：*Waageno-concha imperfecta*）と呼ばれる大きな種類であった。数とサイズに魅せられた私がワーゲノコンカを化石採集の対象にするのは、ある意味必然だったのかもしれない。

機能形態学への誘い

プロダクタス類は、味噌汁腕に蓋を逆さまに被せた姿を思わせる殻の形をしている（図４・２）。二枚の殻がそれぞれ凸形に膨らんだ「いわゆる貝」ではなく、片方の殻が凸形に、もう片方の殻が凹形に膨らんだ凹凸形の奇妙な殻をもっている。一見比較が困難なレプトダスやパーミアネラも凹凸形になっていて、

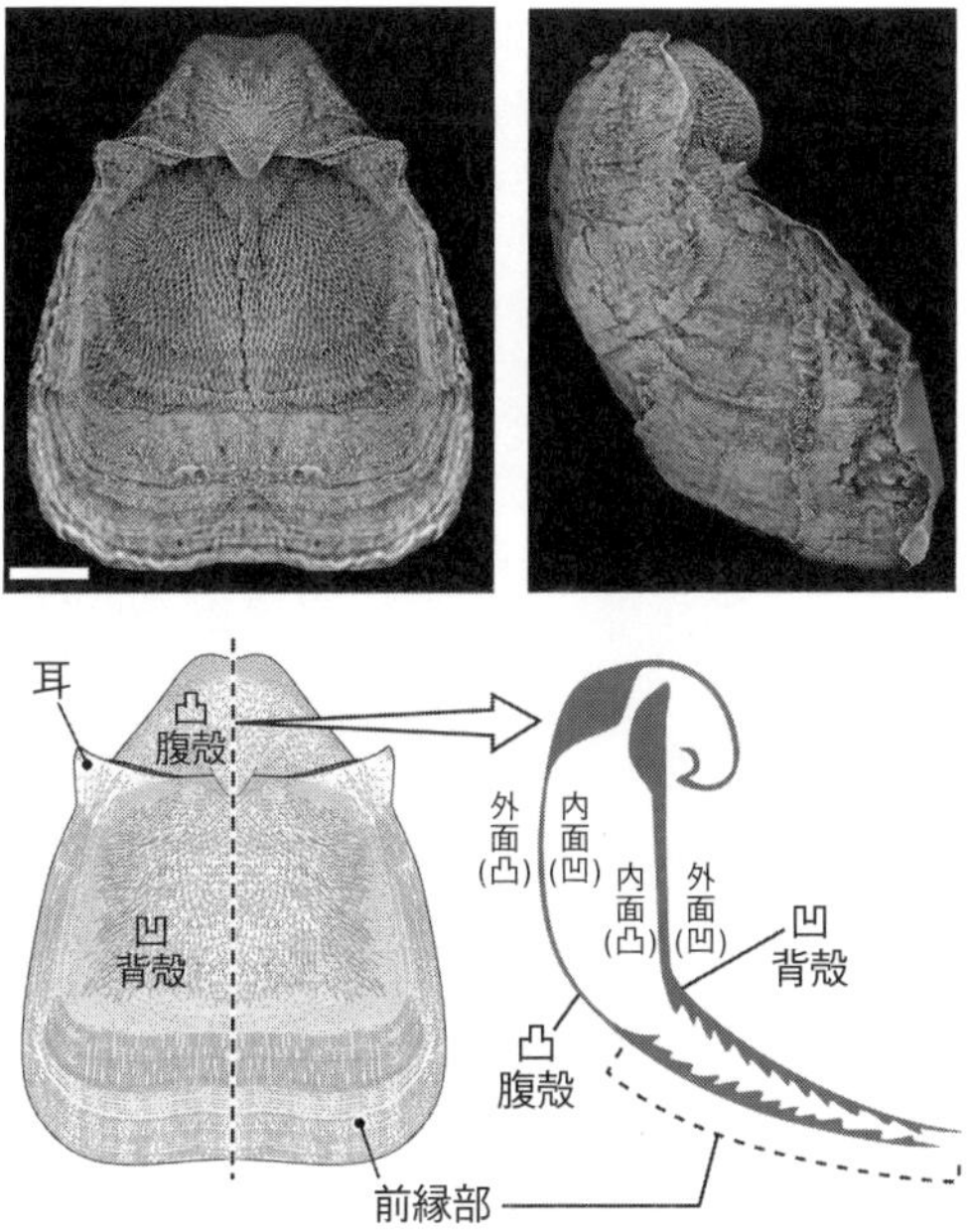

図4･2　ワーゲノコンカを例にした凹凸形態型の概念図. スケールは1cm.

同じ法則が当てはまる。もちろんワーゲノコンカも同様である。

凹凸形であることを認識しておかないと、採集した化石が背腹どちらの殻で、内外どちらの面を見ているのか判断に苦しめられてしまう。殻の凸側を上にして密集したプロダクタス類の場合、凸となる腹殻の凸面と、凹となる背殻の凸面が見えていることになる。つまり、凸の腹殻は外表面、凹の背殻は内表面が見えている。凹だ凸だとややこしい話で申し訳ないが、詳しくは図を見て理解していただきたい（図4・2）。

背腹の違いと内外表面の違いのせいで、最初はワーゲノコンカと他の腕足動物の二種類が含まれていると勘違いしていた。それほど、ワーゲノコンカの外面と内面

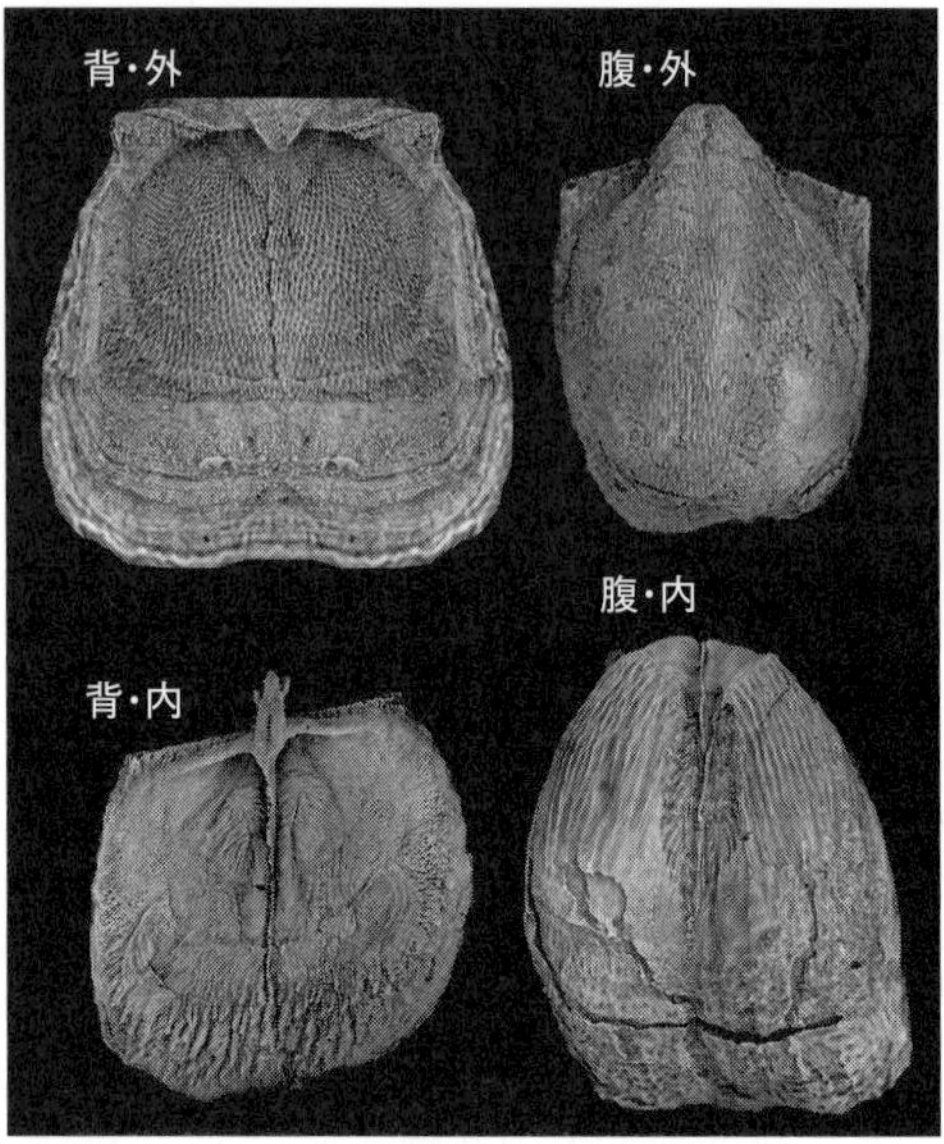

図4・3　ワーゲノコンカの背殻にみられる外面と内面形状の違い．右下以外はすべてシリコン型．

の形態は異なっていたのだ。外面は、プロダクタス類を特徴づけるトゲの痕跡が残されている（図4・3）。一方、内面は葉脈のような模様や多数の小さな突起があり、少しグロテスクな構造をみせる（図4・3）。これらは、殻の内側に納められた軟体部に由来する痕跡である。

生々しい構造を残す内表面は、一目で形の特徴をつかめそうなほど迫力があった。修士として最後の夏を化石採集で満喫し、気に入ったワーゲノコンカの内表面を研究室に並べ、腕足動物の生物学で得た知識と答え合わせをしていた。ここは筋肉の付着部、ここは蝶番の部分。子どもが絵合わせして楽しむような要領である。もちろんそこから研究につながるなどとは考えていない。それは教科書に記載された「わかっていること」だったからだ。

修士論文提出まで残り四か月となった九月下旬、スウェーデンから帰ってきた鈴木先生が、私のワーゲノコンカ・コレクションを眺めていた。鈴木先生は三葉虫をはじめとする節足動物の専門家であるため、当然ながら腕足動物の細かい知識はもち合わせていない。しかし、どうやらワーゲノコンカの内面構造に興味をもったらしい。私は、凹凸の殻形態であることを説明した後に、背殻の凸側に生々しい痕跡が残っていることや、それが筋肉に由来する構造であることを得意げに伝えた。すると、やたらとしつこく尋ねられ、いったい何事だと思った矢先に、「おまえ、これ筋肉痕じゃないぞ」と衝撃の一言を投げつけてきた。

誰も気づかないような小さな構造ではない。殻の内面を占める中心的な構造であり、腕足動物の教科書にも確かに筋肉痕だと記載されている（Rudwick, 1970）。現生種と比較した筋肉の位置関係も矛盾はないし、筋肉痕を疑う腕足動物学者は誰もいない。しかし、この日までワーゲノコンカはおろか腕足動物の内面構造すら見たこともなかった鈴木先生は「ありえない」と断言している。その根拠は、生物の形とその役割を考えれば明白らしく、機能形態学と呼ばれる分野に特有の視点だった。

筋肉痕の比較解剖学

修士課程二年の後期、私の修士論文のテーマが決定した。プロダクタス類の代表格ワーゲノコンカを題材に筋肉構造を再検討する、という内容だった。これまでにズルズルと引きずっていた地質のデータを捨て、研究デザインの抜本的な再建策を急ぐ。残り半年で修士二年分にふさわしい成果をあげるべく、手元と頭がフル回転、データ集めに大わらわだ。

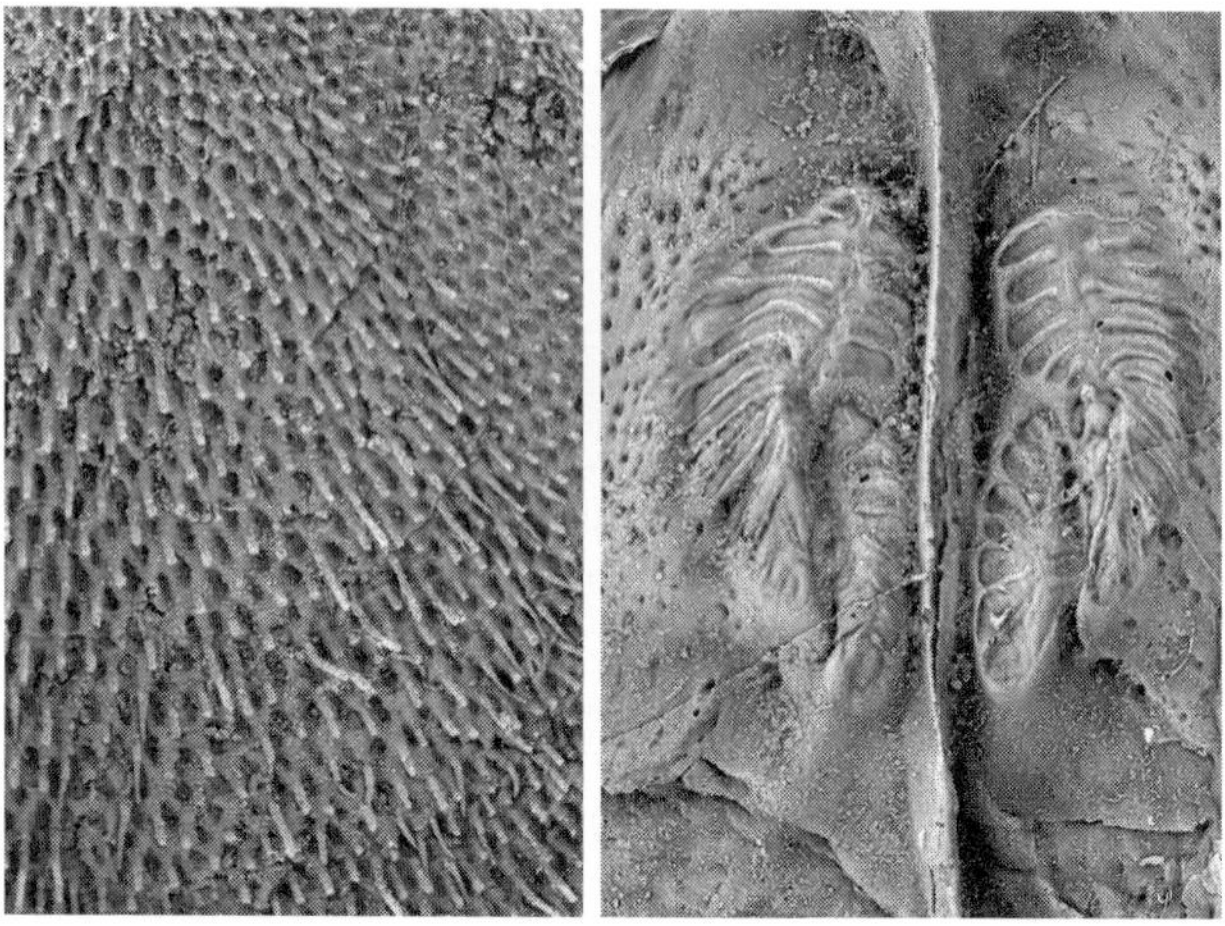

図4・4　シリコン型をとったワーゲノコンカ．トゲ（左）や筋肉痕（右）などの繊細な構造がしっかり観察できる．

形と機能の関係に基づくと、生物の行動は、その行動に相応した形を必要とする。たとえば私たちが歩くためには、歩行に適した足や腰まわりの形が必要だったり、物をつかむときは手の形が関与していたりと、形によって動き方が決まってくる。殻の内面に付着する腕足動物の筋肉にも、筋肉構造や殻の内面構造に必要な形があったとしてもおかしくない。

先述したとおり、上八瀬地域の化石は、殻だけが溶け、堆積岩にくっきりと印象が残された保存状態である。このまま化石を観察すると、実際は殻の形を反転させて見ていることになる。そこで、殻が抜け落ちた化石部分にシリコンを流し込み、殻の型取りをして観察を行った。完成したワーゲノコンカのシリコン型は、実際の印象化石で見るよりも生々しく、グロテスクな筋肉痕だけでなく細いトゲや装飾などの精細な構造を映し出した（図４・４）。

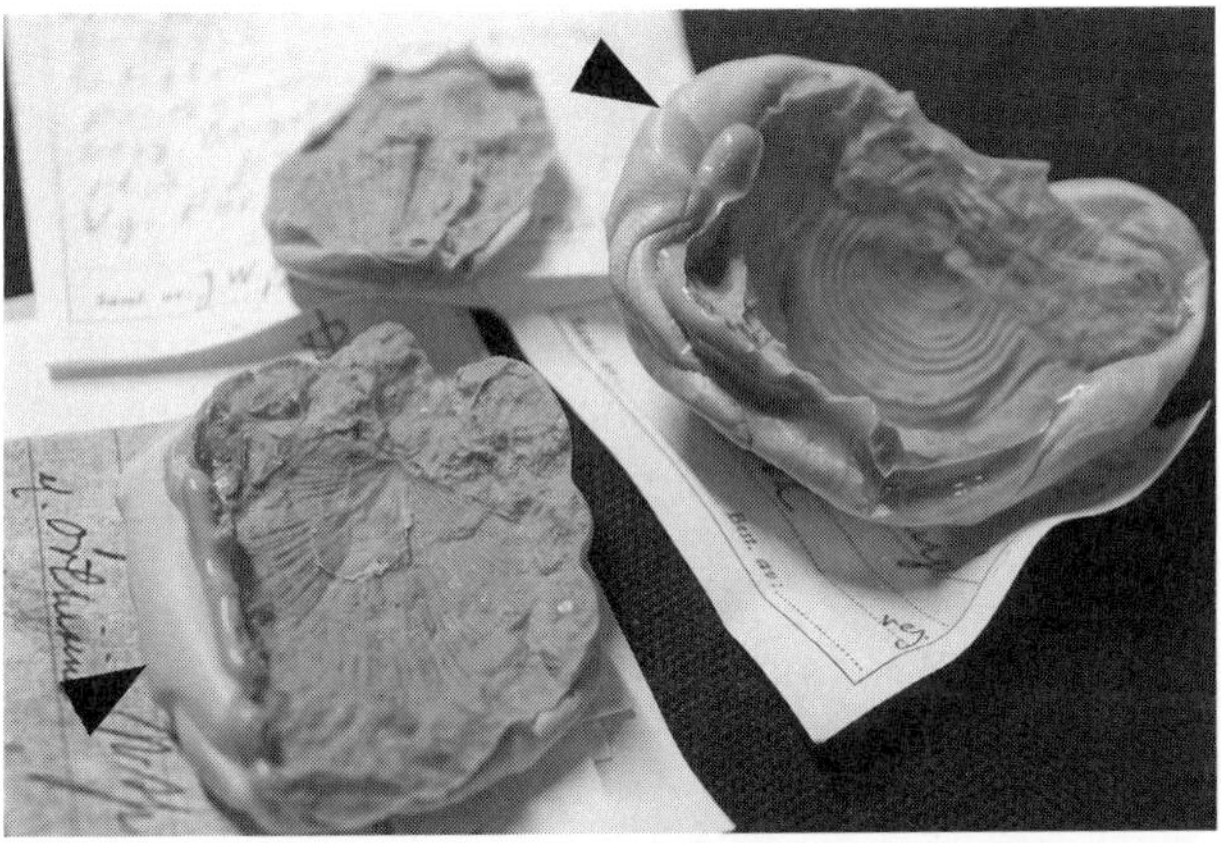

図4・5　歯科医用のエクザファストとエクザファインを使った型取り．外側の薄い部分が少し硬めの一次型（黒矢印）．

コラム　化石の型取り

化石を扱う研究者にとって、型取りは欠かせない技術の一つである。ワーゲノコンカのように採集した標本の構造を明瞭に写し取るだけでなく、博物館に収蔵されている重要な標本の複製など、型取り作業の出番は多い。型取りに使うシリコンは、用途によってさまざまである。たとえば、スピード勝負となるような出先の博物館で作業する場合、私は固化速度を重視したシリコンを愛用している。歯医者で詰め物をつくるときに、練り消しゴムのようなもので型取られた経験はないだろうか。あれに近いシリコンを用いて、必要な標本を手早く型取りする。まず、少し硬めのシリコンで、大まかに一次型をとる。そして、より精細な表面になって固化する軟らかいシリコンを化石に塗布し、一次型を被せて完成とする（図4・5）。二段階の作業は二〇分程度で終わるため、海外出張の限られた時間で多くの型取りをするときに重宝する。研究室内の作業で、それほど急ぎでない場合は、少し時間をかけて型取りすることもある。その際は、流動性に優れたシリコンを用い、複雑な形態の化石から精密なシリコン型を製作する。シリコンの粘度が低いため、あらかじめレゴブロックなどで囲いをつくり、型取り用のシリコンを流し込む。一般的なシリコンであれば固化速度が遅いため、一晩放置した翌日に完成となる。

ワーゲノコンカの背殻には、二対の筋肉痕が残されている。内側の一対は不鮮明な楕円状の筋肉痕であるが、外側の筋肉痕は明瞭で大きく、放射状に伸びた多数の溝によって特徴づけられる（図4・6）。現

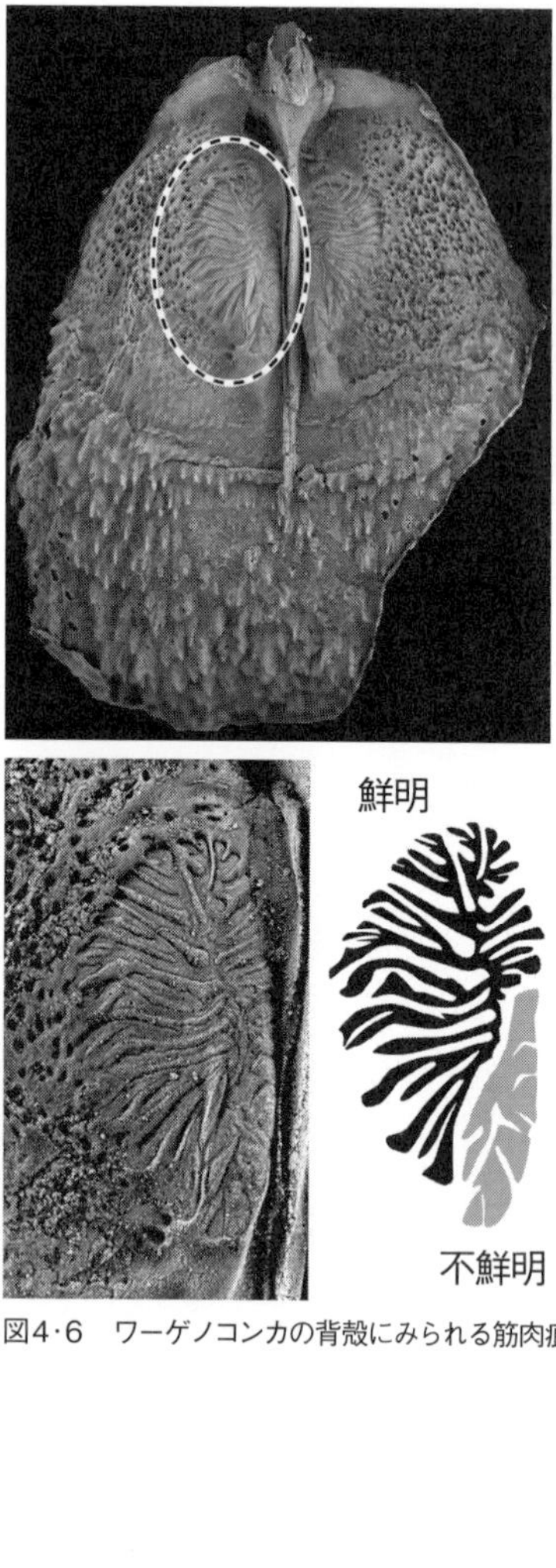

図4·6　ワーゲノコンカの背殻にみられる筋肉痕.

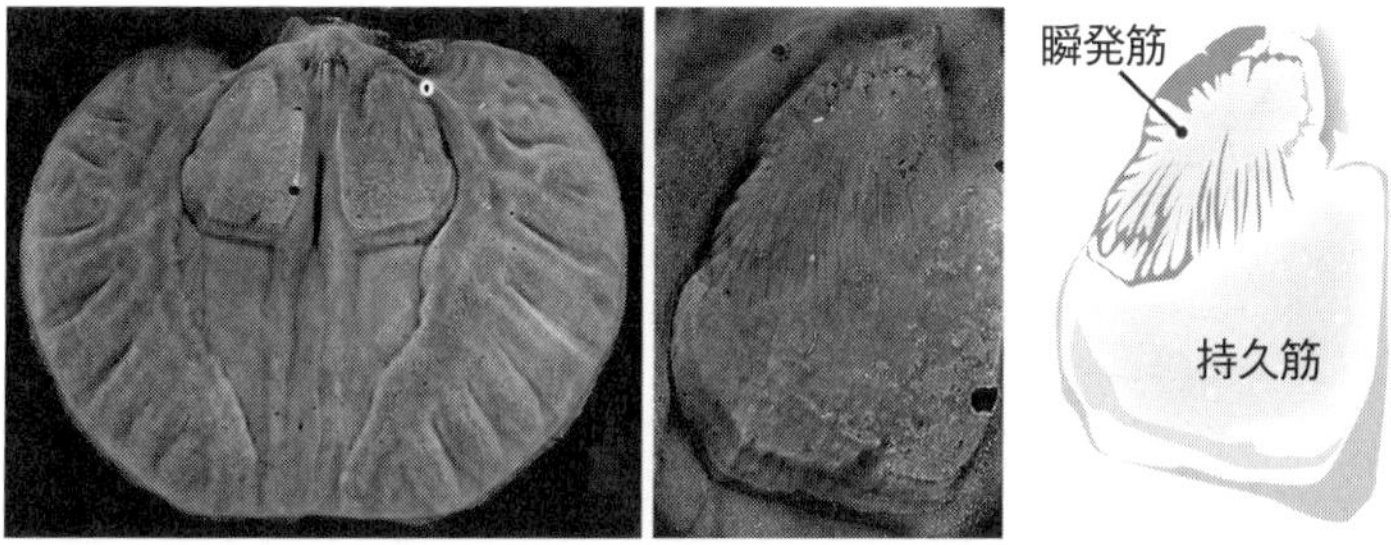

図4·7　現生種カメホウズキチョウチンの背殻にみられる筋肉痕．瞬発筋痕のほうが明瞭な痕跡となる．

在の腕足動物を解剖して比較すると、どちらの筋肉痕も殻を閉じるための閉殻筋であり、不鮮明な内側の筋肉痕は持久力をもつ遅筋、多数の溝をそなえた筋肉痕は瞬発力に富む速筋の付着領域である。

背殻の場合は、筋肉の性質が筋肉痕の強弱になって現れている。外敵の襲来などで危険を察知した腕足動物は、瞬時に殻を閉じなくてはいけない。その際、速筋の収縮によって閉殻する。一度殻を閉じると、次の開殻までは内側の遅筋を使って閉じ続ける。その名のとおり収縮速度が遅く、持久力に長けているからだ。速筋は、強い力を生む筋肉である。強い収縮にそなえた筋肉痕は、溝のような構造に筋繊維を収め、強い収縮をサポートしている（図4・7）。一方の遅筋は、あまり強い力を発揮しない。しかも速筋と比べて筋肉の量を必要としない。その特性ゆえに、溝がなく不鮮明な筋肉痕となっている（図4・7）。

コラム　陸上選手にみる筋肉の機能形態学

短距離走者と長距離走者をみると、同じ走者であるにもかかわらず明らかに異なる体つきをしている。これは、必要とする筋肉の性質に由来する。

遅筋は、あまり収縮しなくても力を生み出せる特性があるが、強い力を生むことには向かない。遅筋は筋肉量に依存した役割をもたないため、持久力を鍛えたマラソン選手は細身の引き締まった体つきをしている。一方の速筋は、筋肉量に応じて生み出せる力が増加する。鍛錬による筋肉量の増加は、能力の向上に等しく、結果として立派な体つきになる。また、筋肉量が変動しやすいため、遅筋の外側に位置することが多い。もし速筋と遅筋の位置関係が逆だとしたら、速筋の増減に応じて、遅筋の筋繊維が外側に張り出したり戻ったりと大きく歪んでしまう。速筋の変化に影響を受けにくい遅筋の構造的な配置が必要となっているのだろう。

腹殻にも二対の筋肉痕が残される。背殻の筋肉は二種類の閉殻筋であったが、腹殻の場合は、内面の中心付近に位置する閉殻筋痕に加え、その外側に殻を開ける開殻筋痕が位置する。ワーゲノコンカの腹殻を見ると、内面の外側に二〇本ほどの溝が前方へと平行に伸びている。かなり広い面積を占めるこの溝群が、一般的な開殻筋肉の付着領域とされていた（図4・8）。

筋肉が収縮することは誰もが知っているだろう。収縮機能をもつことは間違っていないが、正しくもない。正確には「筋肉は直線的に収縮する」である。そんなこと当たり前だと思われるかもしれない。しかし、形と機能を考えるうえでは、「どのように」に相当する部分が特に重要となってくる。教科書に沿って勉強すると、どうしても「収縮する」の動詞部分に囚われやすくなる。副詞や形容動詞に相当する部分が頭に入っていないと、直線的に収縮できない筋肉構造を復元する研究者が出てきてしまうのだ。

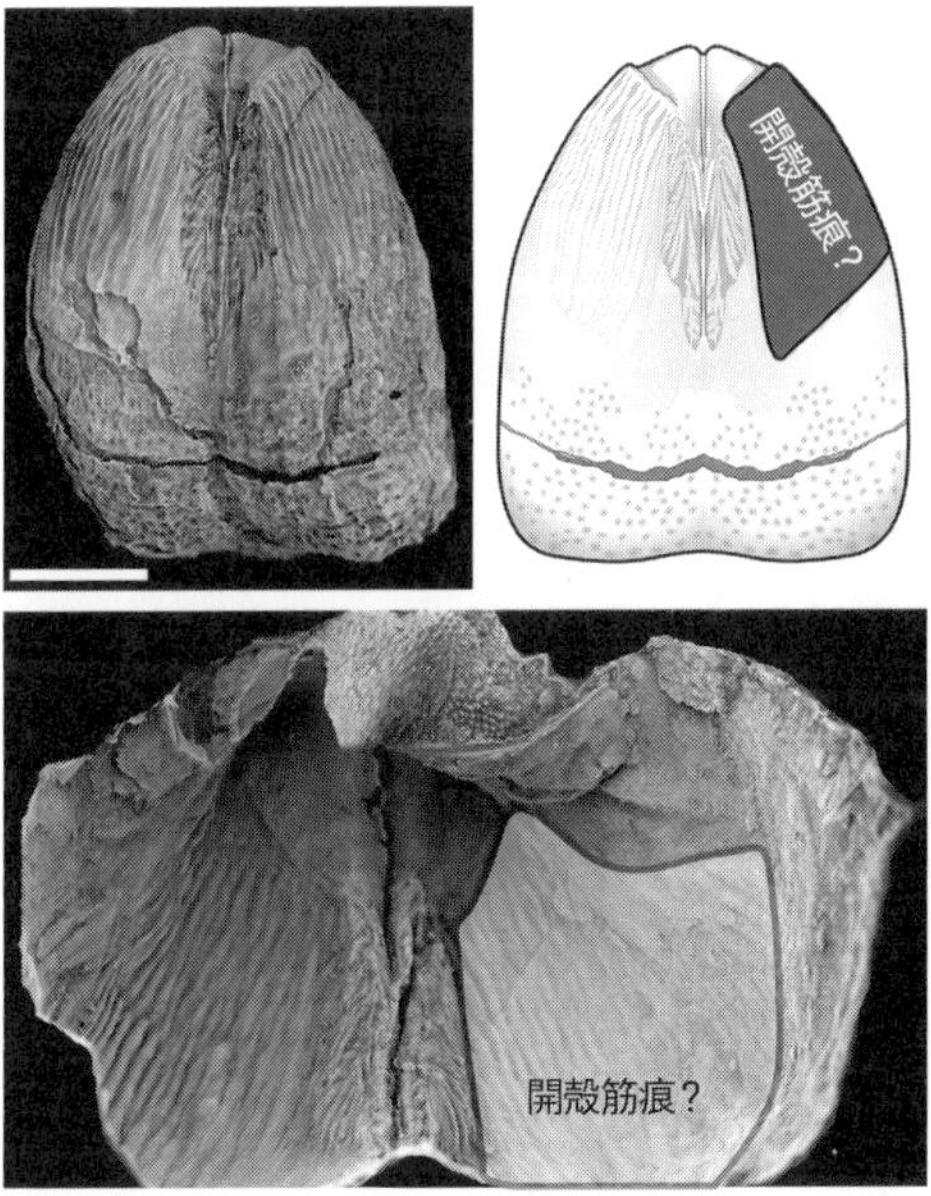

図4・8　容疑をかけられた腹殻の巨大な筋肉痕．下の写真は，左上写真の化石からつくったシリコン型のため，凹凸が逆になっている．スケールは1cm．

直線的な筋収縮の力を効果的に伝達させるためには、付着部分にも相応の形が求められる。具体的には、筋肉の束が途中で曲がったりしないように、筋繊維の伸張方向と垂直になるような付着領域が必要となる。たとえば、ハマグリなどの二枚貝を食べると、蝶番まわりの殻の内表面に、小さな貝柱である閉殻筋が取り残されやすい。この貝柱を取り除くと、カップ状に凹んだ付着領域を観察できる。筋繊維の伸張方向と垂直な面をつくるために、付着領域が逆側の殻の付着領域へ向くように工夫を施しているのだ（図４・９）。

筋肉の性質がみえてくると、ワーゲノコンカの開殻筋が付着していたとされる領域が、きわめて不自然であるこ

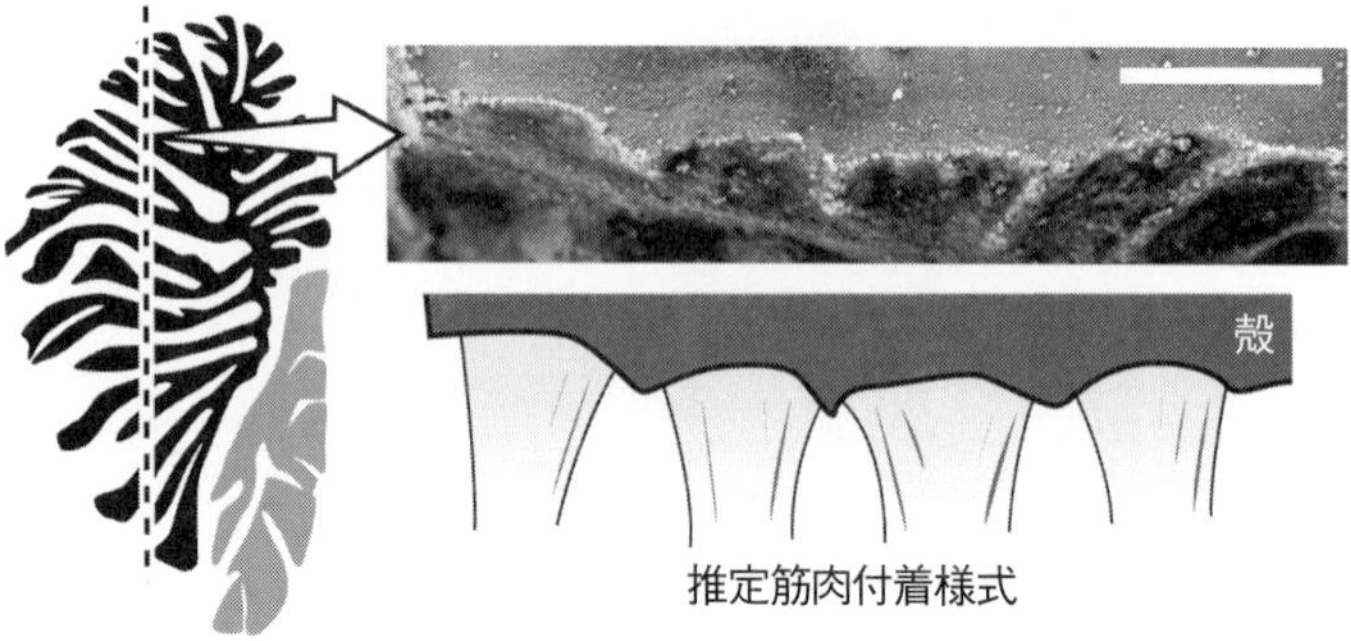

図4·9　ワーゲノコンカの背殻にみられる筋肉痕のカップ状構造．腹殻方向へ垂直に伸びる筋肉に適応的である．スケールは1mm.

とを痛感させられた。腹殻の内面に付着する開殻筋は、背殻の蝶番突起と呼ばれる最後端へと伸張する。もし、腹殻にある溝群が、殻を開ける開殻筋の付着領域だとすると、この付着領域から逆側の背殻後端へと伸びていたことになる。しかし、開殻筋の付着領域とされた場所は、予想される伸張方向に対してあさっての方向を向いている（図4・10）。溝自体の構造を変化させた形跡もなく、筋肉の付着領域に求められる条件に一致しない。しかも、この開殻筋肉は遅筋である。遅筋のくせに、殻内面の広範囲を埋め尽くすほどの筋肉量は必要ない。ちなみに、現生種からわかっている腕足動物の開殻筋は、動物界で最もゆっくりと収縮する筋肉である（Peck, 2001）。完全に収縮するまでに、なんと三時間もかかるらしい！

定説を批判するのは簡単であるが、従来の開殻筋肉痕が間違いだとするなら代案が必要となる。内面形状を注意深く観察していたところ、腹殻の中心に位置する閉殻筋痕が、二対の構造をもっていることに気づいた（図4・11）。この構造は、一九六〇年に化石腕足動物学者のヘレン・ミュアウッド博士とアーサー・クーパー博士によって「閉殻筋か開殻筋かわからない筋肉痕」として報告されてい

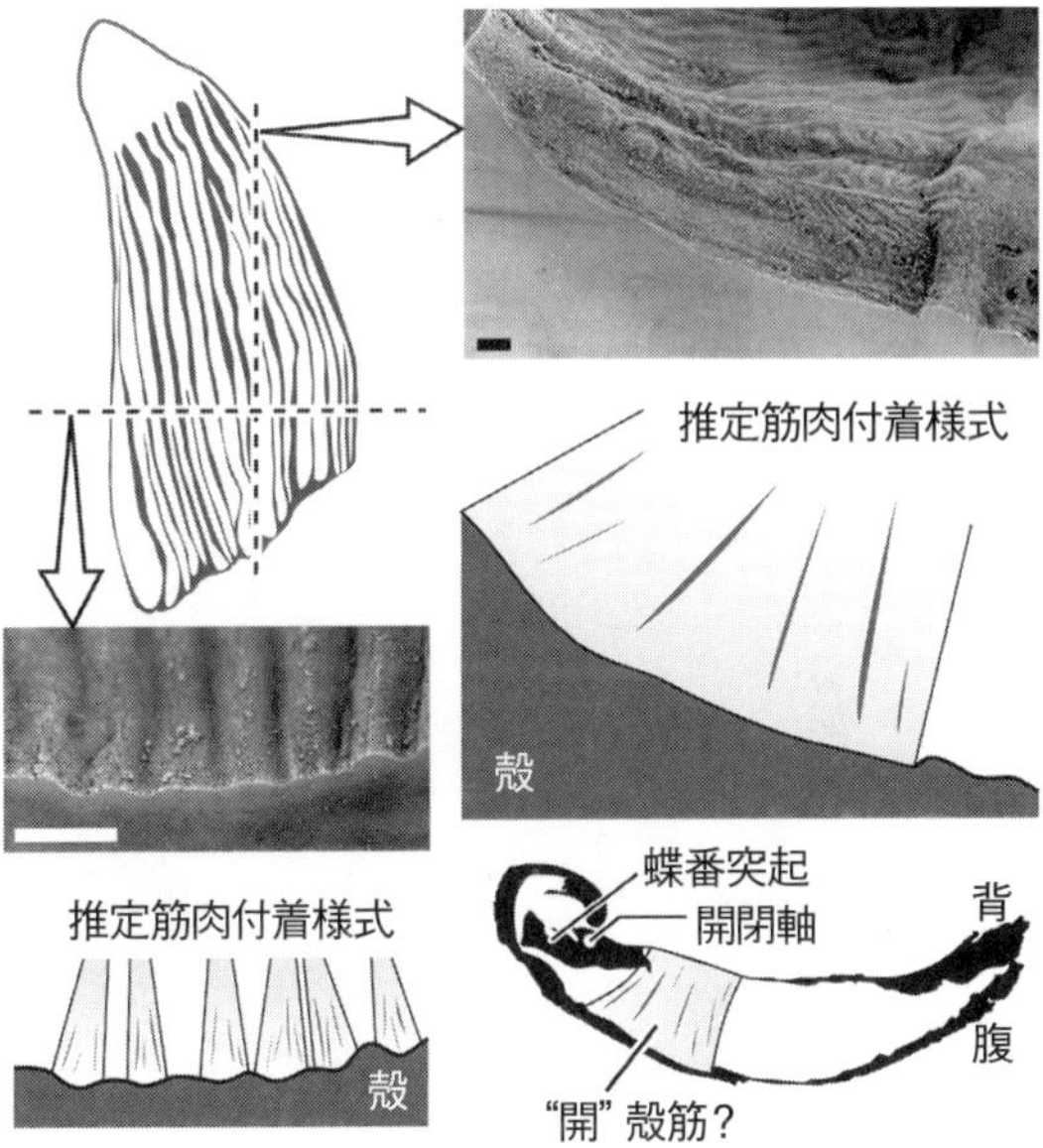

図4·10　筋肉痕の形から推定される疑惑の開殻筋の伸張方向．筋肉が背殻の開閉軸右側に筋肉が伸びていて，収縮すると殻を閉じる方向に作用してしまう（右下）．つまり殻を開ける開殻筋痕ではない．スケールは1mm.

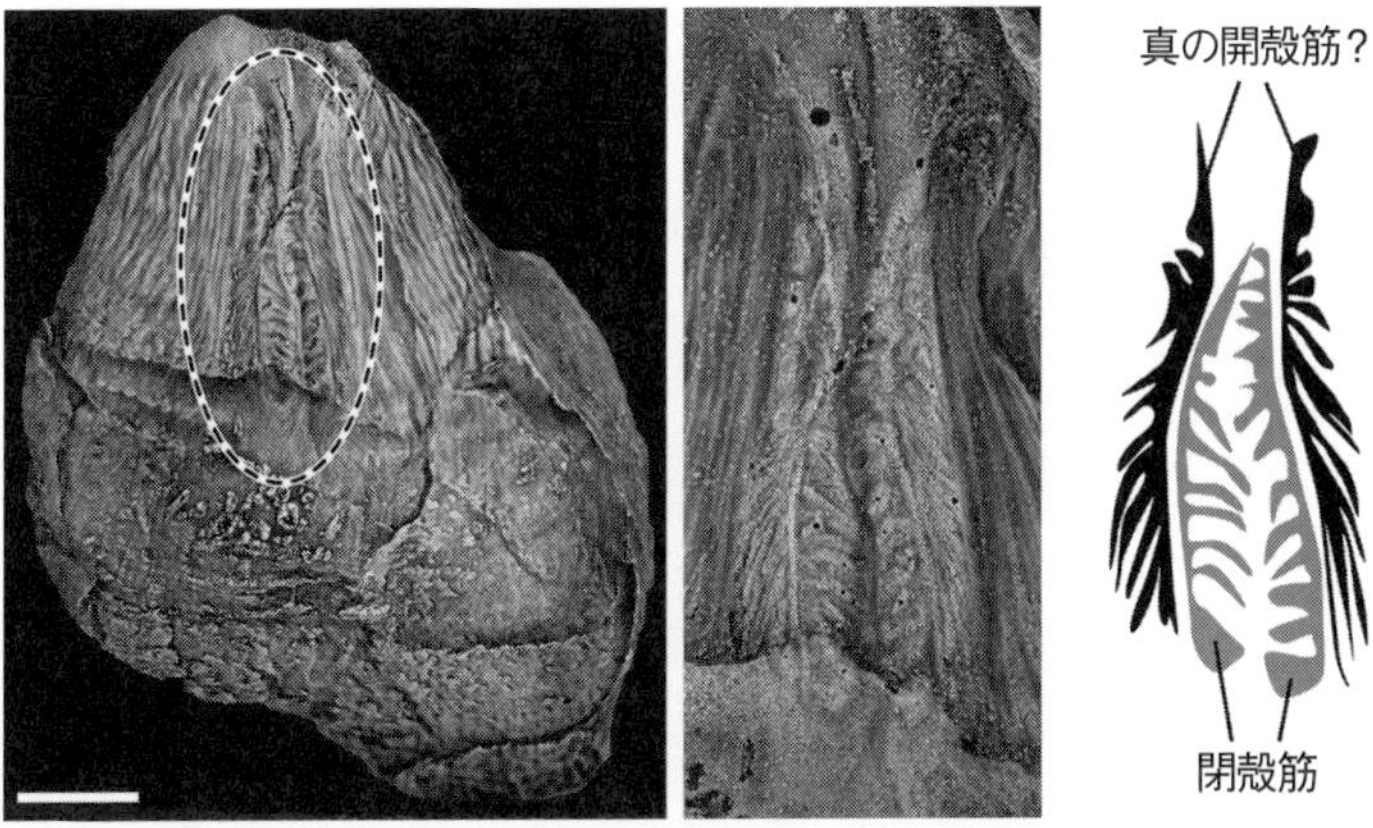

図4·11　腹殻の中央に位置する2種類の筋肉痕形態．スケールは5mm.

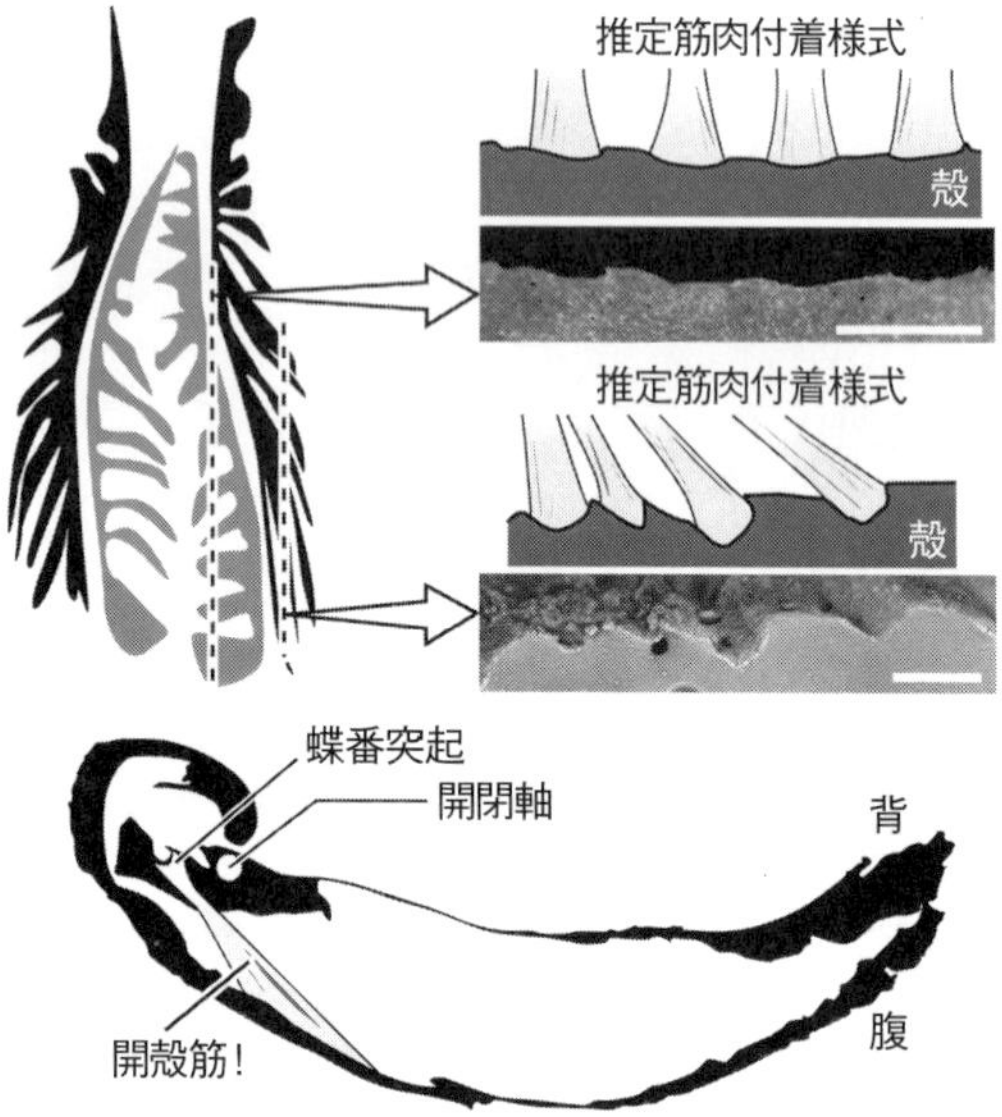

図4・12　腹殻の筋肉痕にみられるカップ状構造．外側の筋肉痕は，開殻筋に必要な後方への伸張方向と調和する．スケールは1 mm．

た（Muir-Wood and Cooper, 1960）。しかし、なぜかその後、二対の構造に触れられることはなく、近年まで一対の閉殻筋として認識されてきた。

腹殻の閉殻筋痕にみられる二対の構造のうち、内側の一対には背殻の閉殻筋とそっくりな放射状の模様がある。位置関係から判断しても、これが閉殻筋の付着領域であることは間違いない。その外側にあるもう一対の筋痕には、前後方向に伸びた多数の溝が配列している。この溝をよく観察してみると、鋸歯のような断面形態になっている（図4・12）。筋繊維の入り込む溝を鋸歯状に傾けると、そこに付着する筋肉の伸張方向も傾くだろう。溝の傾斜から筋肉の伸張方向を見積もると、なんと背殻の開殻筋が付着する蝶番突起の方向と一致した。

筋肉痕が位置する殻の起伏は閉殻筋の付着領域と変わらないが、微視的な溝の形態を工夫することで、筋肉の伸張方向に対応していたと結論づけた。

現生種の内面形態について先行研究を調べると、かつての開殻筋であった溝群の実態が見えてきた。腕足動物は、殻の内面を外套膜と呼ばれる薄い膜で覆っている。この外套膜は二層構造になっていて、二層の間に精巣や卵巣といった生殖器官を押し込めている（James *et al.*, 1992）。生殖巣は大切な器官であるため、ただ押し込むだけでは都合が悪い。そこで、殻の内面に外套管と呼ばれる溝を這わせ、その溝にフィットするように生殖巣を納めている。これと同様に、ワーゲノコンカの腹殻でみられた左右二〇本ずつの溝も生殖巣の痕跡だろう。生殖巣は、筋肉痕よりも殻内面の外側に配置している。もし、かつての開殻筋が正しいのなら、ワーゲノコンカの生殖巣は二枚の殻で挟まれる領域に位置していたことになる。さすがに、それはあり得ない。

これまでのワーゲノコンカは、大量の開殻筋をそなえた立派な筋肉系をもっていた。そして、立派な開殻筋で、殻を勢いよく開けることができたと考えられていた。しかし、腕足動物の開殻筋は持久力を重視した遅筋である。収縮力も少ないため、力強い開殻どころか、広く開けることすらままならないかもしれない。黙認したつもりはないのだろうが、この事実を誰も気にする人はいなかったのだ。

殻の開閉システムに関与する影響は、筋肉構造だけではない。開閉の具合は、二枚の殻の関節構造からも大きな制約を受けるだろう。腕足動物の場合、人工関節やプラモデルで用いられるボールソケット型の関節が左右対となり、蝶番となっている。建物に取り付けた開閉式の扉がどこまでも開かないように、蝶

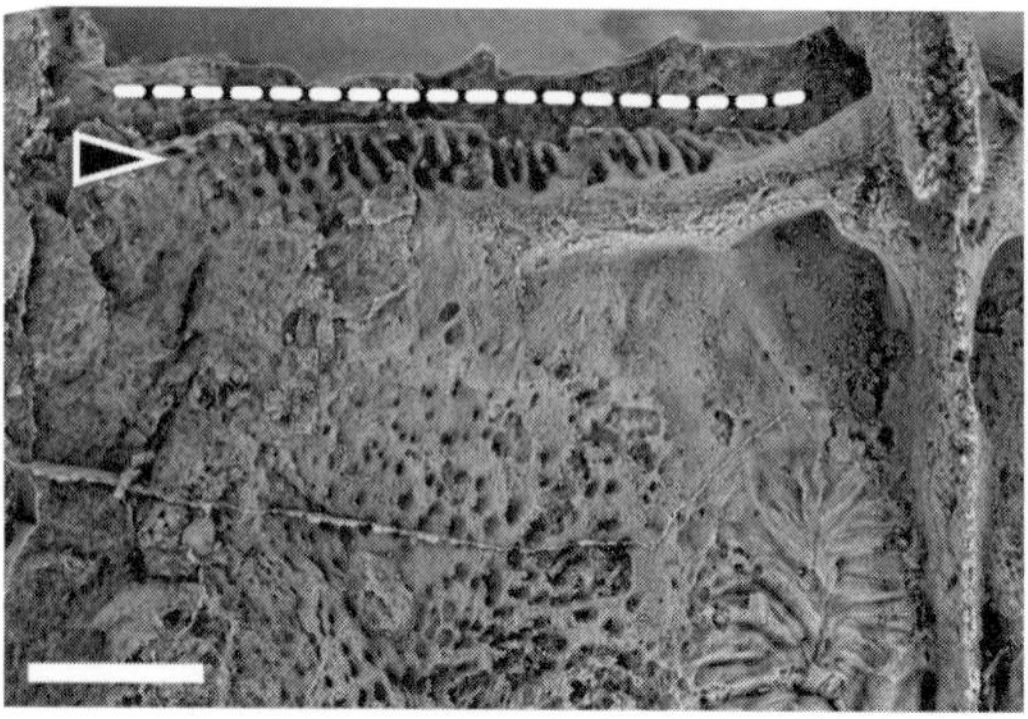

図4·13　ワーゲノコンカの蝶番線に沿って配列する櫛歯状構造.
スケールは5mm.

番まわりの形によって開閉能力には限度があるはずだ。この限界点に注目してやればよい。

ワーゲノコンカの殻の蝶番部分を見ると、ボールソケット型の構造が極端に縮退している。代わりに、背殻に浅い櫛歯状の構造があり、これが腹殻の顆粒状突起と嚙み合うことで関節している（図4・13）。きわめて微弱な構造であり、殻を大きく開くと外れてしまいそうだ。また、堆積岩の中に入った殻を切断し、断面観察を行うと、関節部分の後ろに開度を抑制する構造も見いだされた（図4・14）。挙句の果てに、腹殻の後端部分である殻頂が背殻方向へと巻き込まれ、背殻の後方部分に覆いかぶさっている。この構造上、どう考えても広く開閉することはできない。関節構造から見積もった最大の開閉角度は六度だった。大きさ七センチメートルのワーゲノコンカで考えると、たった二ミリメートルしか殻が開かないことになる。

筋肉と蝶番構造の結果から考えれば、ワーゲノコンカに開閉能力は期待できない。かつて復元された活発な生物像は、見る影もなく崩れ去ってしまった。むしろ、貧弱で殻を開かない引きこも

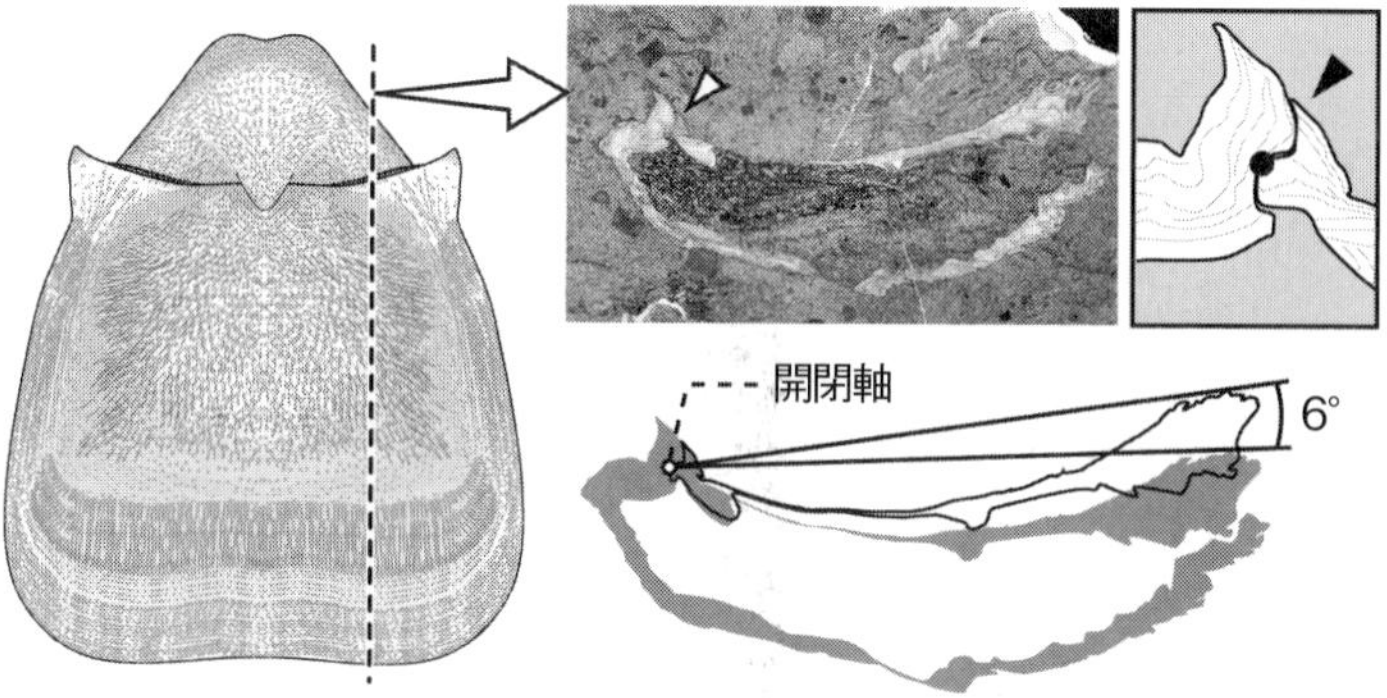

図4·14　殻がつながった状態のワーゲノコンカを切断した断面写真．側方の断面に開度の抑制構造がみられる．

りのような消極さがうかがえるだろう。そもそも、凹凸形になった時点で膨らみはなくなり、軟体部の絶対量は削られる。筋肉痕をきっかけに、凹凸形の殻に隠された秘密がみえてきた（Shiino and Suzuki, 2007）。

殻の中身が語る個生態

腕足動物は、なぜ二枚の殻を開閉させるのだろうか。この部分をもう少し突き詰めたい。もし外敵にそなえた最強の防御を採用するならば、一枚の殻で軟体部を完全に覆ってしまえばよい。その鉄壁を採用せず、開閉できる二枚体制となっている。当たり前ではあるが、殻を開かないとエサを食べることができない。それだけでなく、新鮮な海水を取り込めないため、呼吸もできずに窒息してしまう。また、腕足動物の生殖活動は、雄と雌がそれぞれ精子と卵子を海水中に放出し、海水中で受精させる放精放卵様式である。したがって、「摂食・呼吸・生殖」といった普遍的な生物活動を、媒質である「海水の流れ」に強く依存している。

現在の海洋底に細々と生き残っている腕足動物をみると、殻の形がそなえた「生きる」ための役割がみえてくる。腕足動物が、海水中に漂う微小な有機物をエサとして濾過する摂食方法をとっていることは前に述べた。エサの濾過は、多数の触手が配列した触手冠と呼ばれる器官で行われる。殻の内外の水を循環させるために、触手に配列した繊毛の運動で、微弱な水流を生み出すことはできる。しかし、繊毛運動によってつくられる水流は、それほど強いものではない。各個体の都合によっては、殻まわりに生じる流れに身を任せ、殻の内外を自動的（受動的）に通り抜ける水流を利用することもある。つまり腕足動物の水交換は、繊毛運動による能動的な方法だけでなく、流れに身を任せた受動的な方法も兼ね備えているのだ。

コラム　二枚貝の濾過水流

腕足動物と同様に、多くの二枚貝も海水中の微小なエサを濾過して食べる。二枚貝が濾過水流を生み出す繊毛運動は力強く、水管と呼ばれる軟体部分を使って効果的な給排水を行っている。シジミやハマグリの泥抜きをするときは、塩水を張ったボウルにラップなどの蓋をするだろう。これは、二枚貝の力強い排水で台所をびしょ濡れにしないためでもある。腕足動物は、二枚貝のような給排水を行う管をもっていない。殻の開いた部分のすべてが給排水口となり、ゆったりとした水の流れからエサを濾過している。

ワーゲノコンカの殻開閉システムを明らかにした時点で、凹凸形の通説に新たな違和感が発生した。先行研究によれば、プロダクタス類は、力強い筋肉でガバガバと大きく殻を開閉し、そのときに生じる水流を利用してエサを濾過していたらしい。この生態復元は、私の結果と完全に矛盾する。開閉力に物言わせた水循環というより、むしろ少しだけ殻を開いてじっと待つ「受動的な摂食戦略」が疑われる。

現生種でもみられる受動的な流れは、殻の形に応じて異なる。そのため、化石記録でみられる奇妙な殻形態は、受動的な水流の形成様式に違いがあると考えてよいだろう。言い換えれば、殻の形態ごとに異なる摂食方法があり、受動的な生き様を工夫した結果が凹凸形のような奇怪な殻となって表れているのかもしれない。この仮説をきっかけに、凹凸形腕足動物プロジェクトと受動的摂食戦略プロジェクトが立ち上がった。

初めての論文作成

上八瀬地域に関する成果の公表が何年もくすぶるなか、私の論文投稿デビューは、ワーゲノコンカの関節および筋肉構造について書いた英文原稿となった。論文の書き始め、イントロダクションを初めて書き上げたとき、ほとんど赤ペンが入らない完成度であった。A4判の紙一面に、大きく×印をつけられて「書き直し」の一言であった。

文章作成と英語は、私の最も苦手とするところである。これがセットになっている英語論文など、当時の切羽詰まった状況でなければ、断固拒否していたに違いない。仕方なく書き始めてはみたものの、まっ

図4·15　当時の修正稿．赤ペンの入ったページだけを抜粋して保存している．

たく進まないことに驚いた。それまで受けてきた英語教育とは何だったのか。

書いてはチェックしてもらい、を繰り返し、最初の一〇回目くらいまでは固有名詞しか残されないほどの惨状だった。修士を卒業する前に投稿することを目標とし、一二月から毎日少しずつ論文作成に取り組んだ。迷惑したのは指導教官であろう。土日も含め、一日数回、私の無残な英語をチェックするのは極度のストレスだったと思う。

修士課程いっぱいの文字どおり、三月三一日まで論文執筆・修正が続けられた。当時の原稿ファイルは、手元に残っているバージョンだけでも第五八稿まであり、軽微な修正を含めれば数百回のチェックを受けたことになる（図4・15）。やまない修正要求に、「この原稿は永久に投稿できないのではないか」との境地に達していた。年度最後の日にすべての修正が終わり、日本古生物学会から出版されている欧文誌『Paleontological Research』に投稿した。

苦労の甲斐もあって、私のデビュー作は無事受理された。

幸運にも「化石に命を吹き込んだ研究」として評価され、日本古生物学会論文賞を受賞するまでに至った。海外の査読者から「物議を醸す内容だ」と提言されたとおり、私の論文に対する腕足動物学者の評価は二極化している。その話は、もう少しあとで書こうと思う。

流体力学に挑む

お椀モデル出動

少し時間は前後するが、ワーゲノコンカの筋肉構造を復元する研究と並行して、凹凸形の水流形成を復元しようと試みたことがあった。殻の開閉システムを復元するならば、凹凸形の一般論であった開閉能力と水流形成の関係は無視できない。そのときは、まだ「開閉能力がある」ことを前提として水槽実験を企画した。

最初に注目したのは、凹凸の形である。この形ゆえに、殻をパカパカと開閉させることで、殻内外の水を交換できるのではないかと考えた。そこで、凹凸形を紹介したときにたとえとして述べた蓋付きの味噌汁椀を購入し、「お椀モデル」の製作に取りかかった。

まず、お椀の蓋についた取っ手部分を削り落とす。この蓋を味噌汁椀へ逆さまに被せ、どこか一か所を蝶番で接着する。これで、ワーゲノコンカ水槽実験モデル第一号の完成である（図4・16）。実験するときは、蓋の蝶番とは反対側に竹ひごをセロテープでくっつけ、水中で竹ひごを引いたり押したりして殻の

図4·16　ワーゲノコンカに似せたつもりの「お椀モデル」と（左），さらにワーゲノコンカへと近づけたつもりの「半円お椀モデル」（右）．

開閉を演出した。

理論上は、殻を開け閉めすれば、殻の内外を循環する水流が発生するはずだった。この水流を可視化するためには、水槽にインクをたらし、殻の開閉時にインクの挙動を観察すればよい。

もちろん実験は失敗である。水が出も入りもしないのだ。神の目で「今のは入った！」というように一人盛り上がる程度で、状況としてはかなり苦しい。実験室で水槽に水を張り、ひたすら水中でお椀をパカパカと動かす様は、さぞかし滑稽だったろう。

その後、お椀が円形であることを失敗の要因として挙げ、浅いお椀を半分に切った「半円お椀モデル」や、風呂場の石鹸置きの楕円形を利用した「石鹼置きモデル」を製作したが、ことごとく惨敗に終わった（図4・16）。悲しい思い出である。

受動的な水流を確かめる

修士課程二年の一一月、筋肉構造の結果から「受動的な摂食戦略」仮説を打ち立てたと同時に、再び水槽実験計画がもち上がった。この時点で、以前の「お椀モデル」が、だいぶ見当違いで恥

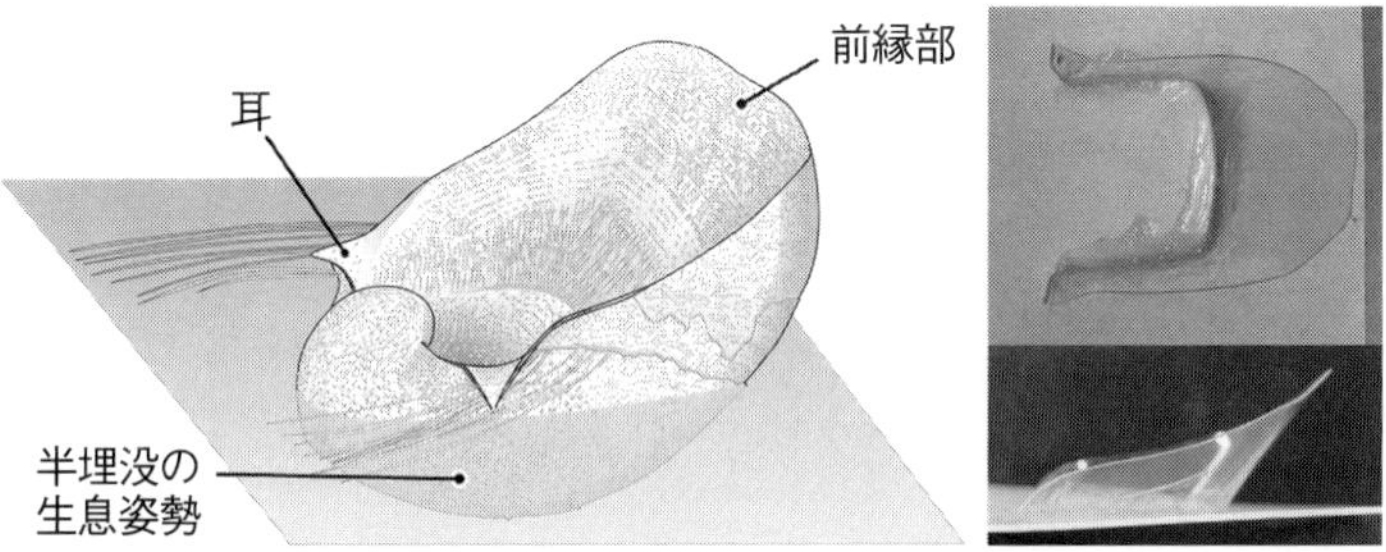

図4·17　ワーゲノコンカの半埋没した生息姿勢と，露出部分だけを再現した「縁辺部モデル」.

ずかしい取り組みであったことに気づかされる。しかし後悔している時間はない。修士論文の提出まで、あと二か月もないからだ。

ワーゲノコンカを含め凹凸形腕足動物は、凸となる腹殻を海底面に向けて半分埋没し、堆積面に浮かぶ船のような横臥生態をしている（図4・17）。そこで、海底面上に露出しているワーゲノコンカの縁辺部分をモデルにし、縁辺部まわりに発生する流れの挙動から、受動的に形成される水流を検討した。

水槽実験の一つの方法として、水槽内に水流を発生させるのではなく、静水中の模型自体を動かして、擬似的に流水環境とする考え方がある。これに感化された私は、水槽の中でプラスチック板にくっつけた「縁辺部モデル」を糸で引っぱり、モデルまわりの流れを可視化する、という無茶苦茶な実験を試みた。なお、これは遊泳生物などに用いる方法であるため、定住生活を送っていたワーゲノコンカの例には当てはまらない間違ったやり方である。無知とは恐ろしいものだ。

お椀モデルとは異なり、縁辺部モデルの実験は、流れを明確に可視化することができた。ようやく実験結果らしくなり、かなりうれしかったのを覚えている。露出した縁辺部は、明らかに流れの抵抗となる。縁辺

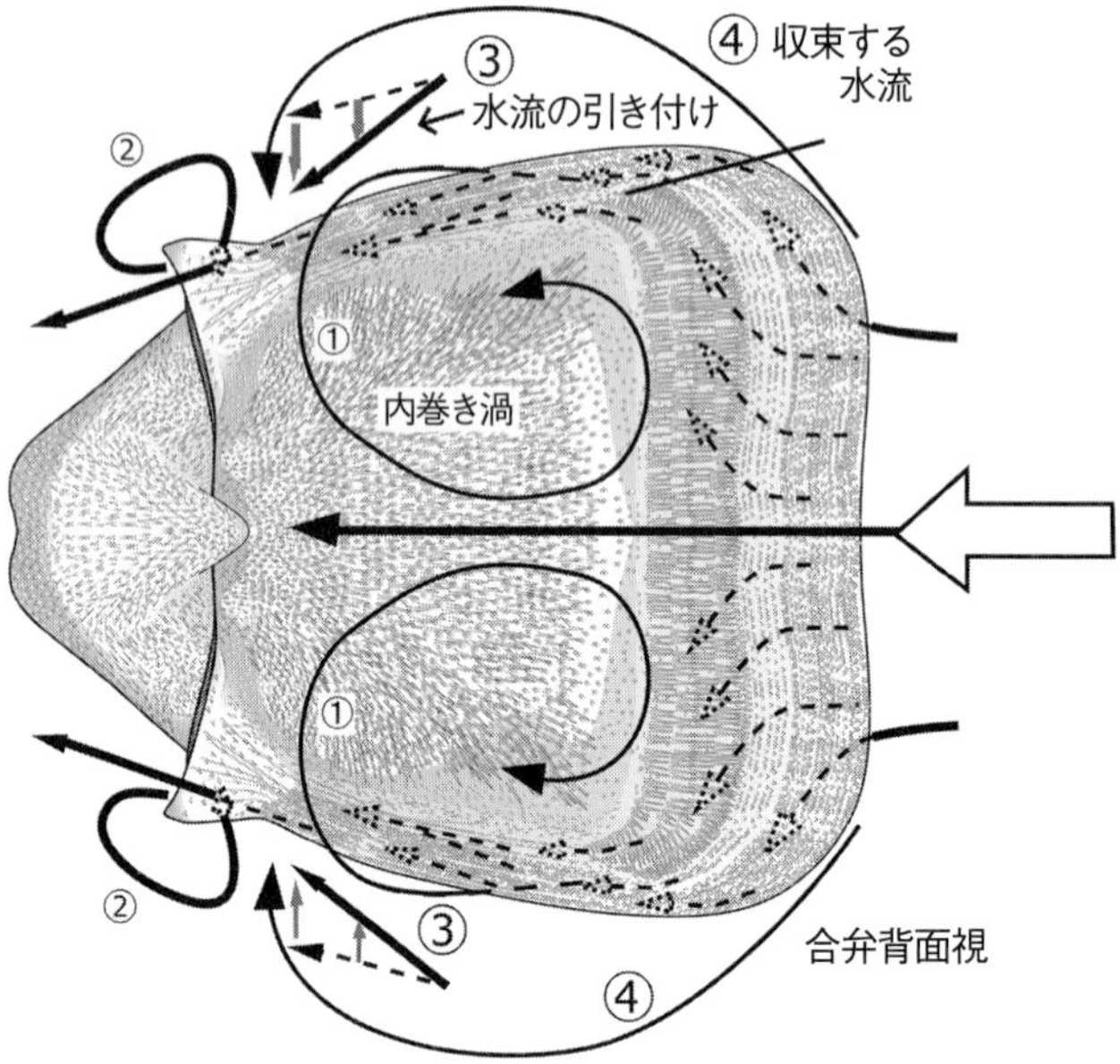

図4·18　当時の流体解釈図．今では目も当てられない．

前方部分の受けた流れは左右に分かれ、縁辺側面部に移動する。縁辺部は後方に向かってしぼんでいくため、凹凸形腕足動物がもっている耳と呼ばれる部分へ向けて、流れが引き寄せられていくようにみえた。そして、流れが耳のまわりで渦巻き、後方へと過ぎ去っていった。何度も糸を引っぱって実験し、インクの挙動をノートにスケッチしながら「耳から水が入るはず」と、半ば無理やり流入箇所の解釈へと至った（図4・18）。

明らかに間違った方法であるが、この実験は、意外にも後の結果に生きてくる。実際に露出する縁辺部を似せていたため、殻まわりに生じる流れの挙動は、それほど的外れではなかったのだ。

試行錯誤の実験方法

縁辺部モデルには限界があった。何度も実験して精度の高い結果を得たとしても、それはあくまで縁辺部まわりの流れである。この方法では、本当に殻の内側へ水が入るか知りようがない。縁辺部だけでなく、殻の開口部分を考慮した中空のモデルを製作しないと解決できない問題である。

ワーゲノコンカの殻は、堆積物上に露出した前方縁辺部と、左右後方の耳しか開口部をもたない。側面縁辺部の隙間は限りなく狭く、流入や流出する通り道として機能しない。また、水の出入りを可視化するためには、中空モデルの中身も観察したい。そこで、透明のポリカーボネート板を使って、二種類の開口部を反映させたモデル製作に取りかかった。

生物の殻は曲面で形づくられている。しかし曲面加工は難しく、方法を知らない私は、ワーゲノコンカの殻を多面体に近似し、ポリゴン模型をつくることにした。開口部の位置関係を反映させてつくった透明中空モデルの第一機は、たった八枚の板切れで構成されている。その見た目から「椅子モデル」と名づけられた(図4・19)。

中空モデルを扱うのであれば、いよいよ流水装置も必要となる。糸を引っぱる方法で使っていた実験水槽は、長さ五〇センチメートル程度と短く、わずか数秒しか実験時間を確保できない。しかも、モデルが実験中に移動するため、インクの挙動を写真に収めることが難しい。モデルを水槽に固定して流水を発生させ、定点となるモデルまわりの流れを撮影する実験方法が必要である。

市販の水槽では無理だと判断し、鈴木先生の入れ知恵もあって自作することにした。研究をスマートに

図4・19　透明中空の「椅子モデル」.

するのであれば、給水ポンプなどを組み込んだ循環式流水装置がふさわしい。しかし、予算の都合や注文する時間の制約などで実現せず、水門をつけた簡易流水発生装置を製作することにした。

早速、いつもお世話になっている静岡市のホームセンターで、厚さ五ミリメートルのアクリル板を購入した。これを木材カットコーナーに持ち込み、無理を言って切断してもらった。水槽の目標寸法は、高さ一五センチメートル、幅二〇センチメートル、長さ一八〇センチメートルである。細長い水槽の片側を改造し、排水用の水門を設ける。あらかじめ水槽に水を張っておき、水門を開くと水が排水される。すると、水位が下がるだけでなく、排水によって水槽内に流れが発生する、という仕組みだ（図4・20）。

いよいよ「椅子モデル」の進水式である。まだ傷も汚れもないアクリル板の水槽に、中空で透明のモデルが沈んでいる。上流にインクをたらし水門を開くと、モデルまわりにインクが流れてゆく。モデルの後ろで渦巻く様子をみせ、

図4·20　水門式の流水実験装置.

水門からインクが排水されてゆく。何も結果は出ていないが、流水実験装置の完成に思わず感嘆した。

成功は偶然との僅差

流水実験の方法が完成し、あとはひたすら実験回数を重ねるだけである。水槽にインクをたらし、椅子モデルまわりに生じる流れを何度も可視化した。以前の「縁辺部モデル」と同様に、モデルまわりで発生する流れの挙動は似ていたので、当時の解釈であった「耳に流れが入り込む」様子を、ファインダーに収めればよい。入っているのかもしれないが、インクが拡散し、あまりにも不明瞭で自信がない。数時間をかけて一〇〇回近く実験を繰り返したが、一度も確信できる結果に至らなかった。

私の所属していた鈴木研究室は、現生節足動物の研究をしている塚越哲先生と共同で学生セミナーを開催している。一二月下旬のセミナーでは、修士論文の研

図4·21　椅子モデルを使った実験結果．モデル内側に仕込んだインクが煙突状に伸びた前縁部から流出する．水流は左向きに発生している．

究内容を予備発表する予定が組まれていた。うまくいかない実験をひとまず切り上げ、そのセミナー発表用スライドに使う実験風景の写真を撮影することにした。

水中に沈められたモデルの写真は、いまひとつ写真栄えしない。なんとなくインクを中空モデルの中に注入すると、モデルの形にインクが満たされ、これがきわめて幻想的に見えた。しばらく、写真撮影を続けていると、モデルの中でモヤモヤと動くインクが開口部から少しずつ漏れ出してゆく。ふと「このまま水門を開いたらどうなるんだろう」と好奇心が沸いてきた。

水門を開くと、椅子モデルの中に注入されたインクが、ざわめくように動き出した。そして、前縁部の開口部から中のインクが噴き出したのである。（図4・21）よく見ると、モデル内のインクを押しのけるように、耳の開口部から透明な部分が拡大している。きれいだなあ、と感じると同時に、周囲の水が耳から入り込み、前縁部から流出している事実に気づく。

これを契機に、モデルまわりにインクをたらす方法を中止し、あらかじめインクを注入する方法に切り替えた。すると、何度実験しても耳から透明の水が入り、前縁部からモデル内のインクが排出される同じ結果になった。これまでの失敗が嘘のように、椅子モデルの流入と流出箇所を可視化することに成功したのだ。

ランボルギーニ・カウンタックから得た着想

縁辺部モデルで想像していたとおり、耳から流入することは確定した。当時の仮説では、耳から積極的に水を取り込み、そのせいで前縁部から押し出されるように水が排出される予定であった。しかし、椅子モデルの結果をみると、耳からの流入は、申し訳程度である。むしろ、前縁部からしっかり排出されているようにみえる。耳の機能は意外と消極的で、前縁部の機能が水を積極的に流出させているのだろうか。流体力学どころか、高校で物理すら履修していない私には、まったく説明のしようがなかった。

修士二年の後期からテーマを変え、激動の日々を送っていた私は、ストレス解消で漫画雑誌を読むことが多かった。毎週欠かさず読む作品の一つに、当時、週刊ヤングジャンプで連載していた『カウンタック』という梅澤春人先生の漫画があった。カウンタックとは、イタリアの自動車メーカー、ヌオーヴァ・アウトモービリ・フェルッチオ・ランボルギーニ（通称ランボルギーニ）が製造するスーパーカーの一車種である。椅子モデルの結果について説明責任を問われていたある週、漫画『カウンタック』の内容は、カウンタックの流体力学的特性に触れていた。

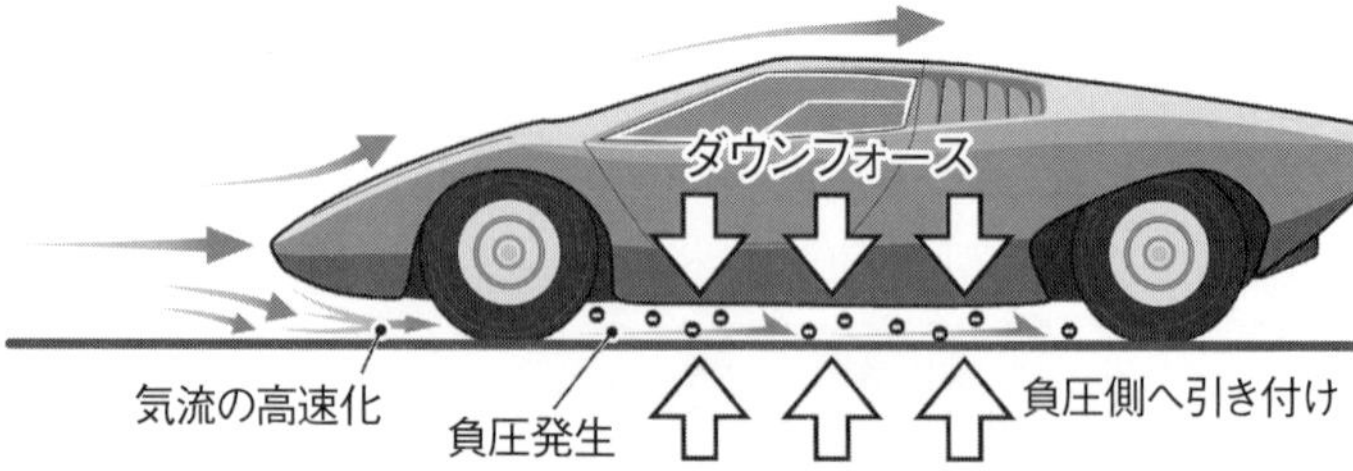

図4·22　ベンチュリー効果の概念図．流路が狭まり流速が高くなると，流体の圧力は低くなる．そして負圧領域に物体が引き付けられる．

自動車が高速で走るには、全体の形から部品に至るまで、さまざまなところに工夫が必要となる。たとえば、自動車の後方で流れが乱れると、その乱れが自動車を後ろへ引っぱるような抵抗となる。抵抗を減らすためには、形を流線形にし、流れの乱れを少なくしなくてはならない。漫画のなかでは、そういった流体力学的な特性に基づいて、カウンタックで時速三〇〇キロを叩き出すための工夫が施されていた。そのなかの一つに「グラウンド・エフェクト（地面効果）」があった。

自動車が走ると、車体の前方に当たった空気は、車体の上と下に分かれてゆく。このとき、車体の下面を適切な形にすると、地面と車体の間を流れる空気によって負の圧力が発生し、車体を地面に引きつけるダウンフォースが発生する。ダウンフォースによって、タイヤが地面をしっかりと噛むため、高速走行に効果的となる。これがグラウンド・エフェクトである。

グラウンド・エフェクトの原理は、車体と地面の間に生まれる高速の気流によって説明できる（図4・22）。まず、気流を車体と地面の間へと絞り込むように取り込み、流速を増加させる。流体の性質が気液にかかわらず、流体の速度が高くなると、流体自身の圧力は低くなる。これを利用して、負の圧力を生み出し、まわりの流体や物体が負圧領域へと引き付けられる。流体力学では、ベンチュリー効果と呼ばれるらしい。この話を知ったときに、前縁部の流出はベンチュリー効果で説明できるのではないかと思いついた。つまり、流れの速い流体が前縁部まわりに負圧環境を生み出し、負圧に引っぱられるかたちでモデルの中の流体が前縁部から吸い出される原理だ。

コラム　本当はベンチュリー効果じゃない

お勉強を通して後日知ることになったが、前縁部に働く流体力学的な特性は、正確にはベンチュリー効果ではない。ベンチュリー効果のポイントは、流路を狭めて圧縮し、流速を高くすることである。勢いよく放水させるために、水が流れるホースの先端を押しつぶすような効果が必要となるのだ。ただし、一般的には、流体の速度に応じて圧力は低くなる。この理屈は、ベルヌーイの定理と呼ばれている。当初はベンチュリー効果として説明していたが、修士論文を作成する段階には、「ベルヌーイの定理に基づく効果」として記述することにした。

形とその機能を見いだし、なんとかメカニズムを説明する見通しが立った。しかし、偶然のインク注入と漫画から得た着想である。初めての機能形態学だったこともあり、不真面目なステップを説教されるのではないかと報告をためらっていた。おそるおそる椅子モデルの結果と解釈を伝えたところ、意外にも

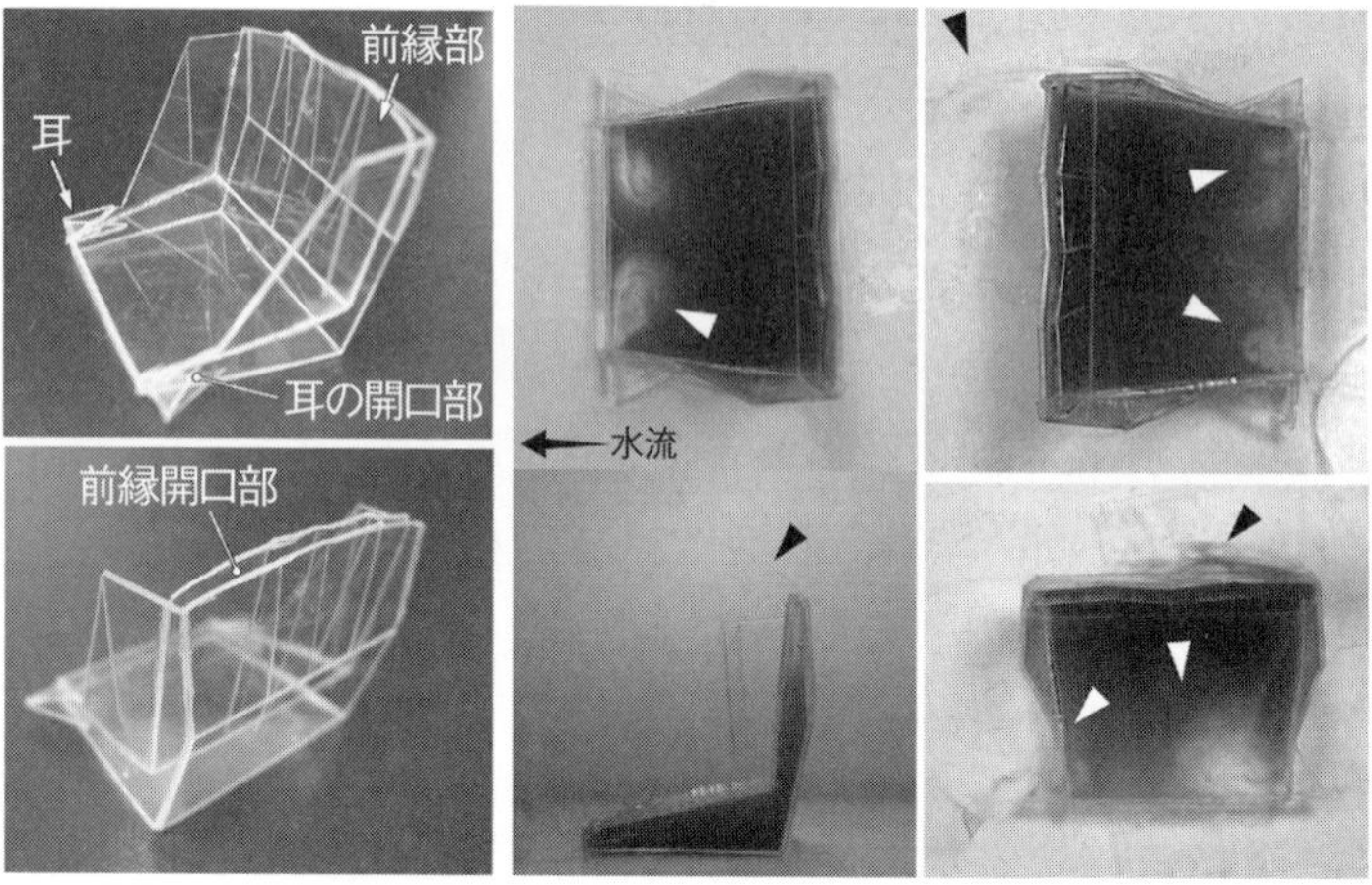

図4·23　多面ポリゴンモデルとその流水実験結果．モデルの向きにかかわらず，耳から流入し（白矢印），前縁部から流出する（黒矢印）．

「直ちに詰めろ！」とゴーサインを出された。率直に「え、これでいいの⁉」と困惑しつつも、椅子モデルをさらにワーゲノコンカへと近づけた「多面ポリゴンモデル」に改良し、実験結果を蓄積していった。

静物？　動かない生物像

新たな「多面ポリゴンモデル」の流水実験を繰り返し、セミナー直前の一二月下旬にようやく結果が出揃った（図4・23）。当初予定していた筋肉構造だけでなく、受動的に形成される濾過水流の知見も修士論文の後半へ組み込むことになった。特に、前縁部と耳に見いだされた二つの機能が論文の核となる。

凹凸形の腕足動物が流れのある海底で殻を開くと、周囲の水が底面に近い耳の開口部から流入し、煙突のように突出した前縁部から流出する（図4・24）。耳は、殻まわりの流れを受け止めて流体の圧力を高める機能を持ち、流入をサポートしている。一方、底面から離れた位

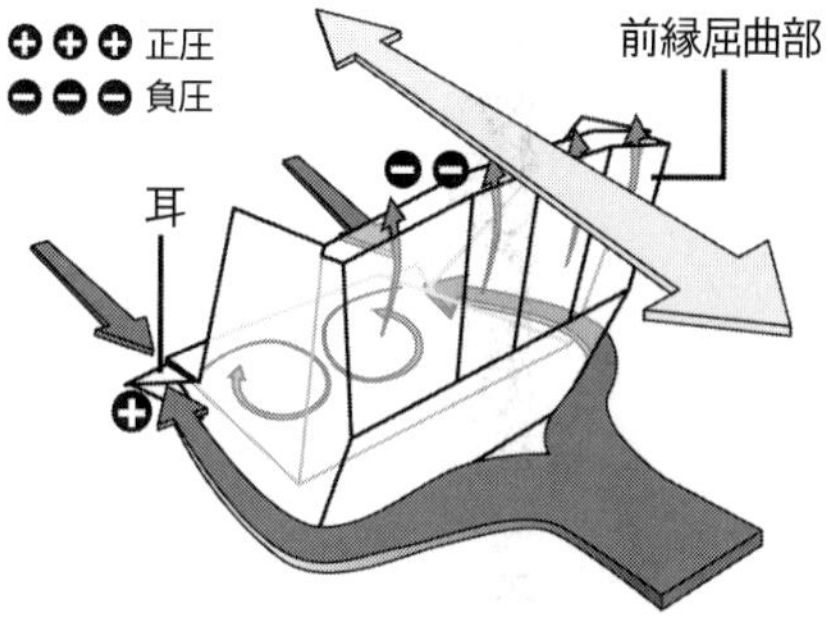

図4·24　多面ポリゴンモデルの結果に基づく流体力学的な解釈図.

置にある前縁部まわりは、流れが速く、圧力は低い。負圧となった前縁部まわりの流体によって、殻の内側にある水が引っぱり出される。この原理で、受動的な濾過水流を形成できる適応形態であったことは間違いない。

モデルの向きを変えて前後左右からの流れを試しても、耳から流入し前縁部から流出する傾向は変わらなかった。海底に寝そべる凹凸形は、姿勢を変えることが一切できない。代わりに、動かなくても受動的な濾過水流を形成できるよう、あらゆる方向からの水流を巧みに利用していたのだろう。

凹凸形となることで、殻の中身が少なくなる。軟体部を減らせば、代謝に必要なエネルギーも少なくなる。また、殻の内側を水の通り道だと考えれば、殻の内側が狭いと流れの滞留する場所が減り、効果的な循環が可能となる。

モデルの中で生じる流れの挙動もおもしろい。耳から流入した流れは、殻の内面を伝うような渦となる。この渦の軌跡が、ワーゲノコンカがもつ濾過器官の形と一致する（図4・25）。現生種の研究によれば、腕足動物の触手冠は、あまり性能のよい濾過フィルター

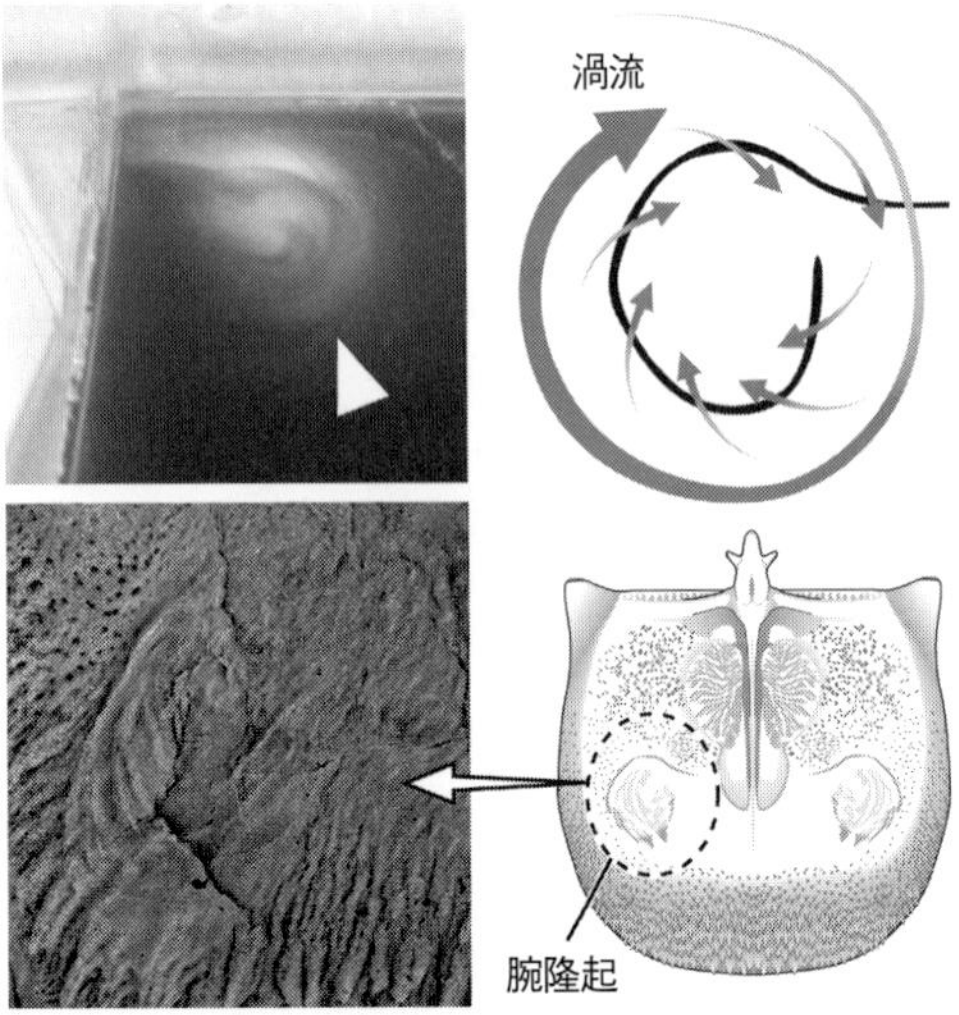

図4·25　モデルの内側で生じる渦流（上）と，ワーゲノコンカの渦状濾過器官の痕跡（下）.

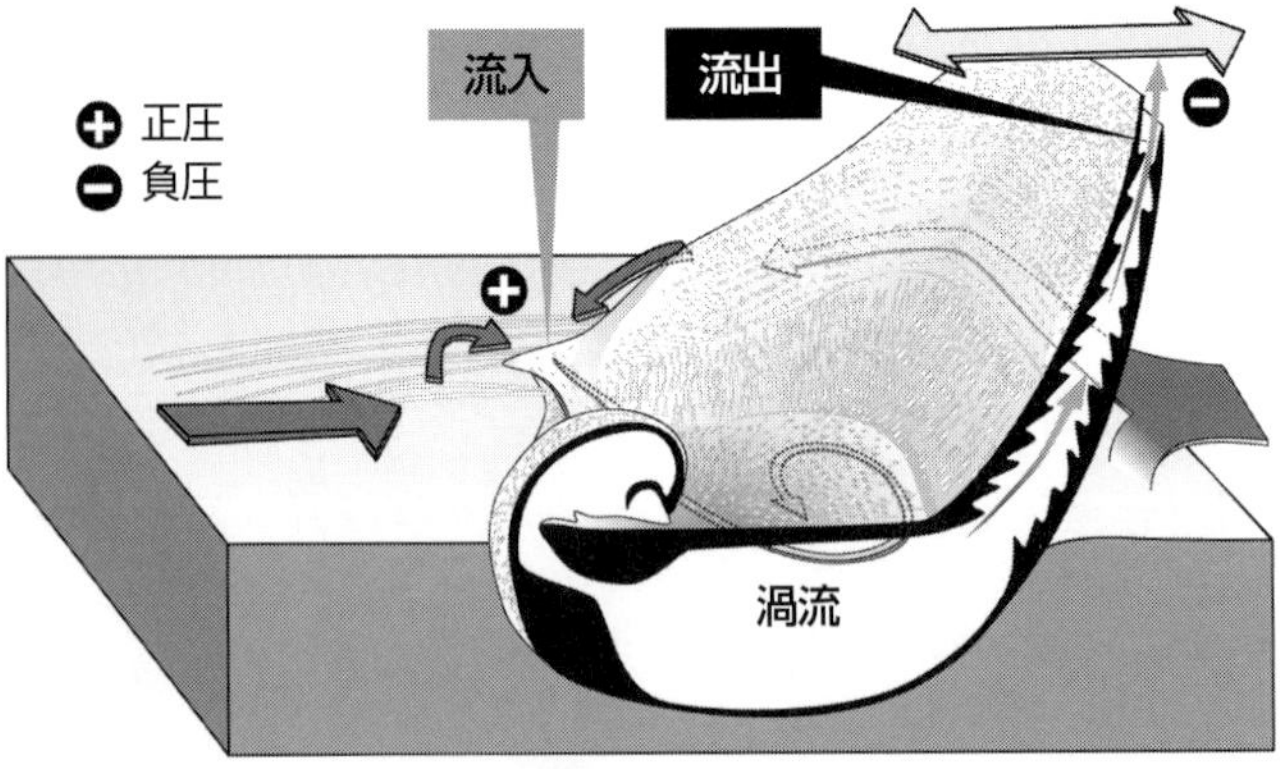

図4·26　ワーゲノコンカの生態復元図．正中線で断面にし，殻の内側も示している.

として働かないらしい。濾過器官と同調的な流れをつくり、エサの濾過効率を高めていたと考えられる。

ワーゲノコンカの流水実験から、凹凸形の生物像がみえてきた。殻を開かず、動かず、肉を削ぎ、そのくせ殻形態に機能をもたせ、受動的な濾過水流を座して待つ（図4・26）。著しく低い代謝を極めつつも、海の流れに身を任せ、巧みに流れを捕まえる。消極性のなかに活路を見いだした特殊な生き様だ（Shiino and Suzuki, 2011）。

コラム　最初で最後

テーマの急変もあって、修士論文の核となる凹凸形を扱った結果をセミナー発表する機会は、在学二年間のうち一二月下旬の一回だけとなった。合同でセミナーを開催している塚越研究室は、生物学に軸足を置く研究スタイルだ。生物学的な視点から忌憚のない意見をいただけるため、地質で凝り固まった化石の研究者にとって、たいへん貴重な機会となる。たとえば、未練たらたらで地質学的研究を推進していた私を、「古生物学としておもしろくない」とばっさりと切っていただいたことがあった。当時は申し訳なさと不甲斐なさが募るだけだったが、凹凸形の結果であれば少しはおもしろいだろうという自負があった。逆に、もしこれでも客観的におもしろくないのであれば、本当に自分の研究能力は皆無なんだな、と踏ん切りもつく。期待と不安をもって臨んだセミナー発表だったが、「この土壇場でよく化けたね」と講評していただいた。なんとか及第点はいただけたようだ。

博士過程への進学

修士で研究をやめて就職する、と豪語していた私だが、おもしろい結果が出るにつれ再び迷い始めていた。悶々とする日々を送るなか、一二月にコーヒータイムでかけられた言葉で心機一転してしまう。

「受動的摂食戦略は、世界でおまえしか気づいてないな」

「おまえが研究やめたら、今後一〇〇年は凹凸形への理解が停滞するだろう」

たしかに、教科書にも記述されていた通説を、わざわざ苦労して書き換える人はいないだろう。筋肉構造や受動的採餌に気づいた経緯も偶然であったし、下手したら一生誰も気づかないかもしれない。もっともらしい言葉で簡単に乗せられた私は、博士課程へ進学することを決意した。

腕足動物を扱っている研究者は少なく、私の研究テーマを受け入れてくれる機関は限られていた。かつての地質学的古生物学をパレオントロジー（paleontology）と呼ぶのに対して、生物学的古生物学をパレオバイオロジー（paleobiology）と呼ぶことがある。私の研究を化石の生物学としてとらえるなら、分類群にかかわらず進学先の候補はリストアップできる。それでも、パレオバイオロジストと思える教員は、東京大学の棚部一成教授しか考えられず、東京大学を受験することにした。

幸いにも、同じ考えで棚部研究室へと進学した同級生がいた。私は腕足動物であるが、同期の清家弘治氏は生物の巣穴など生痕化石を扱っている。棚部研究室は、基本的に貝類などの軟体動物を扱っている。そのため、同時に二人も軟体動物を扱わない学生が所属し、教授はさぞ困惑したことだろう。

研究スタイルの都合上、進学先の研究室と何の共通点ももたないのは難しい。たとえば、研究室で用いる消耗品や実験室の備品には限界があるので、同じ分類群や共通する手法の学生が揃うと都合がよい。教官が関与しやすい研究テーマに学生が取り組むことで、教官との共同研究として成果を発信することができる。成果の蓄積は、その後の研究費を獲得するために有利となり、再び後輩の研究へと還元される。研究室を運営していくためには、ごくありふれた方針だ。しかし棚部研究室は、手法も分類群も扱う地質時代も皆バラバラであった。学生同士はおろか、教授との共同研究さえ実現しないほど、各人のテーマがかけ離れていた。私が作成した腕足動物の論文を、教授との共著にしていただこうと相談したところ、激しく拒絶され叱られた。

専門化の進んだ近年の科学研究は、一人の学生が太刀打ちできないようなプロジェクト型が多い。一方、棚部研究室の結束を固めていた一つのコンセプトは「手法の先端性に囚われずにおもしろい研究をしろ」であった。少し格好つけて言えば、世に蔓延する断片化した情報を結びつけて、知識を体系化させるような研究集団を目指していたに違いない。そこには、高価な機械や大規模なプロジェクトを無理に必要としないアイディアが求められるだろう。博士課程に在学中は、研究手法や内容だけでなく、研究成果を惜しまずにアウトプットする精神を大いに学ばせてもらった。

腕足動物の黄金期

翼をもつもの、スピリファー類

かなり駆け足な激動の修士課程であった。それでも、凹凸形の腕足動物と出合い、その殻が秘めた特性を少しだけ明らかにすることができた。さて、博士課程では何をしようか。このまま凹凸形の研究を継続して、データや根拠が甘い部分を詰めてゆけば確からしい成果が蓄積され、結果として博士号を取得できるかもしれない。しかし、そんな筋書きのみえた話はおもしろくない。せっかく這いずりまわって集めた地質のデータを捨ててまでテーマを変え、研究をやめる宣言を撤回してまで進学したのに、なぜ守りに入るのか。博士課程修了後の先行きを見通して、凹凸形ではない種類を扱うことにした。古生代中期の「腕足動物の黄金期（Droser *et al.*, 1997）」を築いたスピリファー類である。

中国では「燕石《えんせき》」の愛称で知られているスピリファー類は、その名のとおり翼を広げたような殻形態をしている。また、殻の内側に収められた濾過器官は、らせん状に渦巻いた腕骨として化石に保存される（図4・27）。いかにも流体力学的な殻の形に加え、目を引くらせん状の骨組みであることから、翼形と濾過水流の関係に注目した多くの研究成果が公表されてきた。そのなかには、模型を使った流水実験の研究もある（Wallace and Ager, 1966; Blight and Blight, 1990）。すでに私の出る幕はないかとも思われた。

図4·27　スピリファー類の化石と殻の内側に納められたらせん状の腕骨（右下）．左上：パラスピリファー，右上：ネオスピリファー，下：エレウテロコマ．スケールは1cm．

コラム　腕足動物のスター、スピリファー類

あまり知られていない腕足動物についてマニアな話が続くなか、無名の汚名を少しでも返上したいと思う。もちろん日本では、スピリファーと言っても知らない人ばかりである。しかし、腕足動物のなかでは最もスター性の高い種類であることを強調しておきたい。たとえば、もし生物や地学の資料集に腕足動物の化石写真が掲載されていれば、それはスピリファー類であることが多い。博物館などで化石を購入しようと腕足動物を探すと、確実にスピリファー類が並んでいる。世界各地から標本が産出し、形が商用的にも見栄えがするため、馴染みのない日本でも手に入れることができる。また、海外ではかなり有名な化石の一つである。中国では石燕として漢方薬の材料にされていたようだし、ニューヨーク古生物学会では学会のシンボルとして、スピリファー類のイラストが採用されている。また、スピリファー類には各地でさまざまな愛称がつけられている。たとえば欧州アルプスでは「小さいハト」と呼ばれ、イギ

リス・コーンウォール州では、化石産地の村の名前を付して「デラボール・バタフライ」と呼ばれている。ちょっと微妙なアピールではあるが、何か機会があれば、ぜひ気にかけてみてほしい。

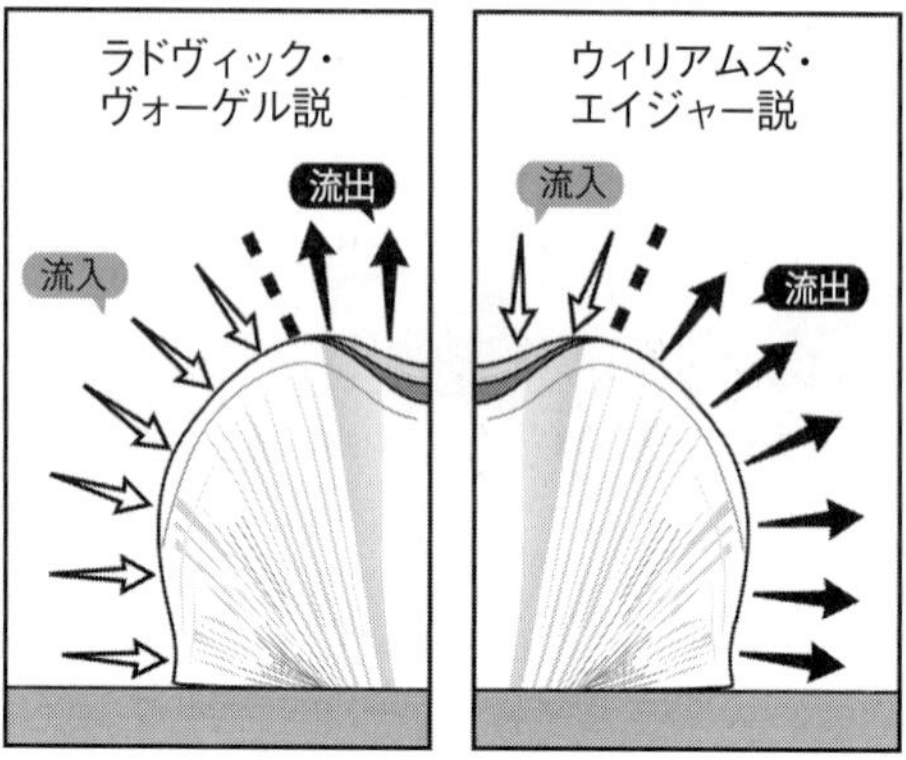

図4·28　論争中のラドヴィック・ヴォーゲル説（左）とウィリアムズ・エイジャー説（右）.

調べてみると、翼形種の濾過水流には二つの仮説が提唱されて以来、半世紀にわたる議論がいまだに繰り広げられていた。流水実験までされているにもかかわらず、まだ論争中だったのである（図4・28）。最初に提唱されたラドヴィック・ヴォーゲル説は、殻の側方から水を流入させ、前方へ流出させる流水経路を提唱している。これは、ホウズキチョウチンなどの現生種と同じ経路であり、流入した水をらせんの外側から濾過する摂食方法である。もう一方はウィリアムズ・エイジャー説と呼ばれ、殻の前方から水を流入させ側方へ流出する流水経路である。この仮説は、濾過の効率性に基づいて支持されている。もし、らせん状濾過器官を円錐形のプランクトンネットのように使っていたとすれば、らせんの根元、つまり殻の前方から水を

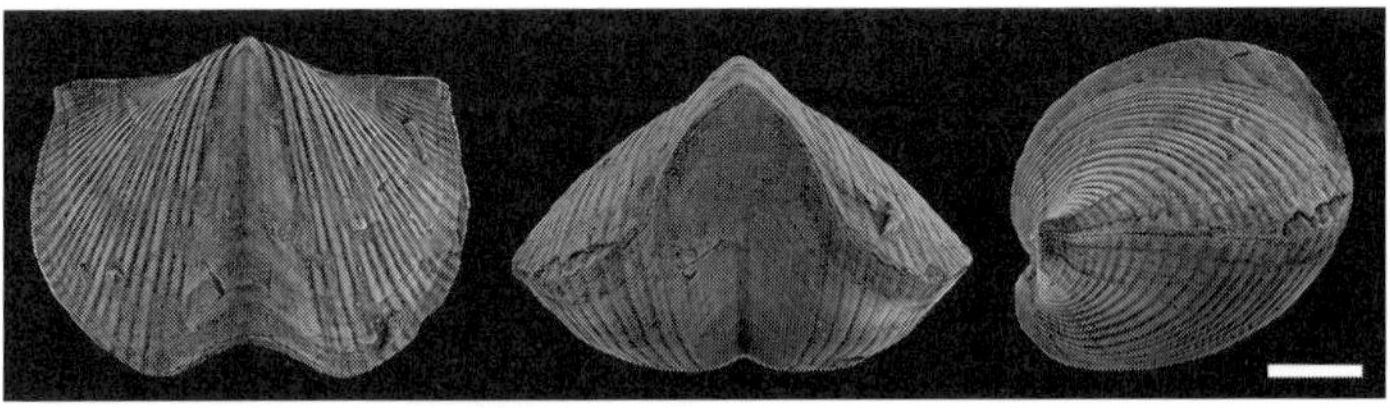

図4·29　パラスピリファーの化石．スケールは1cm．

取り入れていないとおかしい、という考えである。大御所の提唱した仮説を、その弟子たちが証明しようと、さまざまな説明の仕方で研究成果を蓄積していた。しかし、いずれの説明も水掛け論に近く、解決への兆しがみえない状況であった。多様性、翼形の殻、濾過水流の問題……スピリファー類を研究の題材とする学術的な動機は、いくらでも列挙できる。しかし、スピリファー類に興味をもったのは、ほんの些細なことがきっかけだった。

東京大学の博士課程へ進学が決まり、三月には東京への引っ越し準備に追われていた。修士論文の内容を投稿しようと論文作成に勤しみつつ、執筆の進まないストレスを軽減させるために化石標本を眺める時間が日々増えていった。偶然にも、静岡大学地球科学教室の教育用標本として大量の化石を仕入れていた時期と重なったこともあり、たまたま仕入れ担当者になった鈴木先生の研究室には教材標本が溢れかえっていた。そのなかの一つが、デボン紀のパラスピリファー（学名：*Paraspirifer bownockeri*）と呼ばれる翼形種の化石だ（図4・29）。

およそ三億五〇〇〇万年前、デボン紀の海底に生息していたパラスピリファーは、オハイオ州の有名な地層からよく産出する。オハイオ州のデボン紀の地層から産出する化石は、本来の石灰質の殻が化石化過程によって変質し、炭酸カルシウムの部分が黄鉄鉱と呼ばれる金属鉱物に置き換わっている。当時の堆積環境が

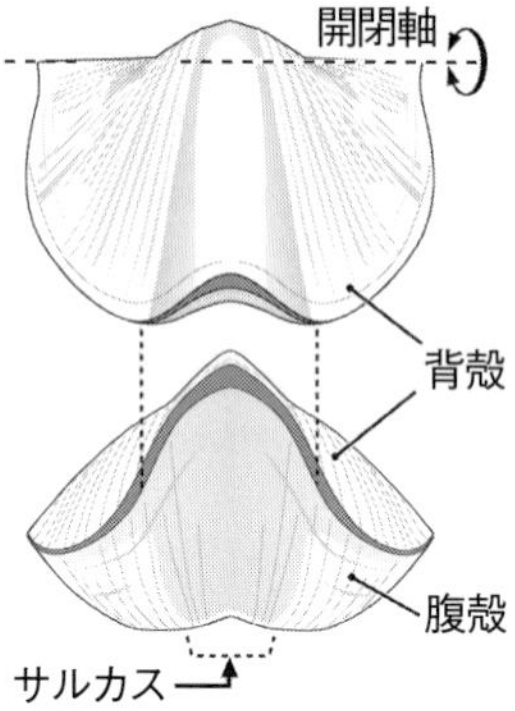

図4·30　パラスピリファーの形態模式図.

酸素に乏しかったと考えられ、何らかの嫌気性細菌が硫化水素を発生させていた。そのせいで硫化鉄が生み出され、石灰質の殻と置き換わって黄鉄鉱化した化石となるらしい。黄鉄鉱は金と間違えられることがあるように、黄鉄鉱化した化石は鈍く金色に輝くピカピカな化石であった（口絵7）。

色覚的な美しさだけでなく、パラスピリファーは化石自体の変形や形質の欠損がない良好な保存状態であった。スピリファー類のなかでも、パラスピリファーの翼は短く、殻の膨らみが強い。また、殻同士の噛み合わせが正中線上で極端な湾曲部分をつくっている。この湾曲部分は、サルカスと呼ばれている（図4・30）。本種の化石標本を初めて見たとき、サルカスの曲線に目を引かれ、なぜか端午の節句で飾る兜を思い出した。

スピリファー類といえば翼形の殻に注目されがちだが、じつは正中線上の湾曲部サルカスが最もクセモノの形質である。翼の形質には、極端な長翼もあれば、パラスピリファーのように翼を退化させたような短翼までさまざまだ。一方のサルカスは、すべてのスピリファー類に共通する。しかもサルカスをもつ腕足動物は、スピリファー類に属さない種類もいる。サルカスを知れば、スピリファー類のみならず、腕足動物に普遍的な真理へとたどり着けるのではないだろうか。そんな功名心にはやり、スピリファー類を扱う研究を博士論文の構想として掲げた。もちろんテーマは、「スピリファー類の殻形態を題材とした受動的水流の形成機能」である。早速インターネットオークションで、オハイオから産出したパラスピリファーの化石標本を購入した。このあと、たったの五ドルで購入したパラスピリファーが大活躍することになる。

造形技術の英知が集う秋葉原

パラスピリファーの流水実験で直面した最初の大問題は、中空模型をどのようにつくるか、であった。ワーゲノコンカの場合は、殻形態を多面体に近似し、限定的に開口部を設けることで実験できた。しかし、パラスピリファーを含めスピリファー類は、曲面の殻をもっている。小さいプラスチック片を組み合わせて超多面ポリゴン模型であればつくれるだろう。しかし、細かくするほど継ぎ目が多くなり、そのせいで殻の中身を透過して見ることが難しくなる。この流水実験の数少ない独創性は、透明で中身が見えることなのだ。

プラスチック造形を調べていたところ、熱で軟化させてから思いのままに形を整える方法があることを知った。これを利用して、パラスピリファーの殻模型をつくろうと画策した。まず、ポリカーボネート板を適当な大きさに切る。そして、その板をずれないように標本の上に載せ、おもむろにカセットバーナーで板をあぶる。するとポリカーボネート板が軟化し、パラスピリファーを覆うように静かに形づくられる、

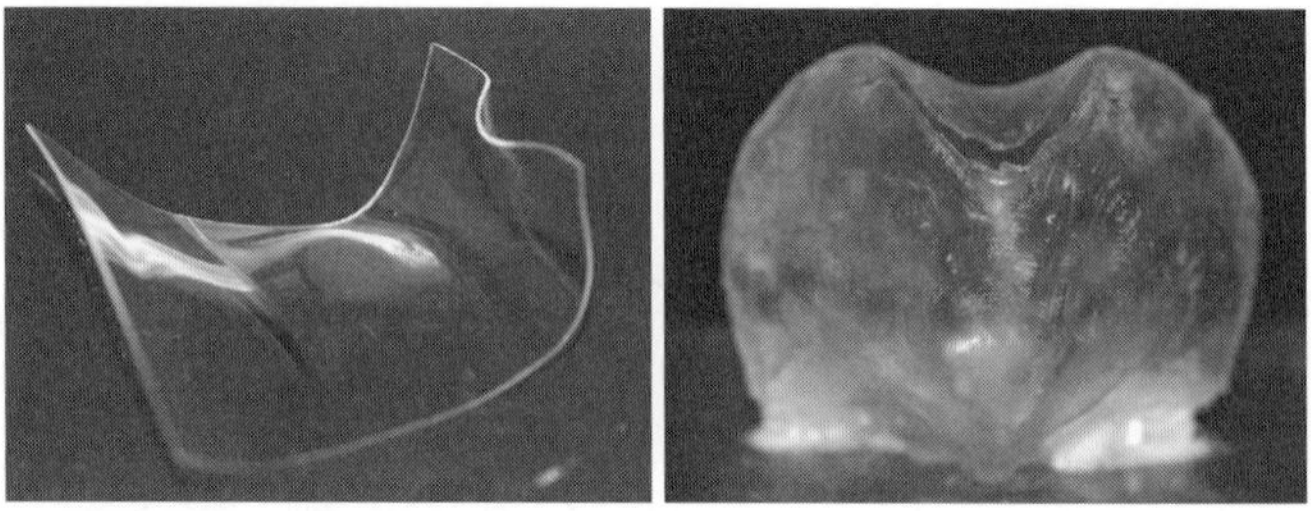

図4·31　曲面モデルへの道．初めて製作したモデルは反り返った板となったが，徐々に形を写し取れるようになった．

という作戦だ。曲面模型の初号機はただの反り返った板になったが、コツをつかむにつれて形を写し取ることができるようになった（図4・31）。

この造形には問題があった。バーナーでは均質にあぶれず、あぶりムラを取ろうとすると、ポリカーボネート板が白化してしまうのだ。白化すると、中身を透過して観察できなくなる。あぶりでつくった模型は、斑状にしか透明部分が残されず、実験模型として公表するには恥ずかしい完成度であった。

幸いなことに、博士課程のときに所属していた進化古生物セミナー（棚部一成先生と大路樹生先生の研究室で構成）には、忌憚のない意見をくれる同期や先輩後輩に恵まれていた。模型製作で悩んでいたある日、歪んだ白化模型を見た一人の先輩が、「車の板金プレス加工みたいにできたらきれいだよね」とコメントをくれた。そんなにうまくいくものかと思いつつ、その旨をプラモデルづくりに造詣の深い先輩に相談したところ、「あるよ」と言って、『スーパーモデリングマニュアル・MAX渡辺のプラモ大好き！』という専門書を紹介してくれた。その本には、バキュームフォーマーを使った造形方法が記載されている（MAX渡辺、一九九三）。

バキュームフォームとは、熱で軟化させたプラスチック板をプレス加工

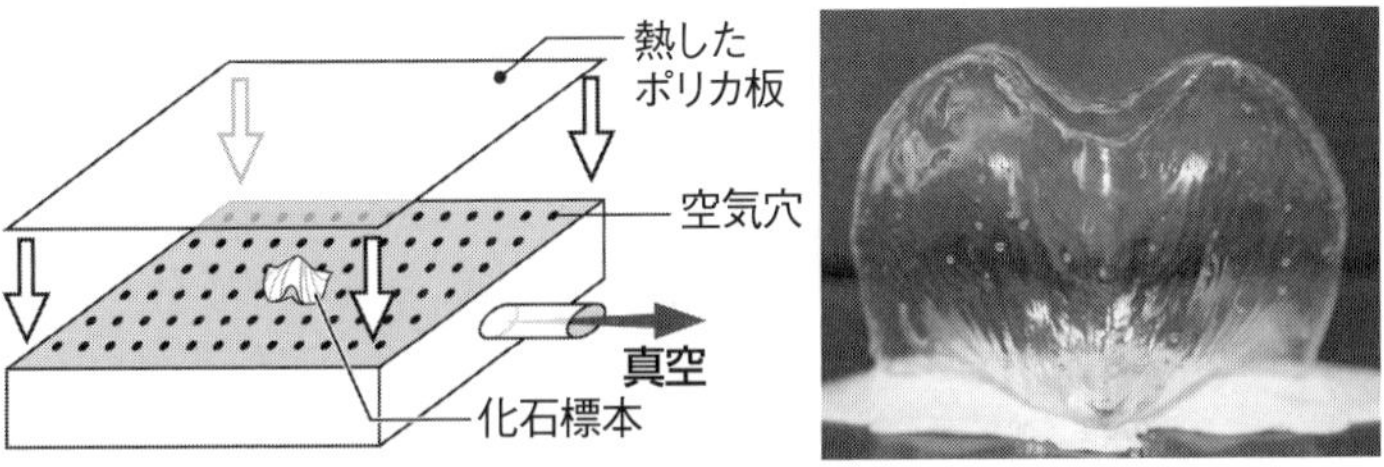

図4・32　バキュームフォーマーの概念図と，パラスピリファーから成型した曲面モデル．

のように原型に密着させる造形方法である。バキュームフォーマーとは、それを行う機材の名前であり、プラスチック板をセットする枠組みと、原型を置く台のセットになっている（図4・32）。台座には、無数の小穴が空いていて、その下に設けられた密閉空間の吸引ダクトから、掃除機などで真空をつくれるように設計されている。あらかじめ枠に固定したプラスチック板を軟化させ、原型に押し付けると同時に、掃除機のスイッチを入れる。すると、プラスチック板が原型へ吸着するように成型される。こうして、原型の外側を薄く取り巻く板模型が完成する。

東京大学本郷キャンパスは、赤門や安田講堂があることで有名だろう。一方、サブカルチャーの聖地ともうたわれる秋葉原が徒歩圏にあり、フィギュアやプラモデルなどで代表されるような造形技術を学ぶ格好の立地としても知られている。事実、私の配属された大学院生の部屋には、プラモデルの造形だけでなく、パソコン、ネットワーク、電子機器、ゲーム、プログラミングなど、サブカル関連に深い見識をもつ学生が数多く在籍していた。私も彼らにならい、造形に関わる機材や消耗品を入手するため、幾度となく秋葉原を訪れた。

秋葉原で無事入手したバキュームフォーマー（五七七五円）を使って、

早速実験模型の製作に取りかかった。五ドルで購入したパラスピリファーを原型に背腹それぞれの殻模型を成型し、二枚の殻模型をパテで固定する。その際、殻を少しだけ開かせた状態で、生息時を反映させた姿勢にする。これで実験模型の完成である（図4・32）。あとは得意の流水実験を積み重ねるだけだ。

コラム　異常巻きアンモナイトの量産

二〇〇七年に国際頭足類シンポジウムが北海道で開催された。それに先立ち、オーガナイザーの一人であった棚部一成教授から、造形技術を生かした模型製作の仕事を依頼された。依頼内容は、シンポジウム参加者に配布する教育・研究用記念標本として、異常巻きアンモナイトの一種、ニッポニテス（学名：*Nipponites mirabilis*）の標本を一〇〇個ほど複製することであった。ニッポニテスは、日本古生物学会のシンボルマークにされるほど国内での認知度が高く、それなりの精度が要求された。この大量複製には、先述のプラモづくりに造詣の深い先輩、北沢公太氏と二人体制で臨むことになった。

ニッポニテスは複雑な巻き方をしたアンモナイトであるため、原型のシリコン鋳型を製作して、そこに樹脂を流し込む量産方法を考えた。しかし単純な二分割鋳型にすると、どうしても鋳型に突出部が生じてしまい、複製模型を剥がすときに鋳型を痛めてしまう。そこで、突出部だけを独立させたシリコンパーツをつくり、複製に付着した状態で鋳型から剥がれるような逃がし構造を設けた鋳型を製作した。これによって、一つの鋳型から約三〇個の模型を欠損なく複製できた。九七個を複製した時点で、材料の樹脂がなくなり、同時に三つ目の鋳型が損傷。予算と参加人数の兼ね合いから、二〇〇七年三月でニッポニテスの複製業務は成功裡に終わった（図4・33）。

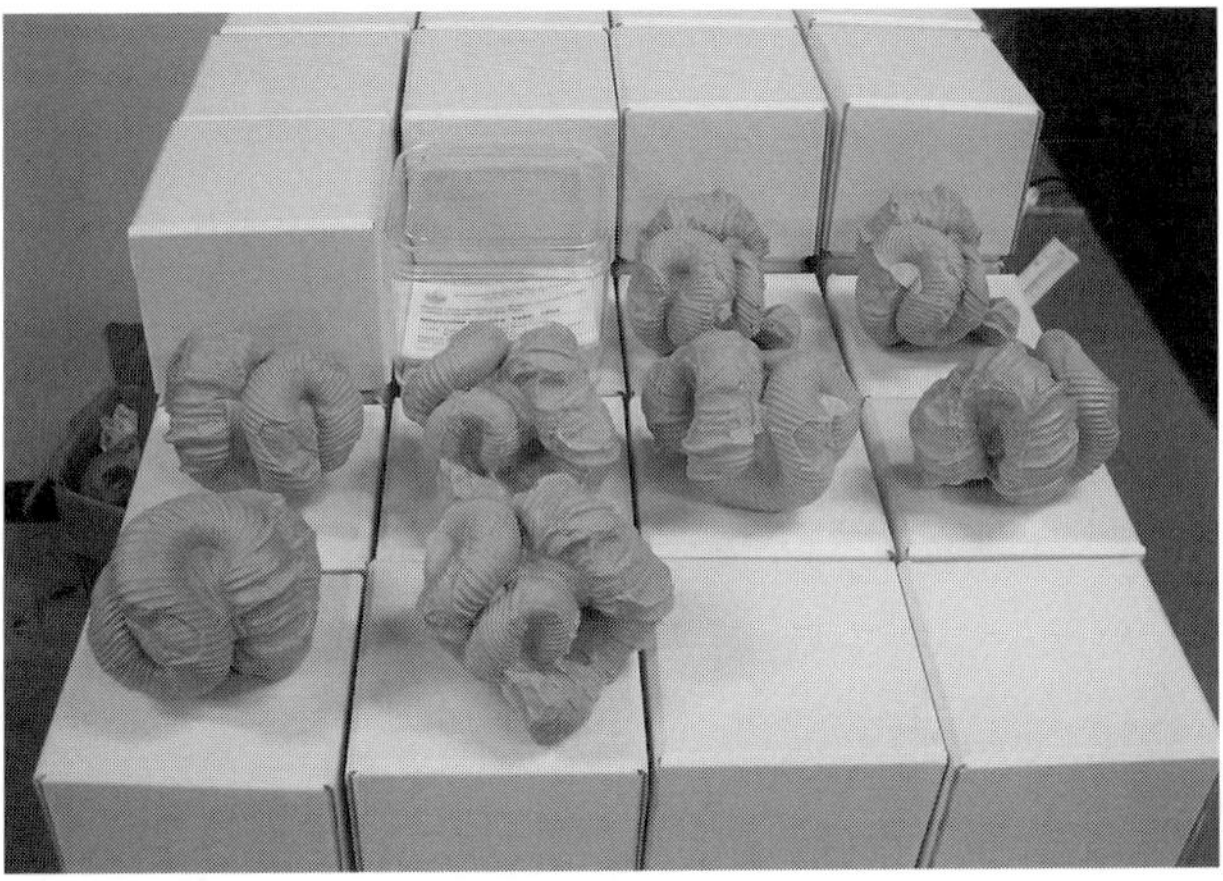

図4·33　大量複製した異常巻きアンモナイト，ニッポニテス.

翼形種の流水実験第一報

曲面を再現した透明中空模型が完成し、博士課程一年の夏休み明けとなる二〇〇六年一〇月、第一弾の流水実験結果が得られた。凹凸形ワーゲノコンカの実験と同様に、翼形パラスピリファーの模型を使って殻まわりの流れを可視化し、流出領域と殻内側の流体挙動を明らかにする実験だ。

凹凸形の解釈では、煙突のように突出した前縁部から流出し、底面付近の耳から流入する結果がベルヌーイの定理に基づく効果から説明できた。この流体力学的特性と同様、パラスピリファーでも側面から底面にかけて続く開口部から流入し、正中線上の湾曲部サルカスまわりから流出するだろうと予測していた。つまり、先に述べたラドヴィック・ヴォーゲル説を支持する結果が出るだろうと予期していた。

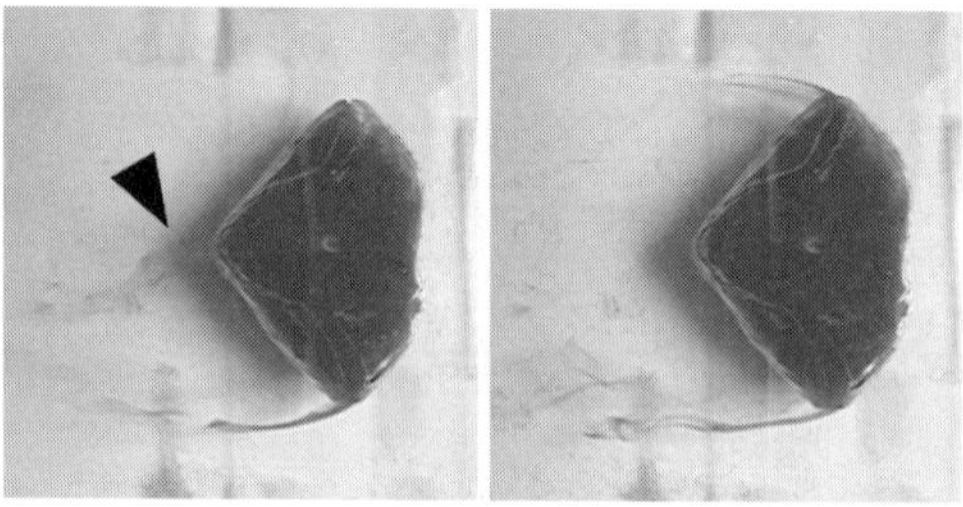

図4・34　曲面モデルの流水実験結果．水槽を上から覗いた写真．黒矢印の微弱な流出をとらえ，考察を組もうと努力していた．

しかし、凹凸形のようにピンとくる結果とはならなかった。

当時の私は、「側方の開口部から強い排水が認められ、非常に微弱ではあるが、生物体前方領域（サルカスまわり）から排出される様子も確認できた」と述べている（図4・34）。そして、当時の論調で述べると「パラスピリファーの正中線上を沿って流れが歪められて収束し、サルカスまわりで流速が高くなって負圧が発生、その結果として流出する」らしい（図4・35）。前縁部で流出するだろう、という希望的観測があったため、微弱なサルカスまわりの流出を観察結果の一つとして、ひいき目に取り上げていた。しかし、側方部分から流出する結果はどうしてもうまく説明できない。議論の構築にたいそう悩んだ末、結果に苦しい説明をつけて、なんとか翌年にあたる二〇〇七年二月の日本古生物学会例会で発表した。やはり聴衆は「うーん……」や「言われれば見えないこともない」など、微妙な反応であった。

古典的な機能形態学の問題

翼形パラスピリファーへとテーマを変更してから、説明責任を十分に果たせないアナログ流水実験の限界を感じ始めていた。たしかに、化石

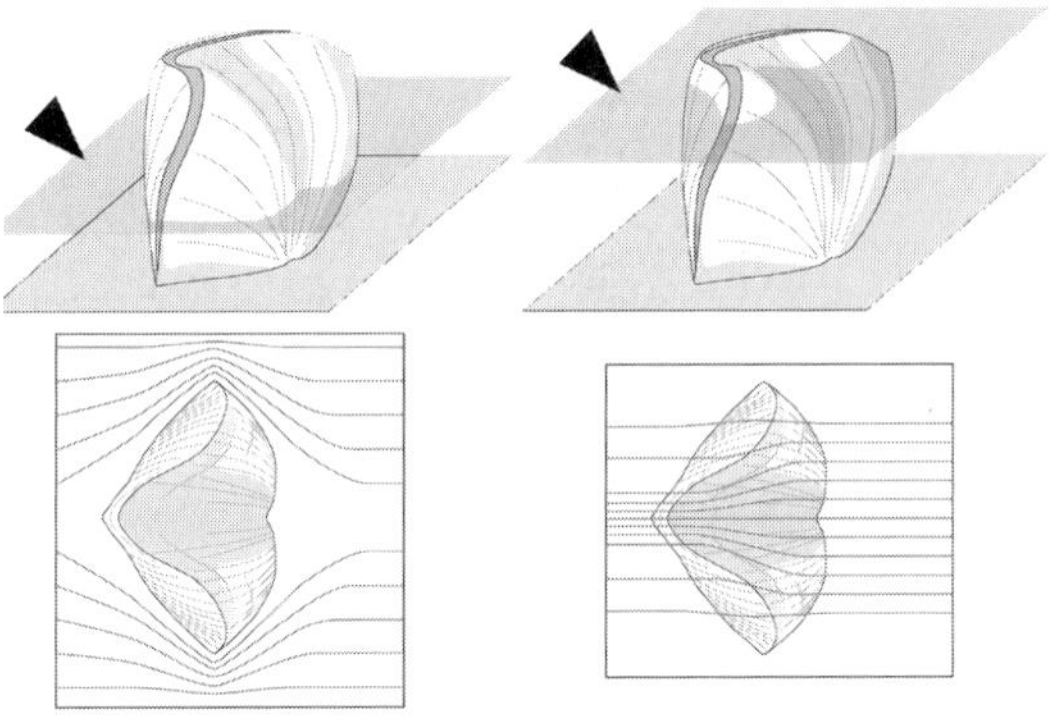

図4･35　当時の解釈図．下段の図は，上段の黒矢印で示した断面の流れを線で表示したもの．図の構図の悪さ，下段の図の投げやり感から，当時のレベルと心境がうかがえる．

として保存される形を扱った機能形態学は、化石生物の生態を復元することにきわめて有効である（Savazzi, 1999）．しかし、流水実験のような従来のアナログ手法では、本当に説明しきれたのかを判断することが難しく、研究者個人のもっともらしい言いまわしに左右されてしまう場合が多い。そのため、個々の種にしか当てはまらない特異な生態復元にとどまる例が多く、異なる形への汎用性は低くなってしまう。昨今の機能形態学に対する不信感は、そういった曖昧さが招いた混迷による。

しかし、案ずるには及ばない。それぞれの形に伴う機能を比較できるようにすればよいのだ。形に見いだされる機能の強度を定量的に見積もることができれば、機能形態学は大きく前進する。定量データであれば、翼形種のグループ内はもちろん、翼形種と凹凸形種の比較だって可能となる。言うは易しだなと思われるだろうが、言わなくては始まりすらしないのだ。

具体的な解決方策の一つは、さらなる精密さを追求した流水実験装置の製作である。循環型の流水装置をつくって、モーターによる流速変更、精密な流速計、可視化剤の密度・粘性・比重調整、ハイスピードカメラによる精密撮影などを導入できないかと考えていた。しかし、この計画には、資金面の問題が大きくのしかかる。試しにデモンストレーションをしてもらった流速計でさえ数十万円である。毎年運よく助成金を獲得できたとしても、いくつかの機材を取り揃えるだけで精一杯であろう。すべて揃ったとしても、機材を実験用に組み上げるだけで数年はかかりそうな気がした。「翼形種の研究にも筋肉構造の話を盛り込んでみようか」と、守りの博士論文構想も思い浮かんでいた。

きっかけは美肌の力学屋

博士課程に在学時の東大古生物セミナーは、形態研究ブームの再来を迎えていた。ヒパクロサウルスの頭骨を研究していた大橋智之氏を筆頭に、トリケラトプスを含む四肢動物全般の前肢の研究を推進していた藤原慎一氏、恐竜の肋骨形態から呼吸器系の復元を試みていた平沢達也氏、サメを中心とした軟骨魚類の機能形態に取り組む冨田武照氏ら傑出したメンバーが在籍していた。なかでも大橋氏と藤原氏の二人は、形態学ブームの火付けとなったマイクロフォーカスX線CTスキャナーをいち早く導入し、化石の三次元形態解析に取り組んでいた。これに感化された私は、CTスキャナーを使って、パラスピリファーの殻内側にある、らせん状腕骨の立体復元をしたいと下相談した。

大橋氏と藤原氏の両名によれば、マイクロフォーカスX線CTスキャナーは工学部の備品であるそうだ。

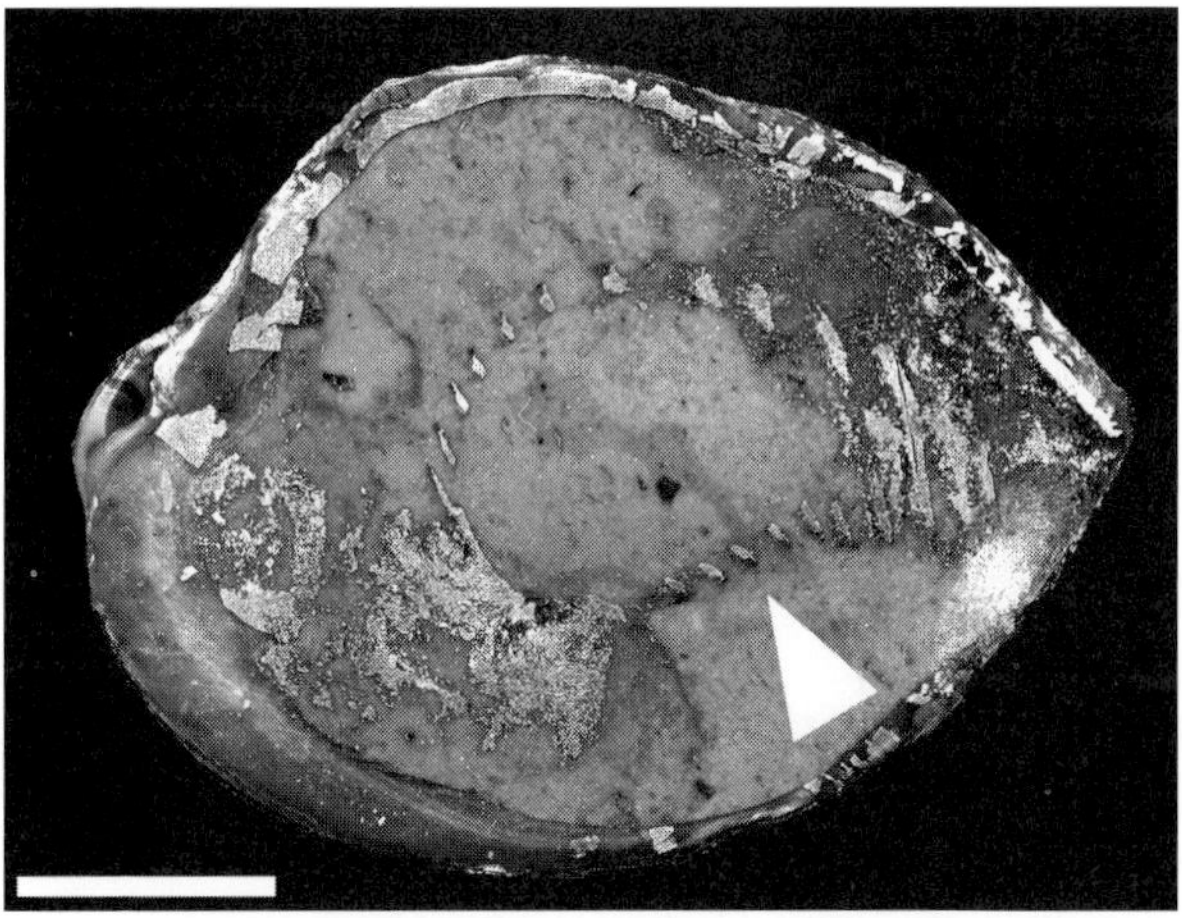

図4·36　パラスピリファーの断面に見える腕骨．環状に並んだ粒が，らせん形腕骨の断面（白矢印）．スケールは1 cm．

機械は最安値でも一〇〇〇万円強であるため、当時学生の二人が購入できないのは当たり前である。駒場の東京大学生産技術研究所にあるCTスキャンの使用許可を得るために、所有者の吉川暢宏先生と実質的に管理を担当している桑水流《くわずる》理《おさむ》先生に挨拶へうかがった。

翼形種の化石は、殻の内側にらせん状濾過器官の痕跡である腕骨を保存している。当たり前だが、パラスピリファーの化石も、殻内側のらせん状腕骨を残している。これは、岩石カッターで切断すれば、簡単に確かめることができる（図4・36）。しかもパラスピリファーの場合、本来石灰質だった部分が黄鉄鉱となっている。金属である黄鉄鉱は、殻の内側に詰まった泥の堆積物と著しく物性が異なる。そのため、X線の透過率にコントラストが出やすく、化石から堆積物をきれいに除去したようなCT画像を作成することができる（図4・37：椎野ほか、二〇一〇）。うまく黄鉄鉱化されてない標本も多く、その場合はバラバラにちぎ

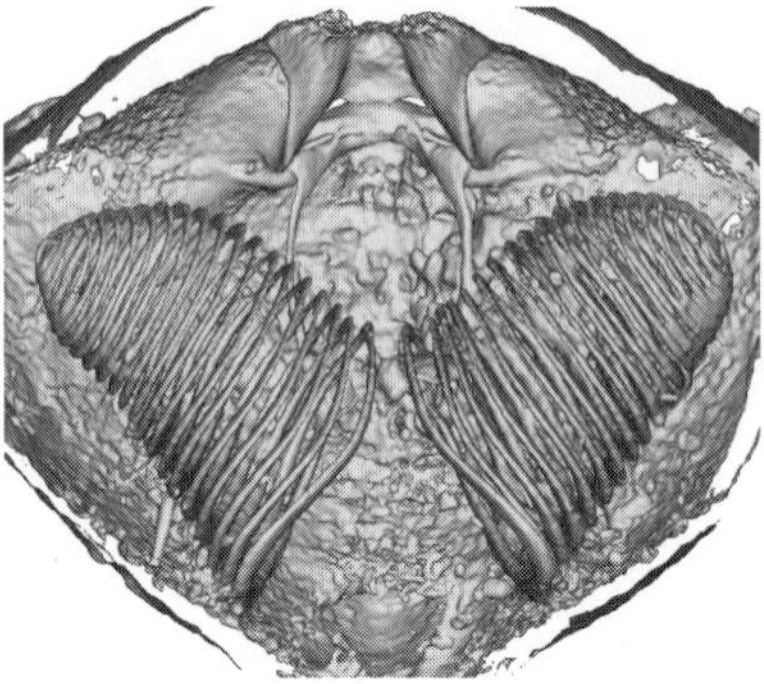

図4·37　X線CTスキャンによる内部構造の立体復元．X線透過率が異なるため，コントラストがはっきりしている化石と堆積物を区別できる．

れたような腕骨の痕跡しか復元することができなかった。

機械事情にあまり詳しくないので理由は不明だが、当時のCTスキャンは高さ五センチメートル弱のパラスピリファーを撮像し終わるのに五時間以上もかかった。機械の操作や設定をすべて桑水流先生に調整してもらったが、撮像終了まで放置しておくわけにもいかない。そこで、昼食時以外の時間は一人でCTスキャナーの前に座り、計器を眺めたり論文を読んだりして待ち時間を潰していた。ある日、普段は設定などだけで研究室に戻ってしまう桑水流先生が、たまたま残って話に付き合ってくれた。

桑水流先生は、材料力学と呼ばれる分野の研究者である。先生のお名前は流体力学を連想させるが、バリバリの固体力学屋である。鋼の強度や織物構造などを研究対象とし、実験とシミュレーションを併用した先鋭的な研究スタイルが印象的だ。私が出会った当時は、美肌の力学（皮膚の老化じわ形成メカニズムの力学的解明）プロジェクトを旗揚げしており、パイオニア精神に溢れる姿を見せていただいた。私の研究テーマは材料でなく流体だとはいえ、力学の専門家と話す機会などめったにない。もしかしたら、何か定量化の参考になる情報を引き出せるかもしれない。そう思い、ここぞとばかりに自分の研究内容とその悩みを相談した。

工学系の実験方法について知恵をいただこうとした私の期待とは裏腹に、桑水流先生は「解析しちゃえば？」と思わぬ言葉を口にした。解析とは、流体解析のことである。工学系分野で広く導入され始めた最先端技術、数値流体解析（CFD : Computational Fluid Dynamics）に取り組んでみれば、と提案してきたのである。確かに流体解析ができれば、私の悩みはすべて解決する。流れ場を数学的なシミュレーションで明らかにするため、殻の流体力学的特性を定量的に紐解くことも可能となる。国内外を問わず、化石生物で流体解析が成功するだけでも相当なインパクトである。しかし、さすがに無理がある。というのも、学部時代に受講した物理概論は、壊滅的に成績が悪かったからだ。さらにさかのぼれば、高校のときに物理を履修したこともない。このとき、消極的な私と先生の会話は忘れられない。

「先生、物理を履修したことがありません」

「椎野君、学問とは気合いだよ」

数値流体解析ＣＦＤ

数値流体解析といっても、解析自体はコンピューターがやってくれる。最も時間と労力を費やすのは、解析を始める前段階の解析モデル作成と、解析結果を読み解く作業である。

私が挑戦したのは、Ｘ線ＣＴスキャンの連続断層画像から三次元画像ファイルを作成するイメージベー

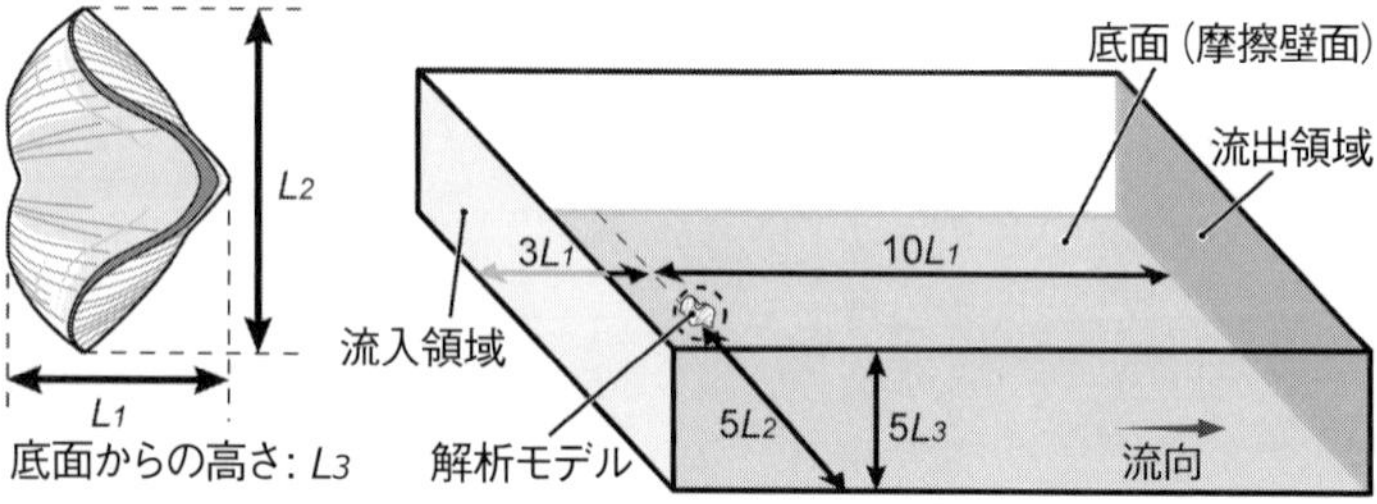

図4·38　流体解析領域の概念図．十分に広い直方体の底面にパラスピリファーのモデルを設置した．

スモデリングの後に、解析モデルとして流体解析ソフトウェアへインプットする方法である（Oshima *et al.*, 2006）。したがって、解析モデルの精度は、私がバキュームフォームで製作する殻模型の完成度にかかっている。

作成した三次元画像ファイルを流体解析ソフトウェアSCRYU/Tetraにインプットし、解析領域を作成してゆく（図4・38）。パラスピリファーの殻まわりに生じる流れを解析するために、十分に広い直方体の仮想空間をつくり、その底面に解析モデルを貼り付ける。直方体の底面は摩擦がある壁として設定し、直方体の左右面と上面は摩擦がない壁面とした。直方体の上流側は、面に垂直な方向へ水が流入する領域とし、後流側は物質が圧力ゼロでやり取りできる流出面とした。この仮想空間を使ってシミュレーションするのである。

解析モデルの作成には、かなりの修練が必要だった。直方体やパラスピリファーの殻表面は、無数の三角形が組み合わさった表面形状を構成している。このメッシュ様の構造を参考にし、解析領域とした空間を無数の細かい要素で区切ってゆく（図4・39）。流体解析とは、空間を区切った各要素での計算結果を、次の要素へとつなぎ合わせてゆく作業のようである。要素は表面形状に影響されるので、直方体や殻表面の形状が整っていない

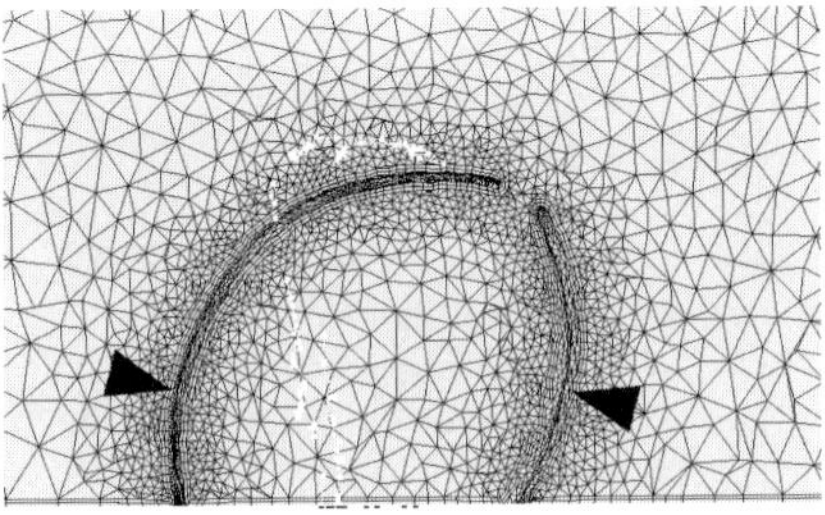

図4·39　解析モデルの要素．黒矢印は２枚の殻の解析モデル．

とバグが生じる。たとえば、殻表面の三角形が飛んでしまって穴ができると、要素を作成するときにエラーが出る。また、底面に固定した殻と直方体の境界が、共通する三角形の接線で重なっていることも重要である。解析する空間を一つの完全な閉空間として、初めて要素を作成することができる。作成した三次元画像ファイルに直方体を付け加えるだけの簡単な作業ではなかった。

もう一つ、モデリングを難しくさせていた大きな原因は、境界層要素の存在である。流体は壁面に近づくと摩擦の影響を受け、流速が低くなる。この壁面近傍に起きる影響を近似して計算するために、壁面まわりに挿入される複数層の要素が境界層要素と呼ばれている。境界層要素は、解析領域を要素分割した後に挿入される。そのため、なんとか要素分割までもちこたえたとしても、その後にくる境界層要素の挿入にとって粗悪なモデルであれば、容赦なくバグが発生する。しかも、必要となる境界層要素の厚みや数は、流速やスケールなど知りたい流れ環境によって異なる。

二〇〇七年一月から始めていた解析モデル作成は、不慣れなせいでソフトウェア操作に戸惑い、バグ取りに翻弄され、気がついたら七月に差しかかっていた。初めてのコンピューター解析に取り組む前段階で、すでに半年も経過していた。

解析結果を収束せよ

二〇〇七年九月一九日、第一弾となる解析結果が出た。最初の解析モデル完成から三か月もたっていて、ここだけ抜粋すると「流体解析の計算ってずいぶん時間がかかるんだね」となぐさめられる。たしかに時間はかかるが、当時の私が扱っていた解析モデルは、せいぜい二日あれば結果が出るような簡素さだった。この三か月は、解析ソフトウェアの計算部門であるソルバーが解析モデルに拒絶反応を起こしたため、解析モデルの修正に追われていた。

ソルバーの段階では、解析モデルの正確さに加え、計算のさせ方にも適切さが求められる。流体は連続体であるにもかかわらず、要素という有限なものに区切って計算させている。そのため、要素の細かさは計算で求めた流れの再現性と相関する。しかし、コストや時間の問題で、扱える要素の数には制約がある。当時の私は、解析領域の要素数およそ三〇万個を目標にモデル作成を行っていた。

流体自体の連続性だけでなく、時間の連続性も存在する。この時間も、解析サイクルとして有限回の計算回数に区切らなくてはならない。解析サイクル一回あたりの時間を決め、必要な時間だけサイクル数を設定すればよい。たとえば、一サイクル〇・〇五秒で三〇〇サイクル計算させれば、解析領域内の流れは一五秒と換算できる。

コンピューターが計算している一部のパラメーターは、パソコンの画面上でモニターすることができる。

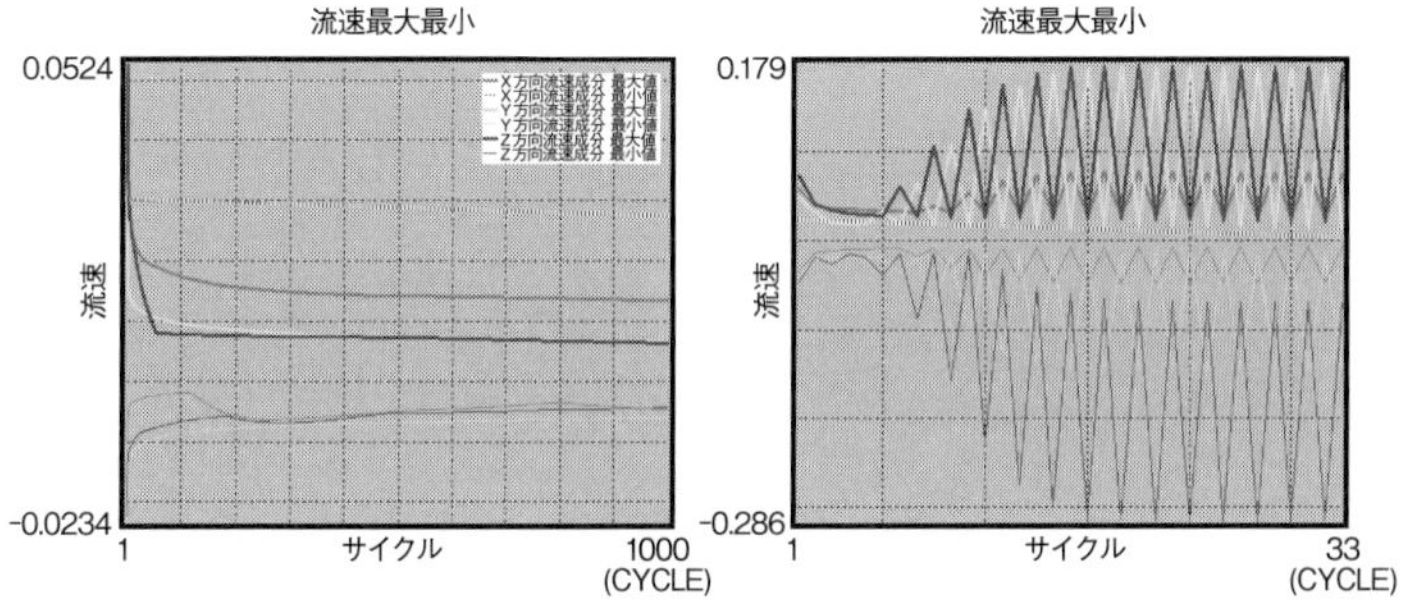

図4·40　ソルバーに示された流速の変化傾向．うまくいけば滑らかなグラフになるが（左），結果が発散するとグラフが規則正しいギザギザとなる（右）．

たとえば、解析空間内の最大最小流速について、サイクルごとの変化をグラフで見ることができる。解析スタートの直後は、流入領域から発生する流れの影響で、一時的に最大流速が高くなる。しだいに流れが落ち着いてくると、流速の変化はなだらかに落ち着き、条件によっては一定となる（図4・40）。このように結果が正しく出ると、広義の意味で収束したと判断できる。しかし、解析モデルが適切な要素数に達していない場合や、要素自体の形に些細な粗さがあると、結果が収束しない。一サイクルごとに流速が激増・激減を繰り返し、グラフがギザギザになってしまうのだ。この状態は、解析結果が発散していることを示している。要素の問題以外にも、各サイクルの時間幅が長すぎる場合にも生じる。

　解決方法の第一手は、各サイクルの時間幅を小さくすることだ。つまり時間の連続性を高めるイメージである。これで解決できなければ要素の問題であり、私の場合はすべて要素の粗悪さによるものだった。

　ソルバーの発散が教えてくれる解析モデルの品質は、おおかたバキュームフォームの模型製作に心当たりがあった。模型製作用のクラフトナイフでついた微小な切れ込み痕や、やすり作業の粗さで生じたポリカーボネート板の角の未処理など、気づきにくいミスをCTスキャナーがしっかり拾い、それがイメージベースモデリングに反映されてしまっていたのだ。自動で計算してくれるから楽だと思われがちだが、正直な機械には一切のごまかしが通用しないのだ。

想定を覆す結果

流水実験に基づく希望的観測では、殻の正中線上にある湾曲部サルカスまわりの開口部から流出し、側方の開口部から流入するはずだった。得られた解析結果から、まずこれを確かめることにした。

解析結果は、ソフトウェア内のポストと呼ばれている部門で読み解いてゆく。ポストの段階で、欲しい情報は何でも取れると思っていただいて大丈夫だろう。少なくとも、私の欲しかった情報はすべて得ることができた。たとえば、解析モデルに好きな色をつけ、透過して表示させることができるし、殻表面が受けた圧力分布の等圧線表示や、表面付近の流向をベクトルで表示することもできる。流れの挙動であれば、流れの軌跡を線でつないだ流線表示が可能であり、任意の断面における圧力、流速、流向のベクトル表示など、示し方はさまざまである。流入と流出箇所は、殻の開口部に沿って連続的に観測点をつくり、そこから流線の軌跡を追うことで再現することができる。

流線追跡の結果、流れはサルカスまわりの開口部から流入した（図4・41）。そして、側方の開口部から流出した。これは流水実験の希望的観測を裏切る結果であった。観測点の位置が影響しているのだろう

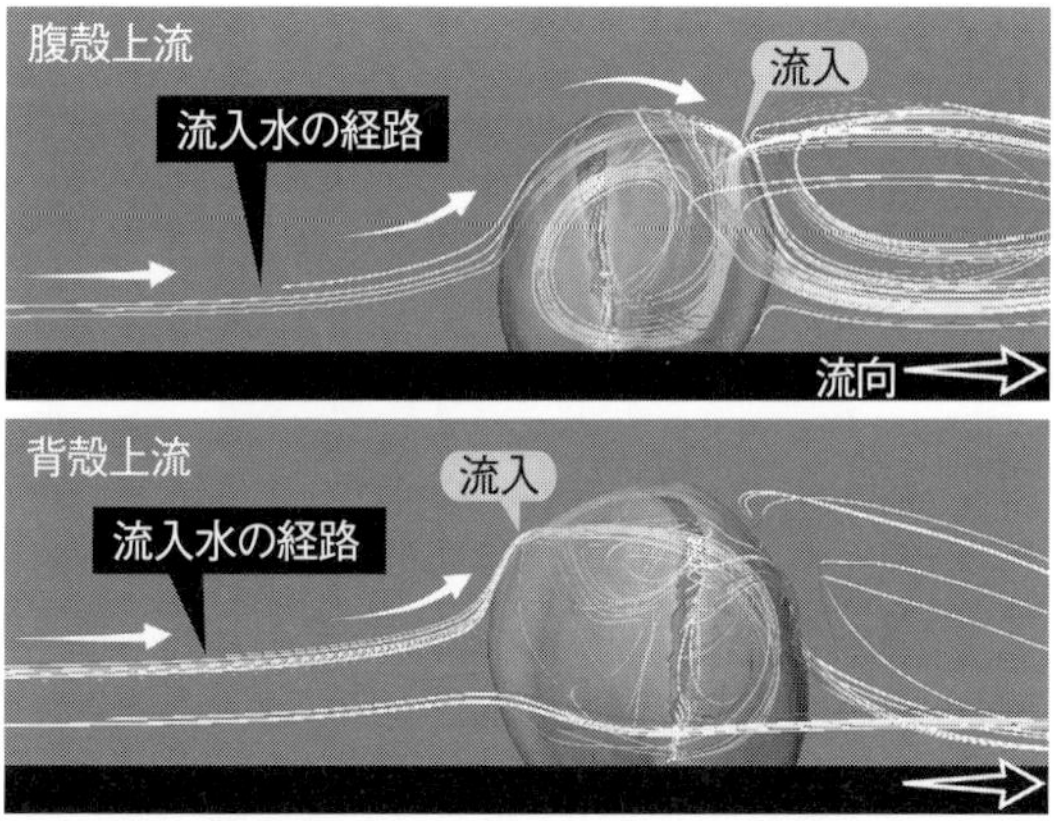

図4·41　流線で表示したモデルまわりに生じる流れ．サルカスまわりの開口部から流入した．

かと思い、開口部の至るところから流線を発生させたが、やはりサルカスから流入した。わざとらしく、サルカスまわりの開口部からだいぶ外側へ観測点を打ってみた。それでもサルカスから流入した。これでもまだ信じられず、解析方法の見直しを図った。解析モデルの要素数を、倍の六〇万個まで細かくし、一サイクル〇・〇五秒を〇・〇二秒まで短くしてみた。結果、やはりサルカスから流入した。

力学的にみれば、サルカスからの流入が紛れもない事実なのだろう。流水実験の解釈に引きずられていた私に、いきなり実験の不備を突きつけられた格好だ。それでは、なぜサルカスから流入するのか。実験の改善は後で考えるとして、説明責任を果たさなければならない。

殻の開口部に取った観測点から、流れの圧力を掃き出してみると、興味深い傾向がみて取れた。サルカスまわりの開口部では、流れの圧力が高くなり、側方の開口部では圧力が低くなっていた（図4・42）。流水実験では、予測される流速から、サルカスまわりで圧力が低くなる（高い流

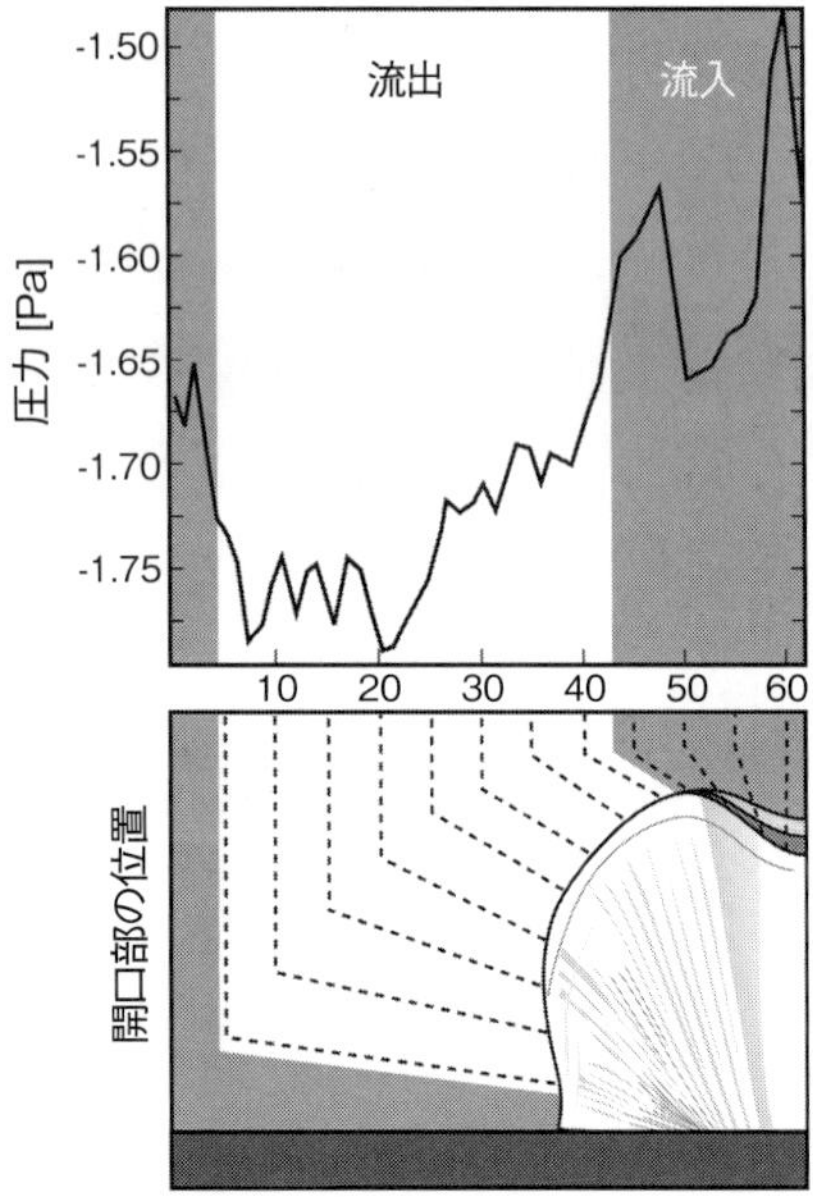

図4･42　殻の開口部に生じる圧力分布図．背腹の方向にかかわらず，サルカスまわりで圧力が高くなる．流速0.1m/s の場合．

速）としていたが、解析結果は逆の傾向を示していたのだ。実際、解析結果の流速でみても、流水実験での予想とは逆であった。つまり、解析結果の流入・流出関係は、ベルヌーイの定理に基づく効果で説明できそうであり、これまで考えていた原理が共通する点でなんとか精神的には救われた。

解析と実験のネガポジ・フィードバック

次に注目したのは、流体の挙動である。腕足動物の摂食は、殻の内側へ水を流入させ、濾過器官でエサを含んだ海水を濾過し，殻の外側へ流出させることによって成立する。殻の内側で生じる流れが大切であることは、凹凸形の受動的濾過水流でも論じていた。これを、解析結果の

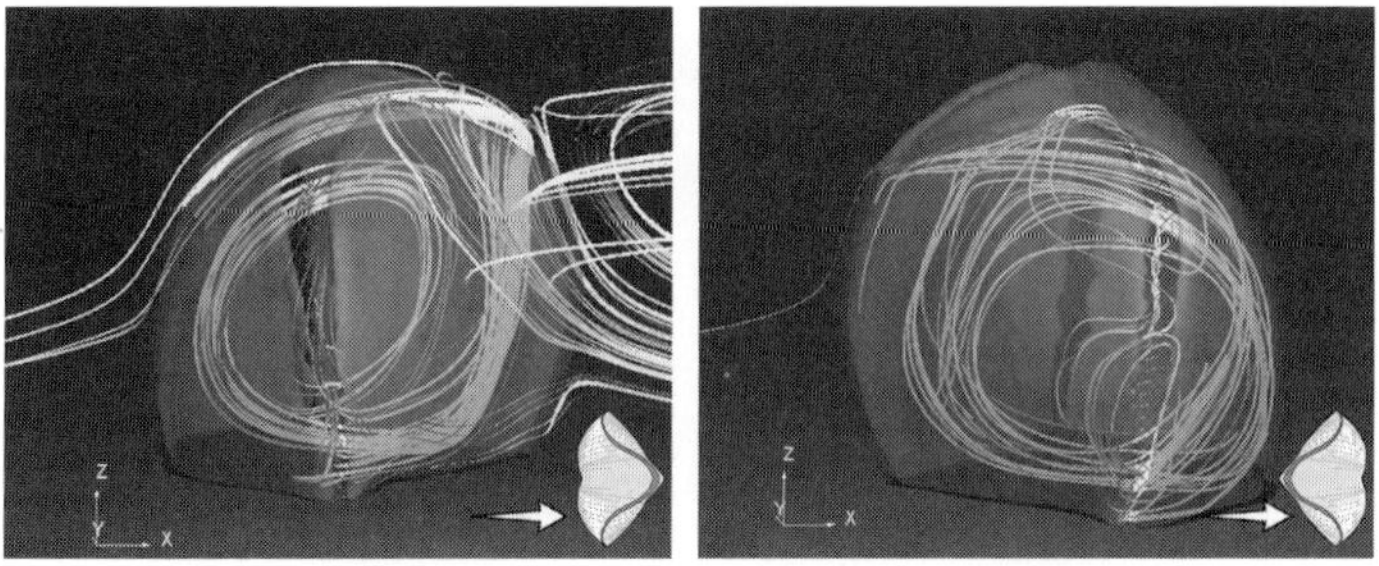

図4・43　流線表示で可視化したらせん状の渦流．左は腹殻，右は背殻が上流．

流線で再現した。

流線追跡をすると、正中線上のサルカス開口部から流入した水は、殻の内面を伝って渦となった。そして、その渦が側方向へと移動してゆき、らせん状の渦流となることがわかった（図4・43）。おもしろいことに、背殻と腹殻のどちらを上流側へ向けても、サルカス開口部から流入し、殻の内側でらせん状渦流となり、側方の開口部から流出する結果になった。

この渦流の挙動を見て、ある事実と対応していることに気づくだろう。らせんの形と言えば、スピリファー類の濾過器官である。ここに、翼形種の採用した摂食システムの原理が隠されているのかもしれないと察知した。しかし、流水実験では渦流を観察できていない。実験方法の修正を兼ねて、濾過器官の腕骨を再現した骨模型を新たに製作し、可視化実験の再検討を行った（図4・44）。

流水実験の問題点は、水門で排水を続けると水位が下がってしまうことである。解析で言うところの収束に落ち着く前に水がなくなってしまうため、殻まわりの流れを正しく評価できていなかったのだ。そこで、水門を開けると同時に水道から水を供給し続け、擬似的な循環水槽を演出し、実験時間を長くとる工夫を施した。

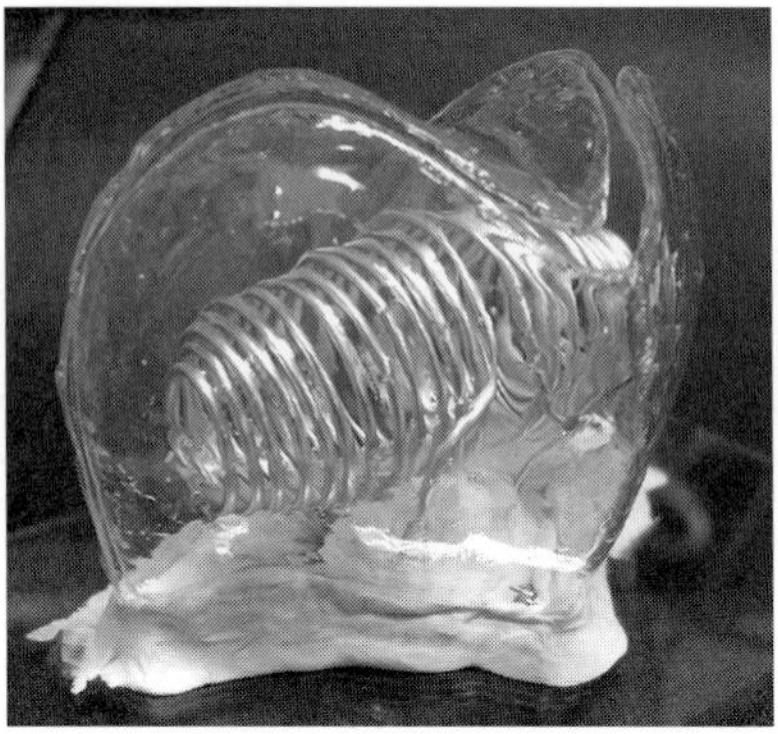

図4·44　流水実験用に新調した骨模型．アルミニウムワイヤーで腕骨を再現した．

新たに生まれ変わった実験装置を使って水流を発生させると、殻の側方開口部から水が流出し、殻の内側でらせん状の渦流が形成された（図4・45）。解析と実験の結果が一致した瞬間である。また、骨模型を用いて実験すると、腕骨のまわりをゆっくり取り巻く渦流が形成された。

凹凸形のワーゲノコンカは、あらゆる方向に対応した受動的な濾過機能体であった。翼形のパラスピリファーはどうだろうか。そんな好奇心から、パラスピリファー模型を水中で横方向にしてみた。中身のない模型では、殻内側の流体が乱れたが、骨模型の殻の内側では腕骨を取り巻く渦流が形成された（図4・46）。凹凸形ほどではないが、パラスピリファーもある程度は多方向に対応して受動的濾過水流を形成できそうである。

解析と実験で確認したらせん状渦流は、パラスピリファーの受動的濾過水流と考えてよいだろう。周辺の流水方向に関係なく骨模型の内側で形成された渦流は、スピリファー類のもつらせん状濾過器官を取り巻く流れとなっている。海水中の微小なエサを濾過するためには、濾過に用いるフィルター部分に対し

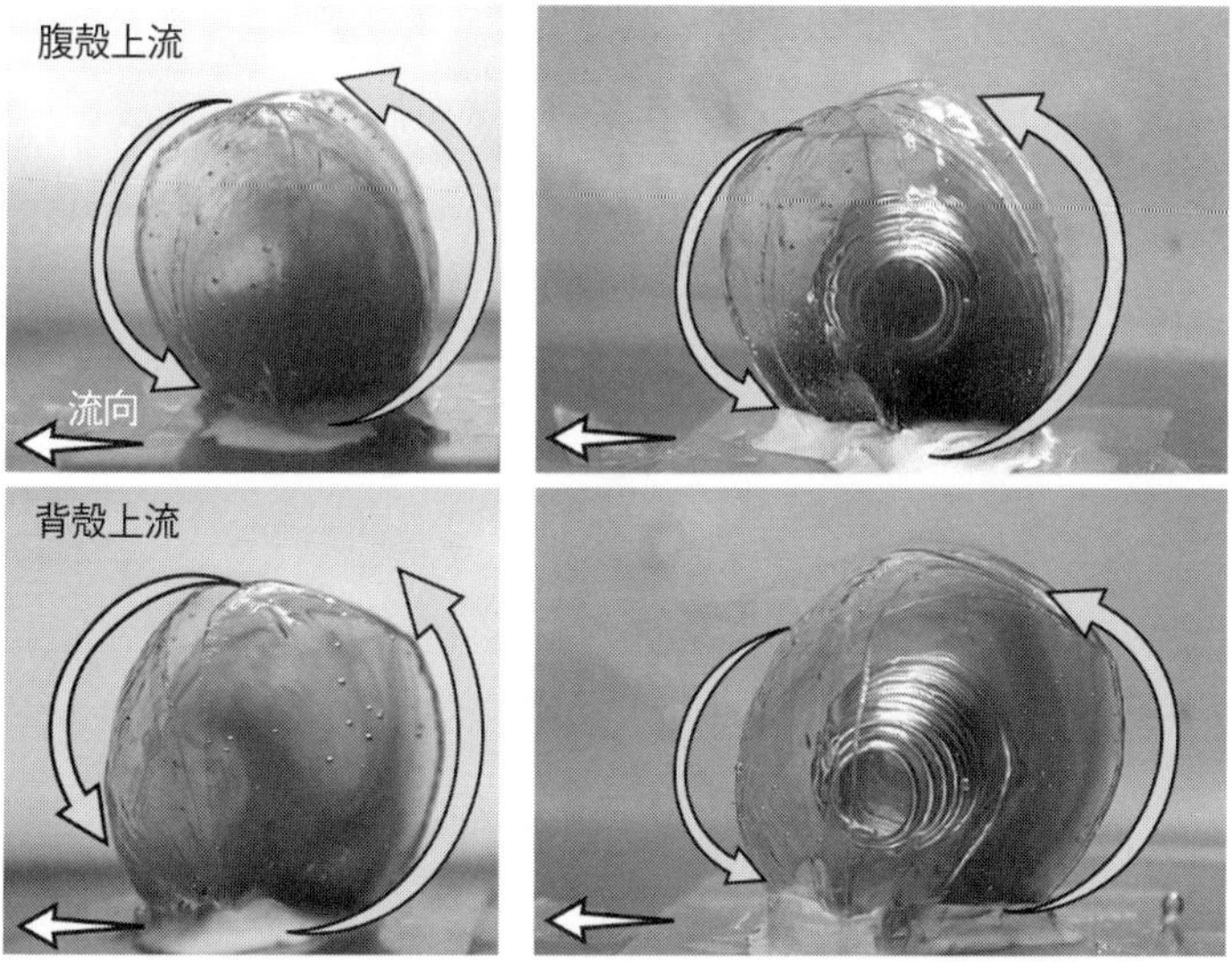

図4･45　流水実験の結果．以前の模型と骨模型のどちらも殻の内側で渦流を形成した．

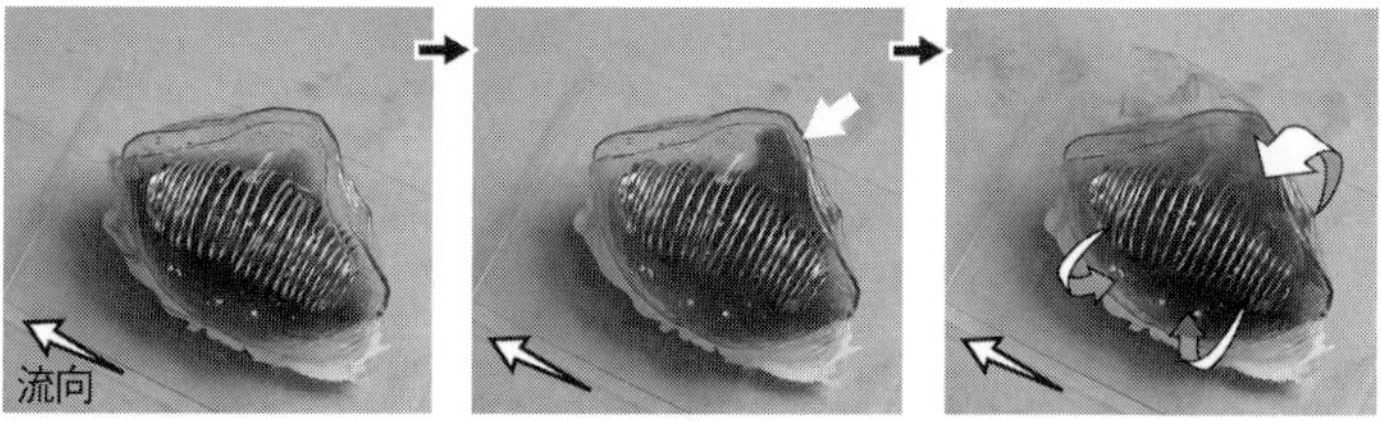

図4･46　模型を横置きにした流水実験結果．骨模型では腕骨を取り巻く渦となった．

て、斜めに通り抜ける流れが効果的らしい（Ward *et al.*, 1998）。濾過器官に対して垂直な流れと比較して、低角で向かう流れのほうが濾過面を密にできるからである。少しずれたたとえかもしれないが、雑巾を床に押し付けるだけでは、ほとんど汚れを落とせない。床をこするように雑巾を動かすことで、汚れが落ちてゆく。雑巾と汚れが、それぞれ濾過器官とエサの関係だとイメージしてもらえるとわかりやすいかもしれない。

解析と実験を行き来した結果をまとめてみよう。まず、翼形種のまわりに流れが発生すると、殻の開口部に沿って圧力差が生まれ、結果として正中線上のサルカス開口部から流入する（Shiino *et al.*, 2009）。流入した水は濾過器官を取り巻く渦流となり、翼形種の採餌に好都合であったと考えられる。また、らせん状濾過器官は、渦流を低速にする緩衝材としても機能し、横からの流れでさえ受動的濾過水流となるよう整える効果ももっていただろう（Shiino, 2010）。私の結果は、ウィリアムズ・エイジャー説の流入流出関係を支持し、ラドヴィック・ヴォーゲル説で強調された濾過器官の外側からエサを捕らえる方法を支持している。こうして、翼形種に残された半世紀にわたる論争は力学的に解決された。

古生代サイクロンの成立

流水実験と流体解析のフィードバック効果を通して、翼形種の殻と濾過器官の機能が相補的に働くことで成立した受動的な摂食戦略がみえてきた。受動的に形成される渦流は、スピリファー類に共通するらせん状の濾過器官を取り巻くように流れており、まるでサイクロンのような効果によって大量のエサを濾過

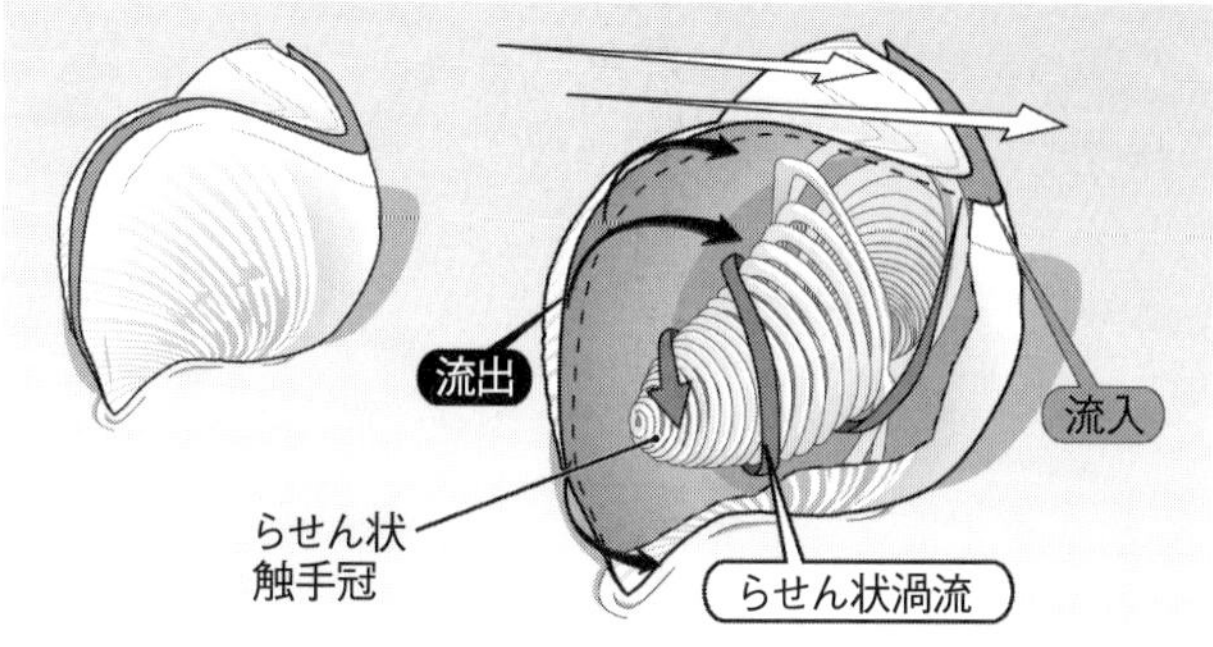

図4·47　パラスピリファーの濾過システム概念図.

することができたのだろう（図4・47）。

このようなパラスピリファーの結果から帰納的に解釈すれば、翼形種全般に当てはまるスマートな結論になるだろう。しかし気になるのは、サイクロン様濾過戦略が本当にすべてのスピリファー類に共通するのか、という点である。同じ翼形種と言えど、種が違えば形もずいぶん変わってくる。もし、正中線上の湾曲部サルカスが、パラスピリファーより未発達になれば、サルカスの圧力差発生機能は弱くなるだろう。すると、サルカス開口部から安定した流入を保てなくなり、機能が破綻した挙句、殻の内側で発生する流れの挙動も変化するかもしれない。博士課程二年生の冬、博士論文の最終段階として、形の微小変異が伴う機能とその最適性について取り組むことにした。

形の違いが受動的濾過水流に与える影響を確かめるために、サルカスの発達具合が異なるパラスピリファーの殻模型を使って流体解析を試みた。まず、オリジナルのパラスピリファーを石膏で複製し、石膏模型のサルカス部分を削り落としたり、水増ししたりして、サルカスなし、浅いサルカス、深いサルカスの仮想パラスピリファー

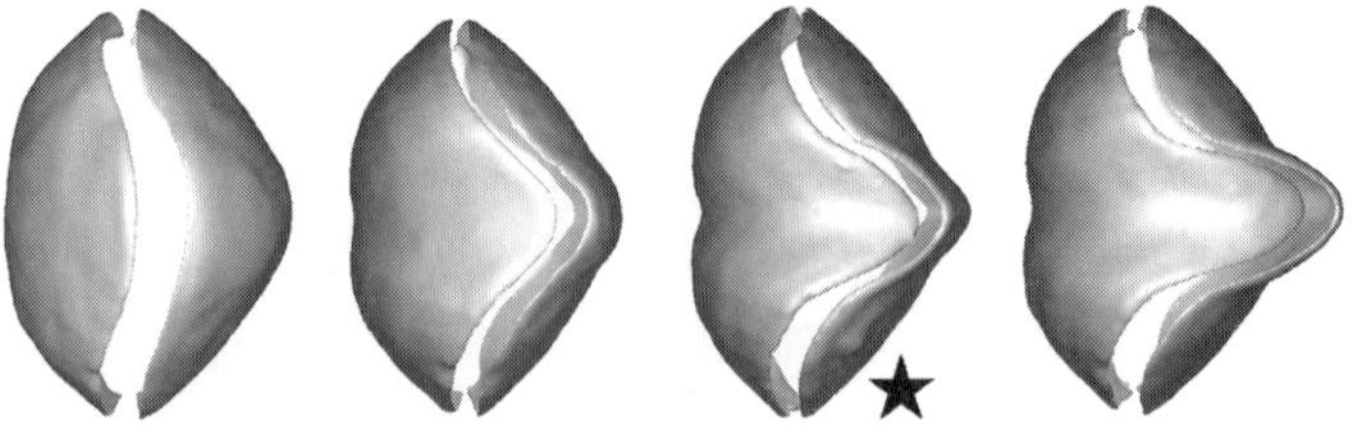
図4·48　サルカスの発達具合を改変した解析モデル．星付きはオリジナルのサルカスをもつモデル．

模型を製作する。次に、バキュームフォームによって、それぞれの石膏模型から実験用の中空模型を製作し、イメージベースモデリングを経て流体解析へと実行に移してゆく。失敗続きだったこれまでとは一変、驚くほどスムーズに三つの解析モデルを完成させた（図4・48）。博士課程三年の四月にはすべての解析を終え、データを読み取り、議論のデザインを組み上げる段階へと突入した。

流体解析の結果、サルカスなしモデルは適切な渦流を形成しなかった（図4・49）。つまり、サルカスの欠如によって、らせん状濾過器官を用いた摂食が破綻してしまったのだ。サルカスの圧力差発生機能は、流速に応じて強くなっていて、浅いサルカスのモデルでは高速の流水環境下でないと渦流を形成することができなかった。圧力分布をグラフ化してみても、サルカスが深いほど圧力差が生じ、流入量が増えるために渦の回転数も増加するようだ。翼形種のサイクロン様濾過戦略は、ある程度発達したサルカスをもたなければ成立しないのだ（Shiino and Kuwazuru, 2010）。

では強い渦流を発生できればよいかといえば、そう簡単な問題ではない。腕足動物の軟体部は貧弱である。特に触手は支持構造をもたないため、強い流れに逆らって濾過し続けることが難しい。そのため、できるだけ緩やかで安定した殻内側の流れを好んでいる。たいそうわがままな要求であるが、翼形種のサイクロン様濾過戦略は、十分な流入を保証してくれるサルカスを必要とするが、流れが速くても困るため、深いサルカスは必要でなかったと考えられる。

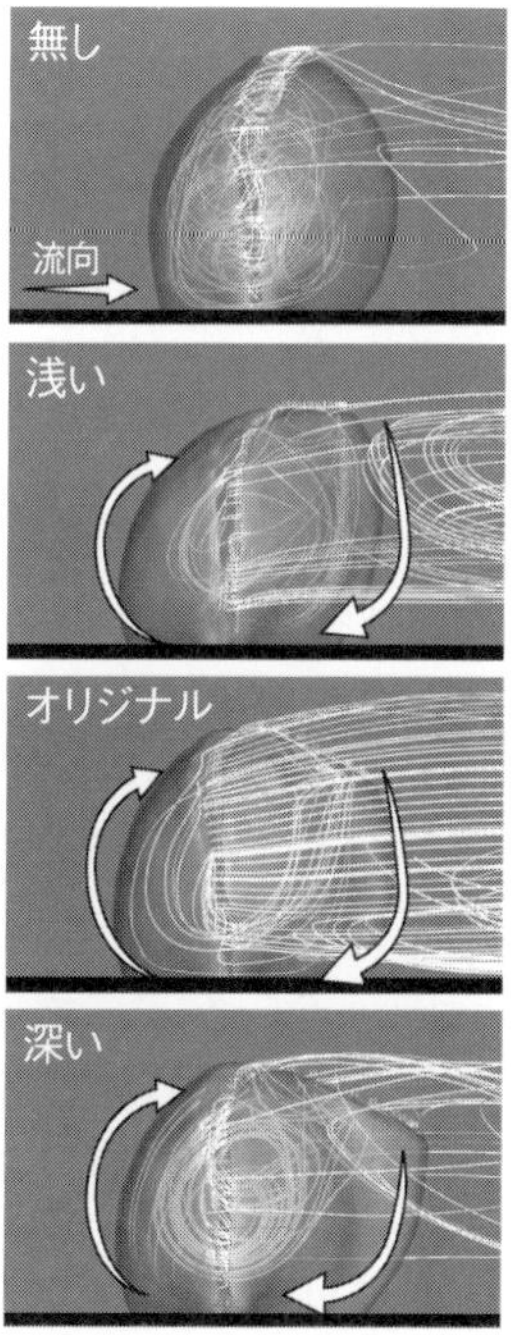

図4·49 サルカス改変モデルの解析結果．サルカスなしでは異常な渦となる．流速0.1m/s の場合．

翼形の最適設計論

この時点でタイムリミットとなったため博士論文を仕上げ、奪い取るように理学博士を取得した。博士としての研究はいったん終了したが、私の翼形プロジェクトは終わっていない。

流体解析を導入したきっかけは「定量化」である。それなのに、渦ができたかどうかで一喜一憂する研究では、流水実験時代と何も変わらない。このやり方では、翼形種の一般論を導くために、形が違うスピリファー類すべてを解析しなくてはならない。もし、サルカスの発達具合と流速から、受動的水流の形成能力がわかったとしたら便利だろう。あるいは、渦流形成が破綻しないサルカスの限界発達具合を見積もれたら理解が深まりそうである。なんとそれが数学の関数を利用することで実現可能らしく、博士論文の提出以降は定量化したデータと向き合って奮闘し続けていた。

生物学的にみた場合、腕足動物の濾過水流は安定した流入および流出を保つ一方で、非常に緩やかな殻内部の流れを必要とすることは先述した。そう考えると、殻の開口部に生じる圧力差（流入強度）はできるだけ小さいほうがよいだろう。また、渦流が発生することで初めて効果的な濾過が可能となる。つまり、パラスピリファーの受動的水流形成は、渦流を最低でも一回転は発生させる制約のもとに、圧力差を最小化する戦略が成り立っていると仮定することができる。このような機能の点から見た戦略と制約を関数にし、それらの微分方程式を解くことで、最適となるサルカスと流速を計算することができる。

あまり細かく説明すると面倒なので、概要だけ記述しておく（図4・50）。たとえば、圧力差最小化戦略の場合、サルカスの発達具合ごとに、流速に対する圧力差の変化傾向をプロットする。ここから近似関数を抽出すると、圧力差はすべて二次方程式で近似できる。次に、サルカスの発達具合ごとに得た近似式の各項に注目し、サルカスの発達具合に対する各項の係数をプロットする。このグラフから得られた近似式は、係数の変化傾向を示すため、これらを流速に対する圧力差の近似式に代入して圧力差の関数ができあがる。サルカスの発達具合と流速をこの関数にインプットすることで、理論的に圧力差を求めることができる。渦の回転数も同様の手法で関数をつくることができる。

戦略と制約の条件下で、今度は微分方程式を解く。なぜ微分方程式が出てくるのか疑問に思われるだろ

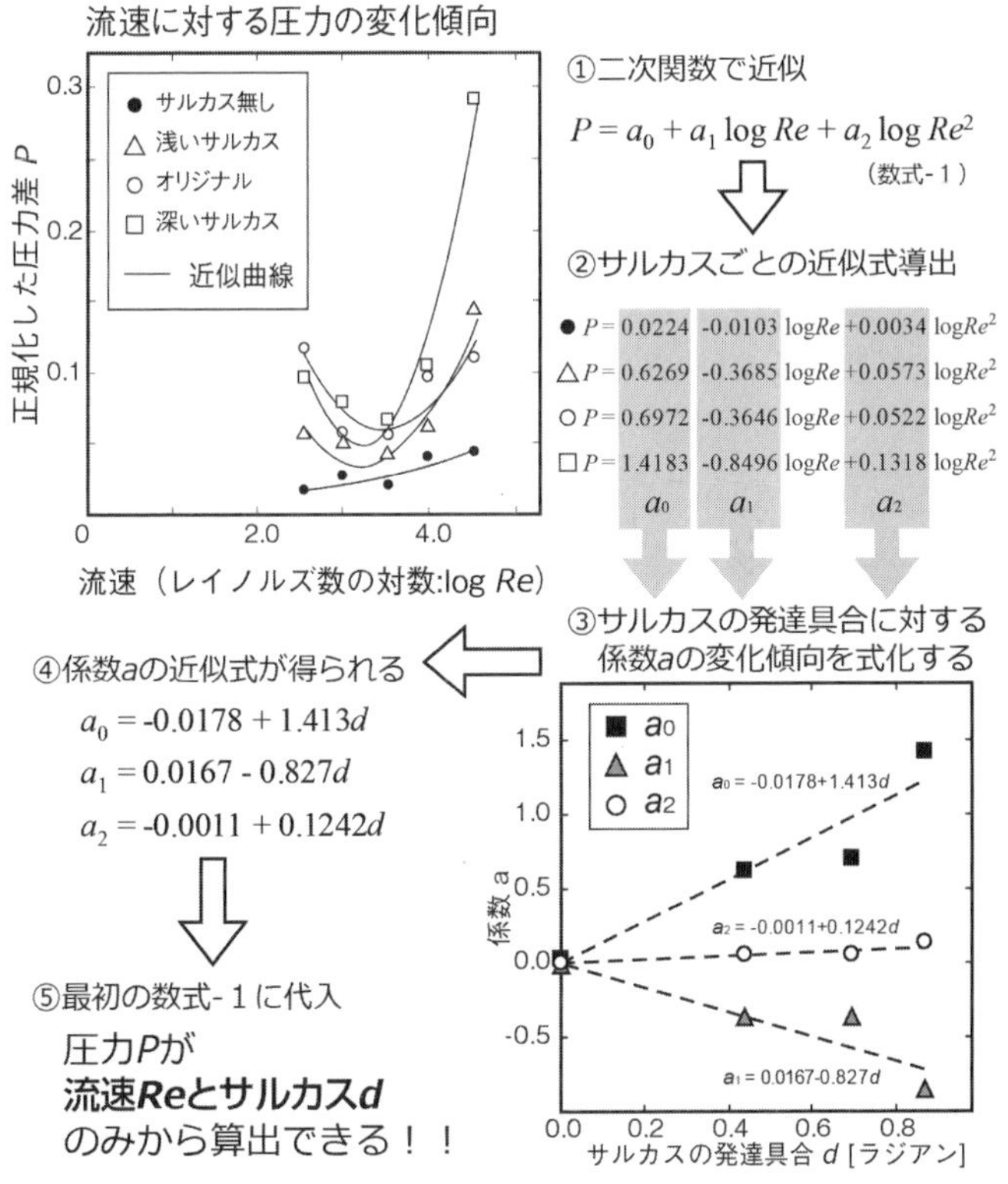

図4·50　圧力差の補完関数を導出する手順.

う。かくいう私も最初は理解できず、そもそも微分がなぜ必要なのかさえ知らなかった。ここでは、数学科出身の弟が秀逸な説明をしてくれたので、それを紹介させていただく。

　数学のなかで微分とは解剖のようなものらしい。数値的な変化傾向から見たい部分を切り出して情報を得る作業が微分なのだ、と。言い換えれば、圧力差から知りたいことは最小化戦略であり、渦流から知りたいことは最低一回転の制約である。これらを微分で解剖

図4・51　計算した偏微分方程式と計算用紙.

してやれば、二つの条件を満たす場所を見積もることができるのだ。なんとかイメージをつかんでいただければ幸いである。

さて、私は数学が得意ではないので、微分方程式を紙と鉛筆で計算した（図4・51）。計算完了までにA4判の紙五枚を埋め尽くすほど途中計算を綴ったが、見た目ほど大変ではなかった。というのも、二次方程式の展開や、圧力差や回転数の実数値が小数点以下数桁となっていたために、不必要に紙面が埋まり、頑張った感が出てしまっただけである。解析モデルのバグ取り作業に比べたら、たかが知れた大変さだろう。

数式を理解するにはグラフ化してみるとよい。そう指導してくれたのは、桑水流先生とその師匠に当たる宇都宮登雄先生（芝浦工業大学）である。早速、得られた圧力差の式をグラフ化すると、サルカスの発達具合にかかわらず、秒速一〇センチメートル程度の流水環境下で圧力差が最小化されていた（図4・52）。これは、パラスピリファーが

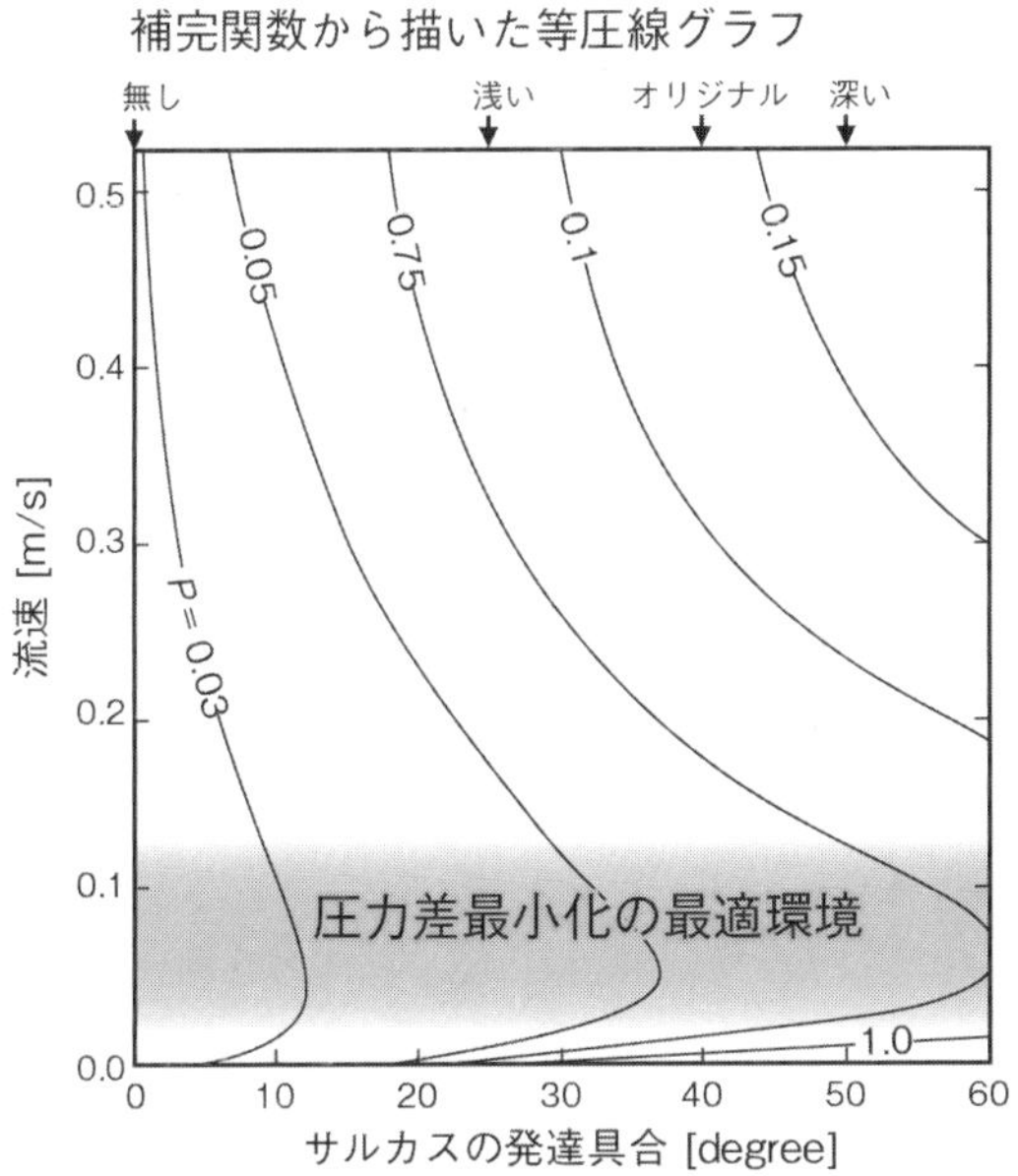

図4・52　圧力差の補完関数グラフ．等圧線が0.1m/s で右側に切れ込んでいる．この流速では一律に圧力差が生まれにくいことを意味する．

産出する堆積環境で起こりうる流れと調和的である。また、最適なサルカスの発達具合を導出した結果、オリジナルのパラスピリファー本来のサルカス（発達具合四〇度）は、数学的に算出した最適なサルカス（発達具合三五度）よりも、やや過剰に発達していることが明らかになった（図4・53）。まるで、サルカスの余剰な設計によって、受動的採餌に関わる制約を破綻させないために機能的な安全率を組み込んでいたかのようである。

パラスピリファーの化石記録をみると、サルカスの発達具合は一般的に種内変異が大きい。つまり、圧力差発生機能が個体ごとに異なっていたのである。生息環境を考えると、海底で発生

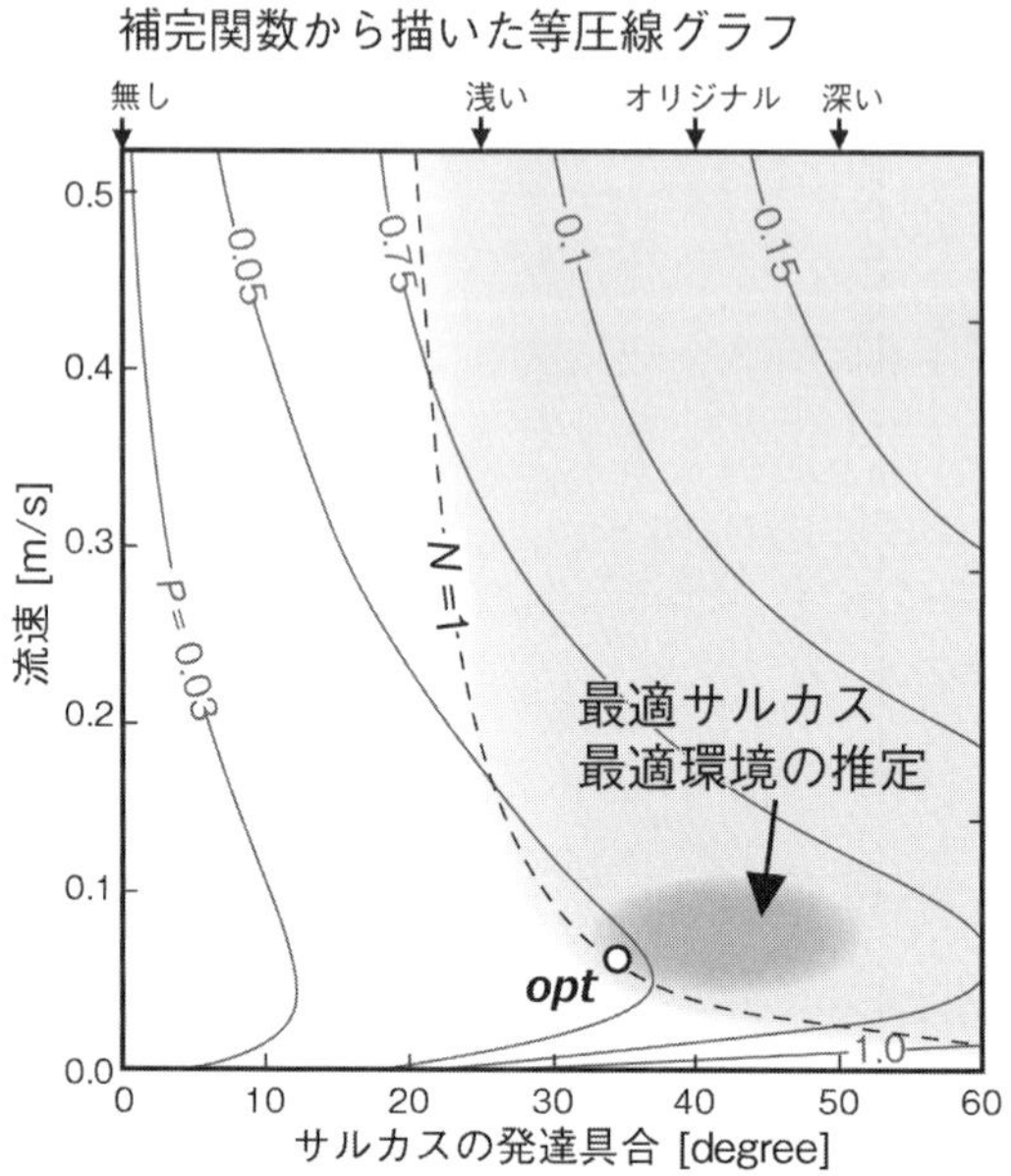

図4･53　圧力差と渦回転数の補完関数グラフ．*opt* は，偏微分方程式から算出した最適な流速環境とサルカスの発達具合．「*N*=1」は，回転数が最低1回転は保証される境界．

する水流は、常に安定しているとは限らない。流体自体が強い不確定要素を含んでいるため、生息環境の微視的な違いによって、個体ごとで必要となる機能が異なるかもしれない。その場合、どうやって最適な機能を維持するのか。化石記録でみても個体差の大きいサルカスの発達具合ではないのだろうか。おそらく、各個体の生息する環境で異なる戦略および制約の妥協点を探り、必要となる機能強度に相応する殻形態となっていたのではないかと考えている。まだまだ不透明さは否めないが、個体レベルで包括される形と機能の関係から、翼形種の設計原理を説明できそうな兆しがみえてきた（Shiino and Kuwazuru, 2011)。

コラム　博士論文のアウトプット

卒業論文や修士論文の出版が足踏みするなか、恐ろしいことに博士論文のすべての内容がいち早く学術誌に出版された。私の博士論文は、流水実験、流体解析、最適設計論の導入、の三部構成であり、それぞれを分割してすぐ投稿できるような論文デザインを整えていた。

まず、本文で記した経過どおり、流体解析に関する論文を第一弾として、理論生物学の雑誌『Journal of Theoretical Biology』に投稿した。この雑誌を選んだのは、ある教官が「古生物の内容を掲載させるのはかなり難しい」と忠告してくれたことがきっかけである。難しいことに挑戦したい研究人の性であろう。もし掲載されれば、流体解析の手法論が確立できるだけでなく、化石を生物学として認めてもらったという自信にもなる。私の心配に反して、この論文はあっけなく受理された（Shiino *et al.*, 2009）。査読者よりも編集者からのコメントが印象的で、「Well done!!」と書かれていた。思わず「ステーキかよ！」と心でツッコミをいれつつも、うれしくて多くの人に報告した覚えがある。聞かされる側はさぞ迷惑だったろう。

流水実験の内容を第二段として、古生物学の伝統誌『Lethaia』に投稿した。この論文は、流体解析の論文と研究対象が同じであったため、なぜか二重投稿を疑われた。編集者から「二重投稿の嫌疑がかけられた論文は受理しないが、最後におまえの言い訳を聞いてやろう」とのメールを受け、なんとか返信で誤解を解き、無事受理へ至った（Shiino, 2010）。

三部作の最終章は、進化学分野へ挑戦した。私が化石の研究を始めたきっかけは、進化や絶滅を知りたいと思ったからである。化石研究の手法が受け入れられ、生物学としてみてもらい、伝統のお墨付きを得て、進化学の「いち研究領域」をなんとか示したかった。投稿先の『Journal of Evolutionary Biology』には、私がみた限り腕足動物はおろか化石の研究も掲載された過去がない。博士論文の後も継続していた最適設計論も組み込み、万全の内容で投稿したところ、「最適設計論が重すぎる」という拍子抜けした査読結果であった。この部分を取り除いて無事受理されたが（Shiino and Kuwazuru, 2010）、スピンオフさせた最適設計論の部分は再び『Journal of Theoretical Biology』へと投稿し、結果的に四部作となるうれしい誤算であった（Shiino and Kuwazuru, 2011）。

第5章

再び海外にて

北米古生物学会への参加

古生物学のジレンマとより戻し

二〇〇九年三月に博士課程を修了し、それまでに採用されていた日本学術振興会の特別研究員DC2をPD（ポスドク）に切り替えて、新年度がスタートした。学生の気楽な身分を失うのと引き換えに、これから研究内容を自ら自由に設計できる楽しみが生まれる。この時点では少し遅いかもしれないが、まずは自分の立ち位置を確かめなくてはならない。自分の目指す研究内容の重要性や、分野内での位置づけを知るには、国際学会に参加するのが手っ取り早い。論文になる前のフレッシュな研究成果を聞くこともできる。

ちょうどこの年の六月、オハイオ州のシンシナティ大学で第九回北アメリカ古生物学会が開催された（図5・1）。近年の動向を知るために、博士論文の一部、流体解析の内容を引っさげて参加することにした。

カンブリア型、古生代型、現代型生物群の三つの進化生物相を提唱したセプコスキーの研究以来（Sepkoski, 1981）、多様性の変動パターンを解析する研究がアメリカ古生物学の一端を担っていた。真偽にかかわらず、数理解析はグラフや数値データなどの格好がよい結果を出すことができる。そういった直感的で安易なアカデミズムに食いつくのは、どの国や時代でも共通する。また、データベースに基づいて、属や種など分類階級の総数をまとめるため、古生物を扱ううえで骨の折れる野外調査を必要としない。研究の敷居が低くみえるせいか、一つのムーブメントとなり、さまざまな時代の古生物を対象に産出データの精度を向上させ、複雑な数学的処理の方法が編み出され続けていた。実際、かつての生物学的古生物学の

図5・1　シンシナティ大学.

象徴ともいえる雑誌『Paleobiology』は、データベースに根ざした研究論文が排他的に掲載されていた。私の学会参加当時は、すでに手法や問題点がきわめて特殊化していて、研究内容も飽和状態にあった。

一方、かつて主流であった化石の生態復元に、もう一度取り組もうとする機運も感じられた。ただし、その内容はあまりに稚拙であり、学会で発表する内容だとはとても思えないものだった。日本の古生物学会で発表したら冷笑されるレベルだろう。

データベースに根ざした古生物学が行き詰まる理由の一つは、多様性の変動パターンが意味するところを読み取れないからである。多様性は、遺伝子や生理といった生物らしさを象徴する内的な要因と、他者や環境といった外的な要因の相互作用で生み出される。つまり、種数の変動パターン

図5・2　ポスター会場の様子.

を追う方法では、多様性を理解する証拠として不十分である。古生態の再興は、これに対するアンチテーゼなのだろう。しかし、これまでの衰退に目を瞑っていた代償は大きく、化石の生物学を再び立ち直らせるために、ゼロベースでの見直しを余儀なくされているようだ。この学会では、特殊化の進んだ数学的解析から、産声を上げたばかりの化石生物学再生への転機に出くわしたような気分を味わった。

激励と研究者の興味

英語が苦手なこともあって、発表はポスターで行った。これなら、ポスターをきっかけに話をすることができるし、対話形式で相手の理解を深めることができる（図5・2）。

最も食いつかれたところは、残念ながら研究内容ではなく、翼形種パラスピリファーのCT画像

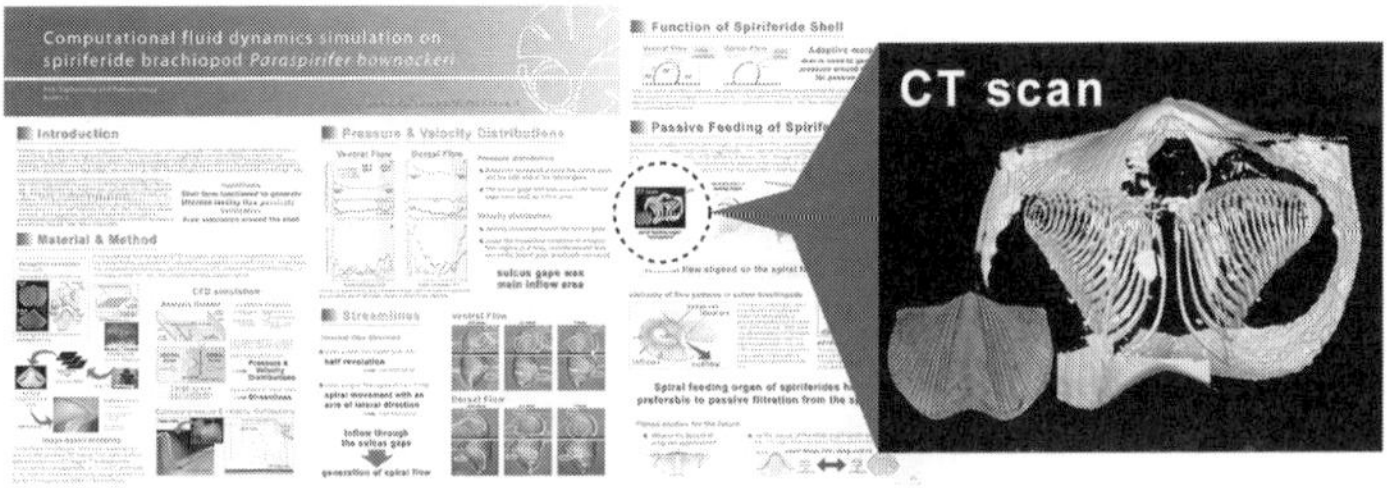

図5・3　ポスターに掲載したパラスピリファーの三次元復元画像.

から立体構築した腕骨の画像であった（図５・３）。これは、翼形種がらせん状の腕骨をもつことを示すために、たまたま議論の項目に載せていた画像である。流体解析のきっかけをつくってくれた意味では重要なデータだが、研究成果の一部といえるものではない。また、流体解析の方法についても、ソフトウェアの値段やメーカー、私が使用しているＰＣ環境など、事細かに聞きたがる人が多かった。

どうやら、多様性変動パターンの解析研究を打倒すべく、生態復元に使えるプロトコルに興味があるらしい。たしかに、まわりに掲載されているポスターを見ると、化石の環境指標としての有効性や、化石生物の個体群を使った統計学、形の測定方法など、手法論に関連する研究内容が数多く貼り出されていた。私と同様、ＣＴ画像の立体構築を試みる研究者もいた。うまくいかないとグチをこぼすので「何のために立体構築するのか？」と問いかけたところ、「それが研究だから」と思いがけない返答をいただいた。

なぜか好評だったのは、古生物でなく化学の研究者であった。彼によれば、化石は石灰質であったものが長い時間をかけて変質しているため、化学的におもしろい材料らしい。化学的に化石を見るため、化石の切断や粉末化は当たり前らしく、化石屋に敵視されているとジョークを飛ばしていた。そんな彼いわく、私の研究は流体解析で終わってないところがおもしろいのだそうだ。うれしくなって「それこそが研究でしょ」と言ったのがまずかった。その後、迫力ある英語で熱弁され、小一時間ほど拘束されてしまった。うなずき続ける私に満足してくれたようだが、ヒアリングが苦手な私は、結局彼が何を伝えたかったのかわからないまま別れることになった。

異国の学友

この学会で出会った三葉虫研究者パク氏とは、今も連絡を取り続けている。学会参加時にはすでに流体解析の論文が出版されていたので、その掲載ページだけを抜き出した別刷りを配布資料としてポスターの前に陳列させていた。論文に掲載されていた所属から日本人だと割り出し、ポスター会場のまわりを徘徊していた数少ないアジア人の私に当たりをつけて話しかけてきた。

どうやらパクは、三葉虫の機能形態学に興味があるらしい。先にも説明したとおり、機能形態学は、形態に求められる生体生理や運動などの生命活動と、それらを発揮する環境との間を取り持つデバイスとして「かたち」を理解することが目的であり、簡単に言えば形の適応を研究する学問といえる。したがって、形が主な保存情報である化石に効果的な学問であり、絶滅生物の生態を復元するうえではきわめて有効なアプローチである。しかも三葉虫は部品が多いため、うまく機能形態学を組み込むことができれば絶大な威力を発揮するだろう。実際、私の指導教官だった鈴木先生は、その点を最大限生かした研究スタイルであった。

しかし、話はそう簡単でない。たった二枚の殻しかもっていない腕足動物の機能形態学でさえ、私は四年近く苦しんで研究の設計へとたどり着いた。腕足動物と水流の関係を機能形態学の点から注目したように、形態と機能の関係を確からしい仮説のもとで検証しなくては意味がない（藤原、二〇一二）。パクにも、何の機能に注目するのか尋ねたところ、「そこが問題なんだ」と行き詰まっていた。

かつての機能形態学では、人間の視点で直感的に思いつく形の機能が重視されていた。翼形種スピリファー類の一例を挙げてみよう。翼の形に根ざした流体適応の極論として、スピリファー類の肉茎は凧揚げの糸、殻は凧揚げの凧として水中に浮かんでいた、という奇抜な生態復元がある（Blight and Blight, 1990）。また、「貝になりたい」などと比喩されるように、貝の形は防御の印象が強いらしい。腕足動物の殻も、少し厚めの殻をもったり、トゲを生やした殻をもつ種類には、単純に防御力アップの機能特性があてがわれたりもした。一歩間違えれば、私も破壊実験などで殻強度の定量化に勤しんでいたかもしれない。同じ題材であっても、仮説の立て方によって研究の方向性が的外れになるかもしれなかった。

機能形態学とは、古生物のいちばんダイナミックな姿を復元できるテーマであり、世界にも興味をもつ人が多いことはわかった。ただ、非常に取っ付きにくい領域のせいか、前提条件の推敲を放棄し、実験や解析に逃げ込もうとする研究者が増えている。私の研究も、からくりを聞いてしまえば「なんだ、そんなことか」と簡単にみえるらしい。私の感覚で言うと、機能形態学の視点は「コロンブスの卵」に近い。シンプルなプロセスを創出する型破りなアイディアが必要である。なかには、文字どおり簡単に成し遂げてしまう天才肌の持ち主も存在するが、たった一つの卵を立てるのに山を這いずりまわり、研究者への進退をかけて苦悩し、やったことのない流体力学に悪戦苦闘した劣等生もいることを忘れないでほしい。

全か無かの評価——国際腕足動物学会

専門家たちの反応

ご存知のとおり、腕足動物の知名度は低い。しかし、化石種の豊富さと現生種のおかげで、世界的には研究者人口が多い。五年に一度だけ開催される国際腕足動物会議は、そんな研究者たちにとって貴重な研究コミュニティーの場となっている。この第六回会議が二〇一〇年二月にオーストラリアのメルボルンで開催された。世界の腕足動物学者が一堂に会して、腕足動物学の最先端を語り合う熱い会議である。私が参加しない理由はない。翼形態種の機能的イノベーションと題して、スピリファー類を使った流水実験と流体解析の結果をポスターにして発表した。

大御所の教授たちによる評価はわかりやすい。たとえば好評をくれたミグエル・マンチェニド教授とすでに退官されていたディエトリッチ・シューマン先生は、会って自己紹介するなり「よくやった!」の言葉とともに抱きついてきたり、手を握られたりと、かつて経験したことのない評価（?）の表現であった（図5・4）。一方、初対面の第一声から「ハロー、君の研究は間違っている」と意見をぶつけてくる教授もいた。私にとってこれはたいへんありがたく、マイナス評価をきっかけとして議論に乗ってくれる研究者が次々と訪れてくれた。

図5・4　ミゲエル教授（左）との記念撮影.

危険なアナロジー

私の研究成果は、翼形態種の湾曲部サルカスまわりの流入箇所と触手冠の外側から濾過する解釈であり、かつて論争となった二つの対立仮説を部分的に含んでいる。どちらからもクレームがつくかと思いきや、流入箇所の解釈が同じウィリアムズ・エイジャー説の支持者からは称えられ、触手冠の濾過方法を採用したラドヴィック・ヴォーゲル説の支持者からは痛烈な批判を受けた。どうやら、腕足動物学者は流入箇所を重視しているらしい。

殻の側方から流出し、サルカスまわりから流出するラドヴィック・ヴォーゲル説の根拠は、現生種との共通性である。チョウチンガイの仲間などの現存する腕足動物は、殻の側方開口部を流入領域としている。スピリファー類も現生種と同じシステムを採用している、というアナロジーである。

この比較は一見すると正しくみえ、もっともらしい説明に感じてしまう。しかし、水が殻の内側に入り込んだ時点

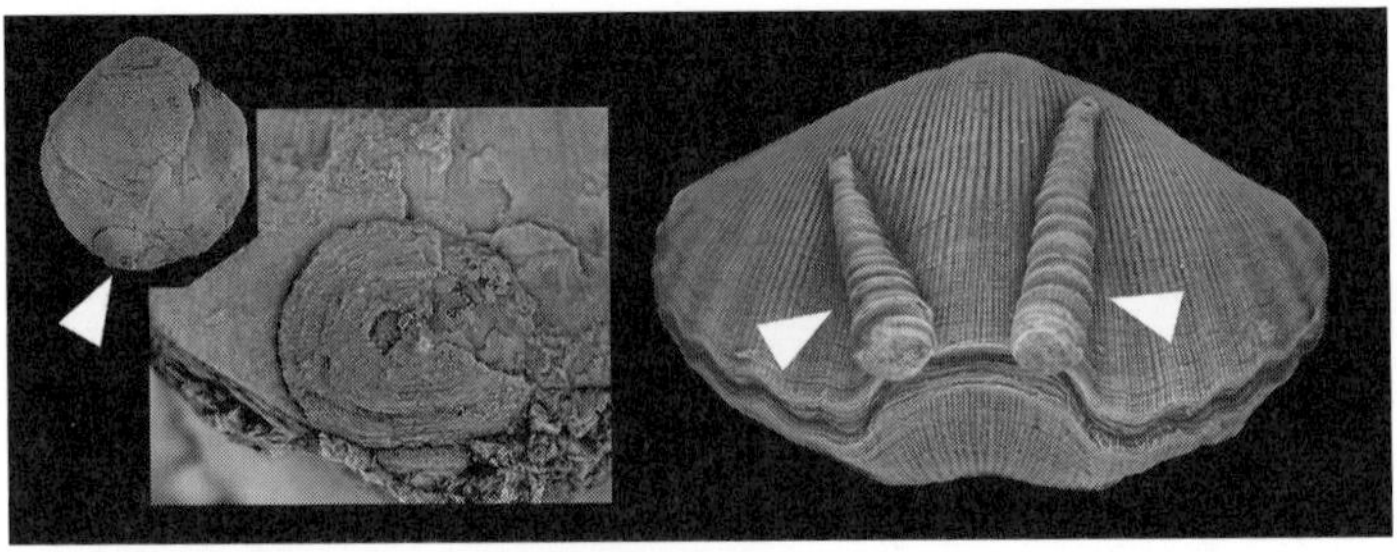

図5・5　表在生物の化石．スピリファー類に付着したクラゲの仲間コニュラリア（右）と，チョウチンガイの仲間に付着した頭殻類カサシャミセンの仲間（左）．

では、まだ彼らの食事は終わっていないことに注意しなくてはならない。私たちの生活に置き換えて言えば、まだテーブルの上に食事が並べられた状態だ。箸やフォーク、あるいは手でつかんだ時点で初めて、誰の妨げも受けない飲食の権利を確実なものとする。腕足動物も、流入した海水からエサとなる有機物を捕まえて初めて摂食が可能となるのだ。

そう考えると、触手冠を使った濾過方法の解釈が相反するウィリアムズ・エイジャー説の支持者がなぜ反論をしてこないのかが不思議であった。食事がテーブルまで運ばれる流通経路はさまざまである。しかし、食事の方法が間違っていると否定しているにもかかわらず、そこは誰も批判してこなかった。

化石腕足動物の研究者が信じてやまないもう一つの根拠は、殻に付着する表在生物の存在である。岩礁地などの硬いところに固着する生物にとって、腕足動物の殻は一つの着底領域として有用である。実際、腕足動物の化石を採集していると、殻の表面に固着性の表在生物がくっついた標本を数多く入手することができる（図5・5）。それらのうち、コケムシと呼ばれる動物には、他の生物の排泄物をエサとして優位に摂食する現生種がいるらしい。海岸沿いに建てられた下水処理場の排水口などによく付着するようで、施設の管理者に忌み嫌われる存在でもあるそうだ。この表在性コケムシが、スピリファー類の湾曲部サルカスまわりに付着していることが多い。つまり、サルカスまわりが排泄口だった、というラドヴィック・ヴォーゲル説のシナリオである。

さて、ヒトなどの活動的な生物の排泄物と、きわめて非活発な腕足動物の排泄物を対等に比較してよいのだろうか。栄養の豊富なヒトの排泄物は、活発に動きまわるハエなどの節足動物を養うことができる。かたやチョウチンガイの仲間は肛門がなく、口から食べたエサを消化した後に口から排泄する。つまり、そこまで食事量が多くない。実際、私が飼育していたホウズキチョウチンは、水槽に現場の海水を入れただけで二年間エサを与えずに生き延びた（椎野・北沢、二〇一〇）。わざわざ代謝が低い動物の排泄物を狙うのは、生物学的に不合理ではないかと思えてしまう。

この手の論理性に欠けるアナロジーは、分類群にかかわらず化石の生物学を扱った教科書でよく散見される。もし、その情報に基づいて研究を展開し、データを出し続けると、矛盾が蓄積していくことは想像できるだろう。二〇世紀後半に機能形態学の幕開けを迎えて以来、甘い前提条件のもとに積み重なった成果は少なからず存在し、砂上の楼閣となっている絶滅生物の生態復元も多い。

コラム　ちょっとうれしかったこと

オーストラリアから帰国して以降も、私の研究成果に反論のメールを送ってくれる研究者がいた。その研究者は、現生種を題材とした生体生理学の研究を推進している第一人者であり、先に述べた表在生物の根拠を大事にしていた。メールによれば、流体解析や流水実験の論文から穴を探して反論するために、地元の物理学者を招集したらしい。そして私の論文を見せたところ「このトピックはこれ以上研究することがないよ」と言われたらしく、反論はあきらめたそうだ。もともと、この方の研究内容はとても好きで、議論を組み上げるときには何度も参考にさせていただいた。そんな研究者に納得してもらったことに加え、人物としても潔い対応をしていただいたことに感激せずにはいられなかった。ちなみに、このやり取りがきっかけで、表在生物の付着を流体力学的に説明する新しいアイディアも思い立った（図5・6）。

学派（スクール）との戦い

研究成果を公表することに加え、もう一つ大きな目的があった。じつは、この時点でもまだ修士時代に行っていた凹凸形態種の論文が出版に至らず、投稿した論文の査読結果が立て続けに「不受理」で返ってきていた。その驚くべき理由は「師事していた教授と意見が違うから」である。査読者のコメントに、本当にそう書いてあるのだ。雑誌を変えて投稿するのも悔しいし、学術的にフェアーな研究者、あわよくば

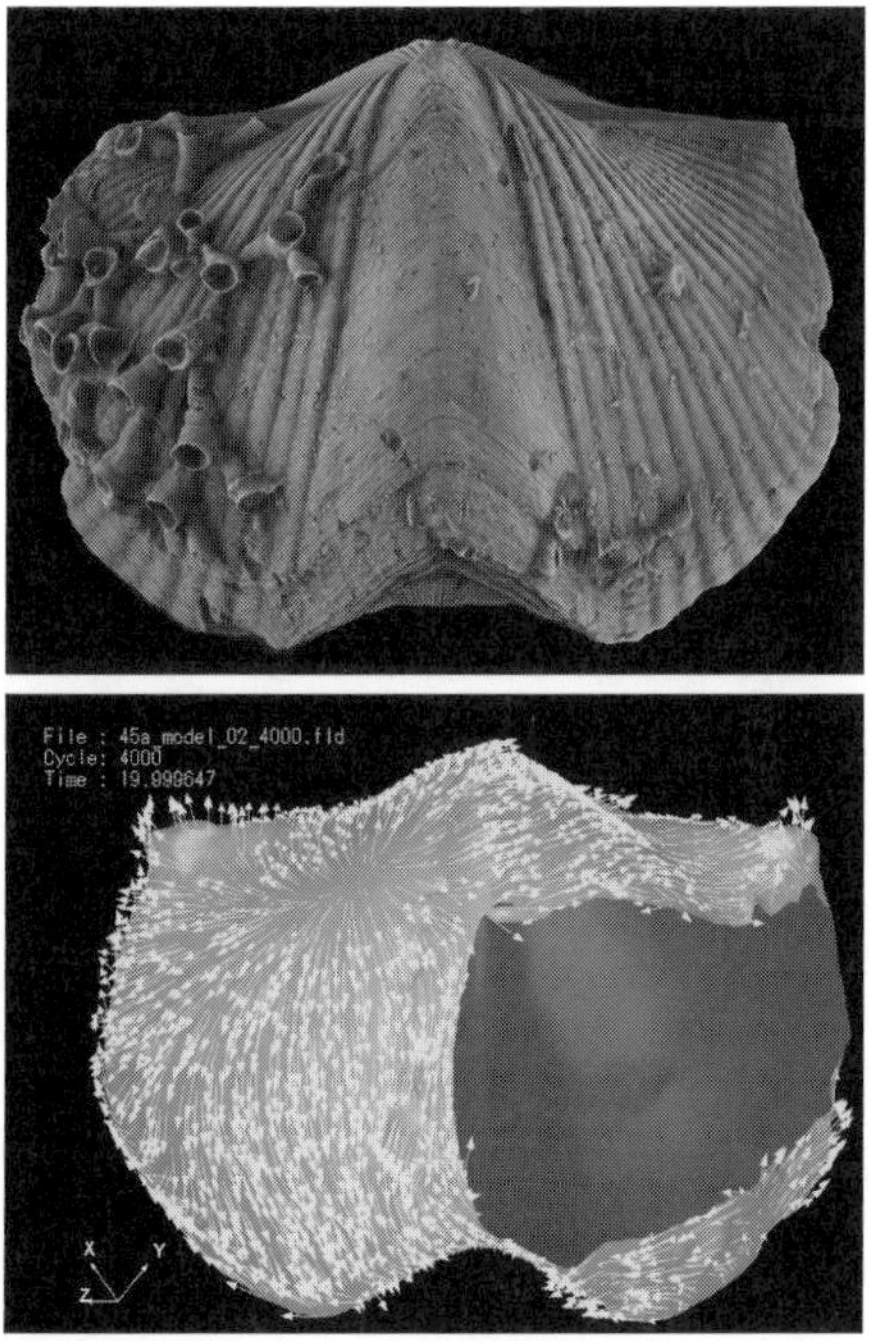

図5·6　表在生物の流体力学を鋭意検討中.

賛同者を探す学会でもあった。

じつは学会参加直前の二〇一〇年一月、イタリアの化石腕足動物学者ルキア・アンジョリーニ教授から、凹凸形態種ワーゲノコンカの流水実験結果について問い合わせがきていた。ルキア先生の発表の中で私の結果を紹介したい、という旨のメールであった。どうやらルキア先生は、私の論文を何度か査読して受理するよう推薦してくれたのだが、いまだに出版されていないことを不思議に思っていたらしい。

もしルキア先生からメールをいただいていなかったら、私は会期中に萎縮し、会場の隅に無表情でたたずむ不気味なアジア人で終わっていただろう。しかし、会場に最低一人は味方がいる事実だけで心強くなれる。勇気づけられた私は、強気で大御所や欧米学派に攻め入る決心をした。

単独戦術における組織攻略の基本は、末端でなく中枢を攻めることである。成長の早い樹木の枝をいくら切り落としてもキリがなく、中心の幹を一気に叩き切ればすべての枝葉に影響を与えられる。友好的でない査読者が「師事していた教授」の研究成果を記述してくれたおかげで、幹を特定するのは簡単だった。身構えていた私の気持ちとは裏腹に、幹となっていた教授は、意外にも気さくでサッパリした人だった。教授は自身ができる範囲で論拠を示しただけで、違う方法で示した私の結論が異なっていてもよいと受け入れてくれた。後日、凹凸形態種を題材にした流水実験の内容はあっさり受理され、修士論文の内容がすべて出版された。今までの苦労は何だったのだろうか。

論文出版へ至る道を総括すると、私の研究は幹に受け入れられ、枝葉に拒絶されたかっこうである。おそらく大御所の教授たちは、さらに昔の大先生と論争した経験があるのだろう。ときには当時のスタンダードを壊して書き換える、切り拓く者たちであったに違いない。しかし彼らの弟子たちは、どちらかというと追従者が多いのではないだろうか。私が上八瀬地域の研究でも苦労したような、教授の意見を踏襲する教科書信者が少なからず存在するのだろう。そういった意味では、私と摩擦する研究者は大御所ではなく中堅組であり、末永く批判され続ける多難な将来がみえてきた。

マクロスケール生物学の欠如

一九世紀の高著『地質学原理』のなかで、チャールズ・ライエルは、現在起きている出来事は過去にも起こっていただろう、という斉一説を地球科学のなかに持ち込んだ。これは、地学を検証可能な学問へと至らせた革新的な考え方であった。斉一説に対して、ジョルジュ・キュビエらが提唱し続けた天変地異説は対立仮説として有名である。一見、キュビエを含む学者たちのもっていたかつての科学観を、ライエルがより現実的なものにしたという科学史的構図が目立つエピソードである。しかしキュビエには、天変地異を言わしめる根拠があったことに注意しなくてはいけない（詳しくはカール・ジンマー著の『進化大全』を参照）。

化石を題材とした研究によって、キュビエは生物の種類が刷新されることに気づいた。現在のゾウとそっくりな化石を見つけたが、明らかに異なるゾウ（マンモス）であった。かつての生物が天変地異のようなイベントによって新しい生物へ置き換わることを見いだし、化石を学問へと昇華させた古生物学の父ともいえる。現在よく知られた言葉で言えば、絶滅イベントを見いだしたのである。

現在の地球観では、これら二つの考えが融合したような現在主義（アクチュアリズム）が普及しているが、当時は相容れない二極化した考えだった。これと同じ状況を、腕足動物の研究者たち、ひいては古生物学の分野全体で繰り返しているように思える。少なくとも腕足動物では、現生種の例を単純に当てはめた化石の生態復元が横行していた。種や形が異なり、生きていた時代でさえかけ離れた生物同士であるのに、適応の実現可能性を等価に扱えるはずがない。私の研究対象の感覚で言えば、一〇〇万年前くらいの「ついさっき」にいたヒトは、今とずいぶん適応の仕方が異なっているのだが（海部、二〇〇五）。

第五次スウェーデン調査

重い腰が上がるとき

時がたつのは早いものである。最初、人足として連れていかれたスウェーデン調査は、気分転換のような海外化石採集旅行であった。三回目あたりから研究テーマを設定して化石を採集するようになり、気づけば二〇一一年には五回目の調査となっていた。

テーマを見つけるのに、そこまで時間が必要なのか、と思われるだろう。そんなスローペースが許されるなんて研究する人間はお気楽だな、と言いたくなるかもしれない。まったくもって、ごもっともである。ただ、ここで少しだけ言い訳をさせていただきたい。そこには、後になって判明した問題がしっかり隠されていたのだ。

たとえば、「ヒトは何に適応的ですか？」と問われたときに一言で答えるのは難しい。思考能力を挙げる人もいれば、二足歩行が得意だと言う人もいる。あるいは、手先の器用さや高度に発達した社会性も考えられるだろう。一方で「鳥は何に適応的ですか？」と聞いてみると、多くの人が飛翔能力を思い浮かべるはずだ。もちろん例外も多いが、鳥のように形が何かに特殊化していてくれると、適応につながる機能を想定しやすい。私が扱ってきたペルム紀の凹凸形態種やデボン紀の翼形態種は、まさに形の特殊化が進んだ腕足動物たちであった。

この視点からオルドビス紀の腕足動物をみると、どうも様子がおかしい。腕足動物の形態型が出揃って

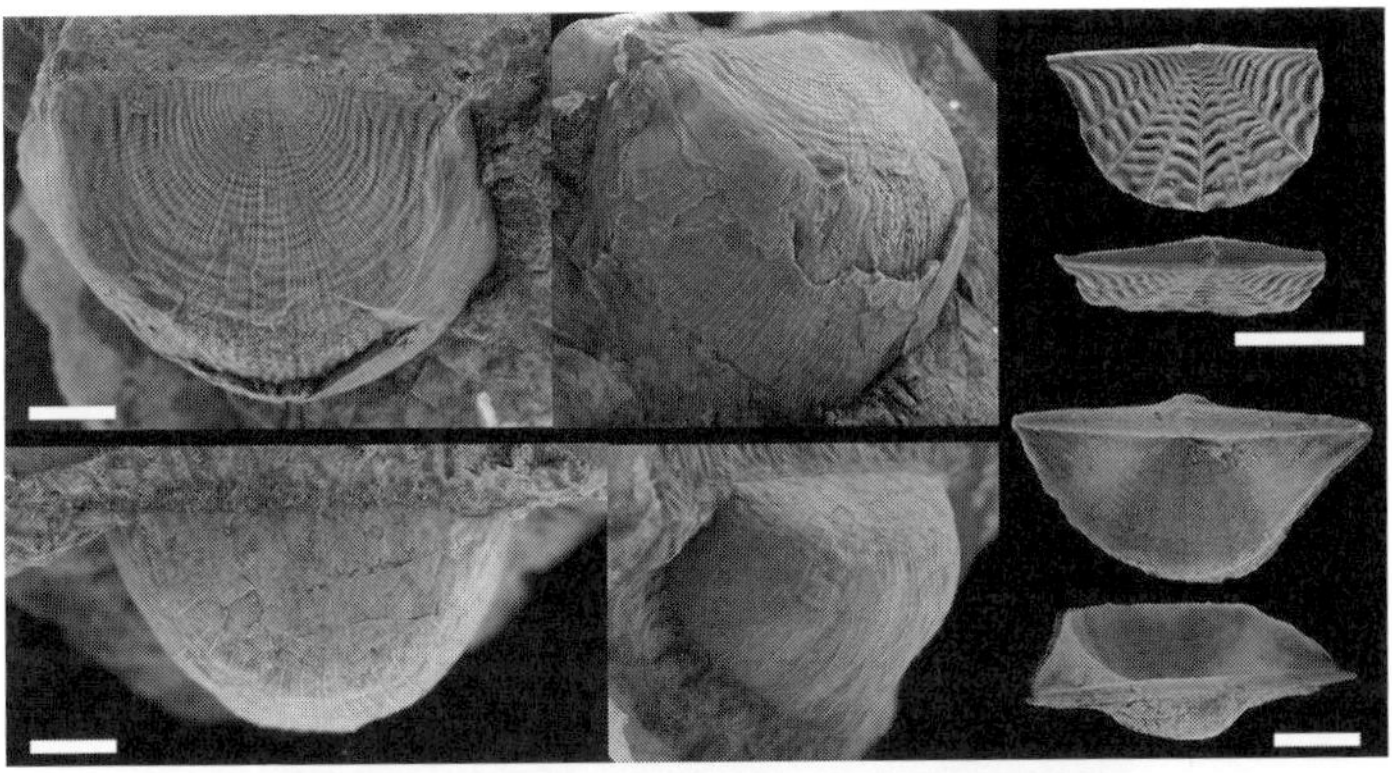

図5·7　凹凸形態種の祖先ストロフォメナ類の化石．途中で殻を折り曲げるレプターナ（左上）と，ルハイア（左下）．2枚の殻がほぼ平坦なプチコグリプタス（右上）と，緩やかな凹凸形になっているエオプレクトドンタ（右下）．スケールは5mm．

いるのは間違いないが、いまひとつ形の特殊化がみられないのだ。凹凸形態種の祖先であるストロフォメナ類は、なんとか凹凸形になったような種類や、平面に近い殻を途中で折り曲げて無理やり凹凸になったような種類が多い（図5・7）。ゴットランドで採集したシルル紀の翼形態種も、かろうじて扇形の特徴は見て取れるが、両端が丸みを帯びていて、機能を担う正中線上の湾曲部サルカスも未発達である（図5・8）。下手したら、翼形態種ではない丸みを帯びた他の腕足動物と見紛うかもしれない。

形態の適応が曖昧な場合、機能形態学を展開することが難しくなる。先述したヒトの場合のように、さまざまな適応の仕方を検証すれば、もっともらしい結果は出せると思う。しかしそれでは、暗闇から伸びる多数の糸を、よくわからず切り落としているだけにすぎない。一見、無関係な糸口は、どこかで一つにつながっているはずだ。形の適応とその道筋を少しずつたどってゆく地道な作業が必要なのである。当時は、なぜ研究の食指が動かないのかうまく説

図5・8　翼形態種の祖先エオスピリファーの化石.

明できなかった。その理由にようやくたどり着けたのは、凹凸形態種や翼形態種への理解を深めたおかげだ。

時代と題材のアドバンテージ

単純なアナロジーの危険性を説いたように、これまでのテーマをそっくりそのまま当てはめてもうまくいくはずがないだろう。そうかといって、まったく別の機能を考えるのもいまひとつおもしろくないし、できるだけ関連づけて考えたい。今も昔も、エサを濾過する触手冠が殻の中身を占有しているので、濾過機能体としての腕足動物像は変わっていないはずだ。腕足動物にとってのオルドビス紀を、形の特殊化へと至る黎明期だと考えれば、殻の形が機能を備えるまでの初期進化をテーマとした研究ができそうだ。

図5・9　オスマンズベリー採石場．層理が“比較的”わかりやすく，黒線で示した方向に傾斜していることがわかる．右下の囲いはスケールのハンマー．

第3章で記したポケットは、オルドビス紀の中期から後期にかけて形成された礁の一部であり、当時の生物がごちゃまぜに混入している。先述したとおり、礁の中は層理が不明瞭で、きっちりと時代を追いながら生物相をまとめることが難しい。この礁から少し離れた場所に溜まったと考えられる堆積物が、オスマンズベリー採石場に露出している。

オスマンズベリーの地層は、礁の斜面から海底面へと至る堆積環境を残している。上八瀬地域の中部でみられた石灰岩のように、礁から崩れたサンゴや堆積物が、層理を成して堆積した地層となっている（図5・9）。そのため、時代に沿った化石生物相の変遷をとらえることができそうだ。地層を追っていくと、オルドビス紀からシルル紀へと移り変わるところがある。オルドビス紀とシルル紀の境界は、地球生命史上でも五本の指に入る大絶滅が起こったことで知られている。つまり、オスマンズベリー採石場の難解なボーダ石灰岩は、この絶滅事変の全容解明に一役買えそうな潜在性も秘めている。

第五次スウェーデン調査からは、計画的に化石を採集することにした。具体的には、種の構成や標本数について時代変化をとらえるために、化石を単層ごとに採集するやり方だ。鈴木研メンバーと三葉虫―腕足動物協定を結び、五名体制で採掘にあたった。幸いなことに、オスマンズベリーの地層では腕足動物ばかりが掃いて捨てるほど産出する。協定を結んだとはいえ、腕足動物のためだけに標本を採集するような状況であり、協力してくれたメンバーにはたいへん感謝している。

オスマンズベリー採石場で露出している地層の時代は、オルドビス紀の最後期、ヒルナンティア期と呼ばれている。どうやらこのヒルナンティア期を通して、生物相が幾度か入れ替わっているようだ。それだけではなく、同じ種と思われる化石の形が、少しずつ変化しているようにもみえる（図5・10）。環境や時代の変化に応じた種の違いだけでなく、もしかしたら、機能形態的な特殊化へと至る原点を押さえることができるかもしれない。いずれにせよ、あせってはいけない。少しずつ紐解いてゆく根気が必要なのだ。

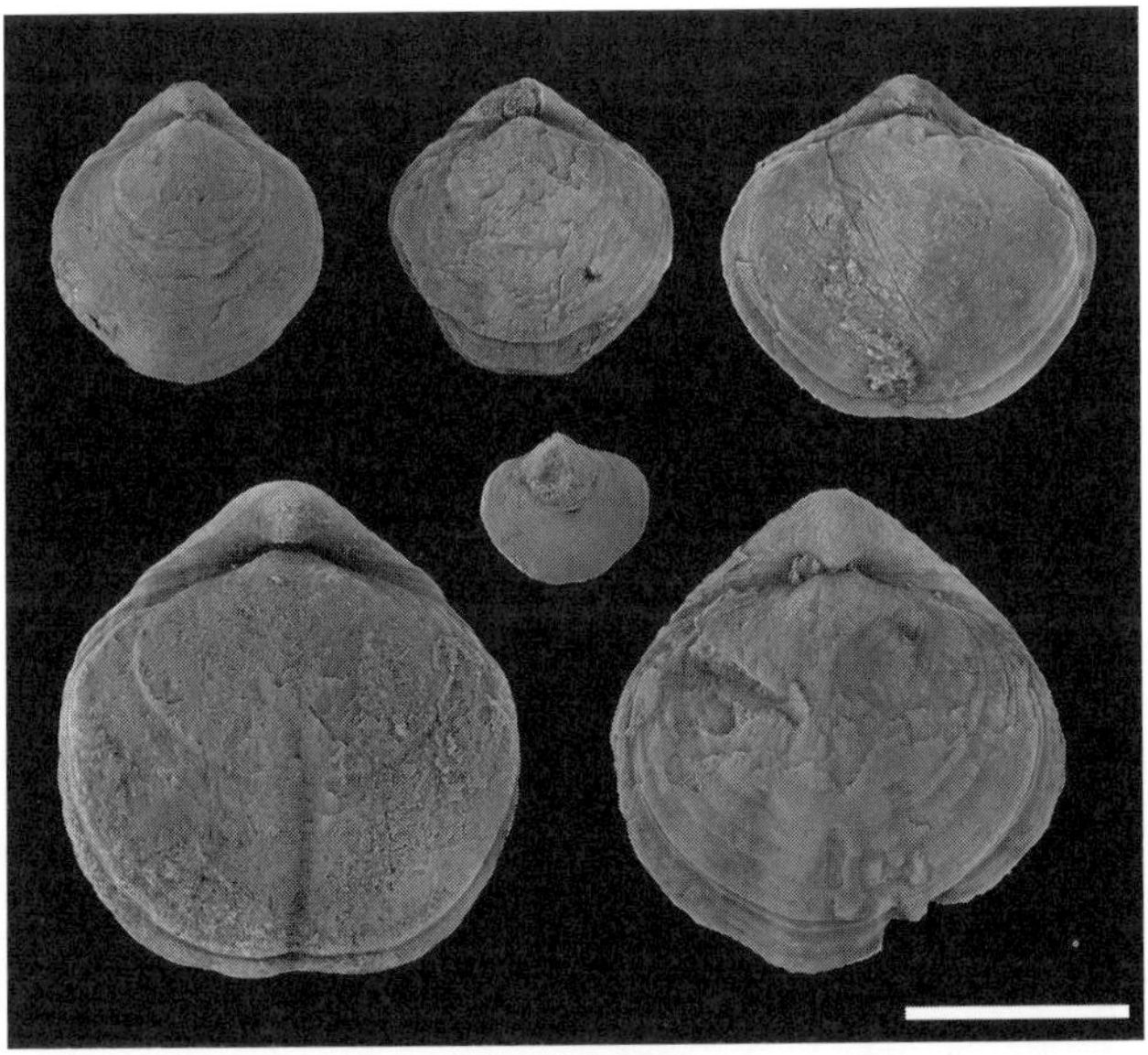

図5·10　時代とともに形が変わる腕足動物ヒンデラ．スピリファー類ではないが，殻の内側にらせん状の濾過器官をもつ．じつは内形もグロテスクだ．スケールは1 cm.

コラム　恐怖の食虫植物

フィールド体験記となると、危険な生物との遭遇はお決まりのテーマだろう。残念ながら、私は今のところ幸運のようで、命に関わるようなバイオハザードとは無縁であった。ただし、いっそ一思いにして、という経験はある。

物心がついたころから、私は鼻炎アレルギーもちであった。要は花粉症である。昔からそうだったのかは不明だが、現在の私は、スギやヒノキだけでなく、そこらに生えている草花や家のホコリといった、世のすべての微粒子に反応する高性能な鼻腔粘膜をそなえている。調子がよければ、普段と違う臭いだけでもアレルギー反応が出るほどだ。もちろんスウェーデンでも常に花粉症気味であり、マス

図5·11　採石場に繁茂する食虫植物．地面に密着した星形の葉の表面に粘液が分泌している．

クや薬をうまく使って症状を抑えている。しかし、ある一つの採石場では、私の講じた防御策を無視する絶対的アレルゲンがある。そこに踏み入れた瞬間、顔が紅潮し始めるらしく、後にくる尋常じゃないくしゃみと涙目は、見ている者が哀れむほど凄惨な姿らしい。シリヤン地域の採石場事情に詳しい方によれば、その採石場には特有の食虫植物が生育しているらしい（図5・11）。見た目はかわいらしい星型の葉をもち、葉の表面に昆虫などを捕らえる粘液を分泌させている。あくまで消去法での推理であって、本当にこの植物が犯人かは定かでない。しかし、もしクロであれば、私は食虫植物のアレルギーをもつ珍しい人間といえる。

奇妙な腕足動物オオノレプターナの発見

凹凸形態種の祖先ストロフォメナ類のなかでも、屈曲した殻をもつレプターナ（*Leptaena* 属）は最もプロダクタス類に近縁な仲間だとされている。つまり、凹凸形態種の初期進化を解き明かす鍵は、レプターナの謎を解

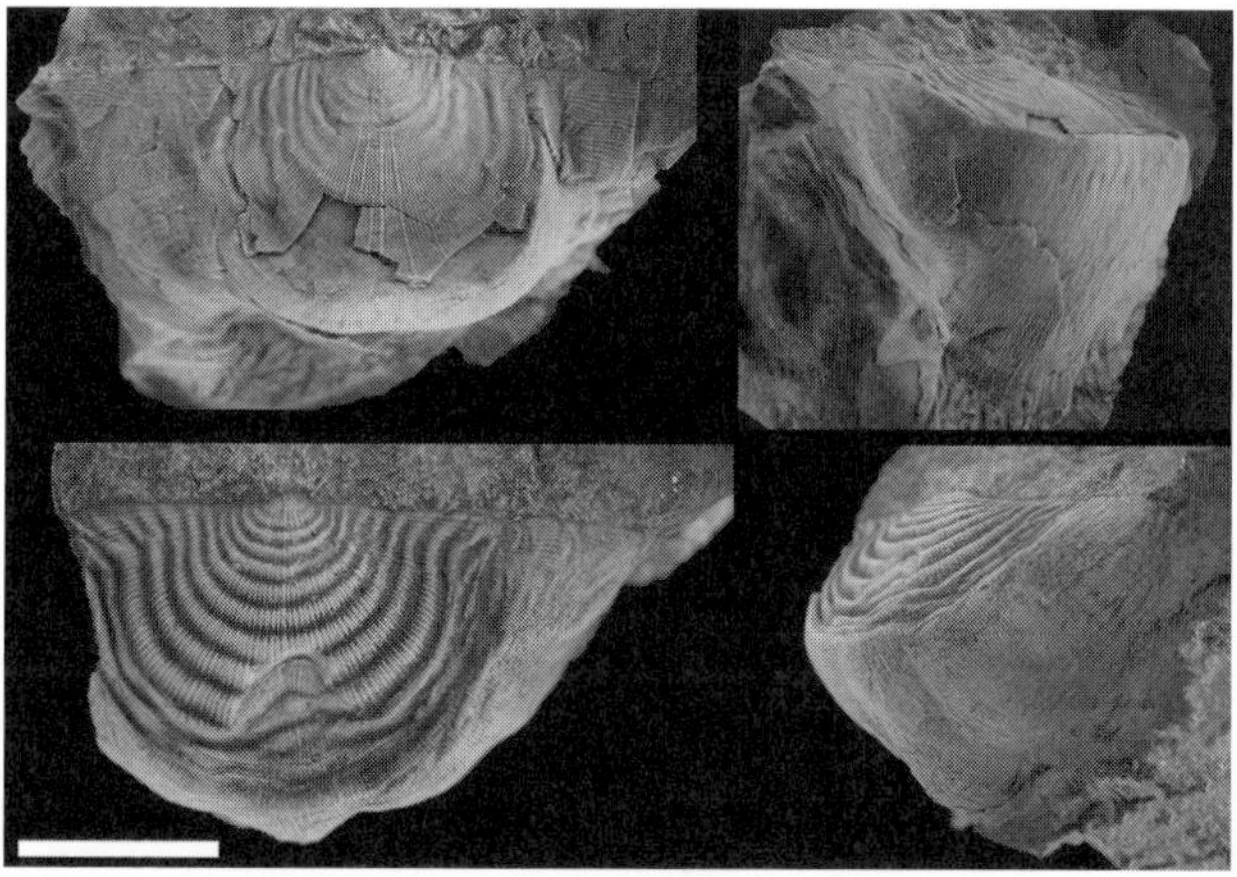

図5·12　ストロフォメナ類レプターナの化石（上：*Leptaena depressa*，下：*Leptaena rugosa*）．スケールは1 cm．

くことにほかならない。かつて四度行った調査でも多くのレプターナを採集していて、屈曲した殻の縁辺部の形が、個体ごとに少しずつ違うことには気づいていた（図5・12）。

凹凸形態種プロダクタス類の殻縁辺部は、耳と前縁部が受動的濾過水流を形成する役割を担っていた。そこから類推すれば、レプターナの縁辺部が変化しやすい現象は、流れの状況など各個体を取り巻く環境に合わせて、それぞれ少しずつ違った形づくりをしていたのかもしれない。ただ、化石記録からミクロな環境の違いを復元することは難しく、この仮説を検証するのは不可能に近い。それでも、形を変える実現可能性だけは示すことができる。環境の劇的な変化に応じた明らかな形の適応さえ示すことができれば、確からしい仮説として問題提起に値するだろう。

そんな都合のよい話など……あったのだ。

第五次調査のメンバーには、鈴木研究室で三葉虫の目

図5·13　オスマンズベリーでの採集チーム．左側で採集しているのが大野氏．

を扱っている大野悟志君がいる（図5・13）。彼が最初に「ちょっと変な腕足動物がきれいに出ました」と持ち寄ってくれた標本は、ちょっとどころではない、予想のはるか斜め上を行く奇妙な殻形態だった。表面装飾の違いからレプターナ属ではないと思われるが、屈曲があるレプターナ様の殻をもっている。そして、屈曲した殻の縁辺部が先端で再び折れ曲がり、二重屈曲となっている（図5・14）。これは知られていない「属」かもしれない。ここでは便宜上、オオノレプターナとしておく。

オオノレプターナの意義は未記載であることではない。一目で異質だとわかる二重屈曲である。凹凸形態種ワーゲノコンカでもみられた屈曲部は、凹凸形の殻が煙突様の効果によって、受動的濾過水流を形成することに役立つ。しかしその代償は大きい。壁のように反り立つ前縁部は大きな抵抗を生みやすく、流れによってすぐにひっくり返ってしまうのだ。凹凸形態種プロダクタス類の場合は、殻の表面に多数のトゲを生やし、底面に自分をくくりつけている。しかし、レプターナなどストロフォメナ類は、トゲのない滑らかな殻をもち、自分を定住させることが難しそうである。かつて私がレプターナに似せた模型を使って流水実験をしたときも、流れに逆らうことができず、すぐに反転してしまった（図5・15）。もし反転して縁辺部が堆積物に突き刺さると、殻を開け

図5·14　オオノレプターナの化石．殻の縁辺部に二重屈曲をもつ．スケールは1cm.

図5·15　レプターナの流水実験結果．固定しないとすぐにひっくり返る（下）.

ても水を循環させることができず、直ちに死亡するだろう。これは不都合である。

そんなジレンマを抱えたレプターナの仲間であるが、オオノレプターナには屈曲を二重にする能力がある。化石の産状は、通常の凹凸形態種とは逆で、凸面を上にしている。つまり、生息姿勢とは逆向きの状態だ。おそらく、流れなど何かの拍子でひっくり返ってしまったのだろう。普通ならこの時点で死亡確定だが、持ち前の形を変える成長能力を使って縁辺部を反り返し、流水経路を確保したのだ。環境に合わせて形を変える仮説が、現実味を帯びてきた。

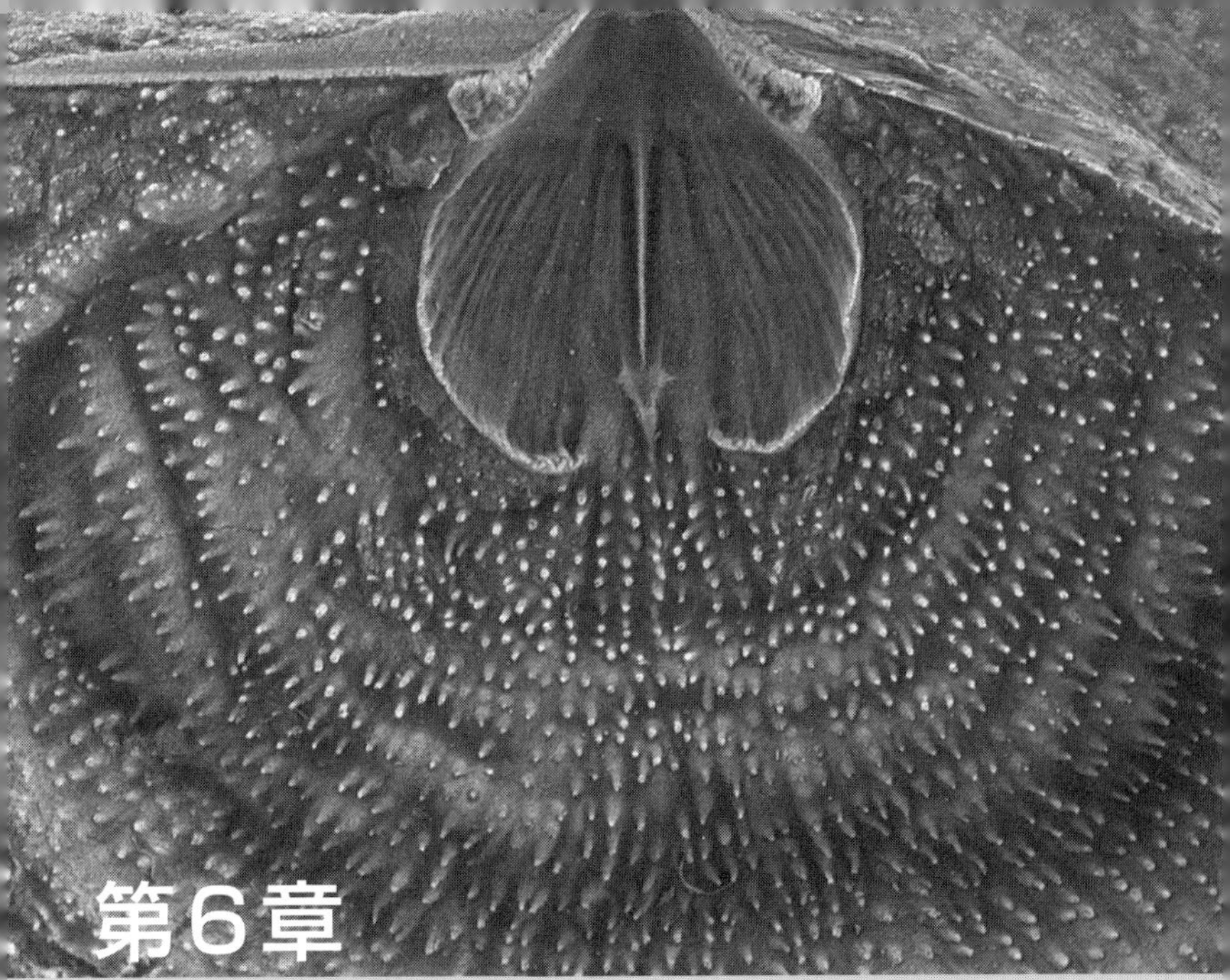

第6章

凹凸形の殻、進化

図6・1　三葉虫エンドプスの化石（所蔵・鈴木雄太郎氏）.

形態×機能

プチコローフの発見

岩場が多く深い山は、高倉山と名づけられる例が多く、日本各地には少なくとも四八の高倉山がある。なかでも、福島県いわき市四倉町にある高倉山は、日本の古生物学では有名だ。この高倉山には、私が研究していた上八瀬地域と同じ、ペルム紀の地層が分布している。

高倉山は三葉虫が産出することでも有名である（図6・1）。産出報告はあるものの、生息場や三葉虫自身の生き様を探る研究はされていなかった。私が取り組む前の上八瀬地域とまったく同じ状況である。この問題を解決するために、鈴木研究室の学生一人が、卒業論文の研究対象として高倉山近傍を調査していた。かつて東北地方のペルム紀を必死で調べていた私に研究協力の要請があり、一度だけ私も調査に同行した。

まず現場で気づいたことは、堆積岩の質が上八瀬地域とそっくりなことである。化石の石灰質は溶け、凹凸形態種ワーゲノコンカのように、軟体部の痕跡を残した腕足動物化石がいくつか採集できた。ただし、上八瀬地域よりも少し深い堆積環境であるせいか、産出する化石はかなり少ない。学生の話によれば、三葉虫がまったく採集できず辛い調査だそうだ。なんというか、強烈な既視感である。さすがにまったく化石の情報ゼロでは古生物の研究をすることは難しいため、この地に詳しい化石研究家の鈴木千里さんに応援要請と連携を依頼した。

鈴木千里さんの所有する化石標本は、採集した露頭ごとにきっちりと箱分けされていた。これだけ標本が整理されていると、研究のために見直すことが容易であり、まさに博物館機能そのものをそなえた収蔵庫といえる。箱に記載されたラベルをたどりながら高倉山の標本を確認していると、内形がきれいな一つの腕足動物化石に目がとまった。

手に取った化石は、内面形状が明瞭に残っている凹凸形態種アニダンサス（学名：*Anidanthus ussuricus*）の標本だった（図6・2）。修士課程のときに筋肉痕を観察したワーゲノコンカを思わせる保存状態である。鈴木千里さんからこの標本をお借りし、シリコン型を取って、写真を撮ることにした。標本の観察からすぐには気づかなかったが、写真にしてみると内面形状に違和感がある。凹凸形態種の背殻に残された触手冠の付着痕跡、腕隆起が見慣れない形になっている。

腕足動物の触手冠は、成長によって三つの触手冠タイプへと変化する（図6・3）。子どものころはシ

図6・2　凹凸形態種アニダンサスの外形（右）と内形（左）の化石標本．スケールは1 cm.

ゾローフと呼ばれる単純なフック形だが、徐々に複雑な形へと発達する。このうちホウズキチョウチンの触手冠はプレクトローフ型であり、らせん状触手冠のスピリファー類はスパイロローフ型と呼ばれている。

凹凸形態種プロダクタス類は、背殻内側にリッジ状の腕隆起と呼ばれる構造をつくり、二次元的な触手冠をもっている。これは、凹凸形のせいで殻内側のスペースが著しく少ないため、現生種のように立体的な触手冠をもつことができないという構造上の制約に関係している。先行研究によれば、一般的な凹凸形態種は、幼形的なシゾローフ型の触手冠しかもたないとされてきた（Brunton *et al.*, 2000）。実際、私が修士課程で扱ったワーゲノコンカもシゾローフ型の触手冠であった（図6・3）。しかし、高倉山から発見したアニダンサスの化石は、どうみてもシゾローフ型では終わらない。シゾローフ型の腕隆起は、先端から再び前方へと延長し、正中線上の中央付近で、左右の腕隆起が連結している（図6・4）。これは、どう考えても典型的なプチコローフ型である（Shiino *et al.*, 2011b）。

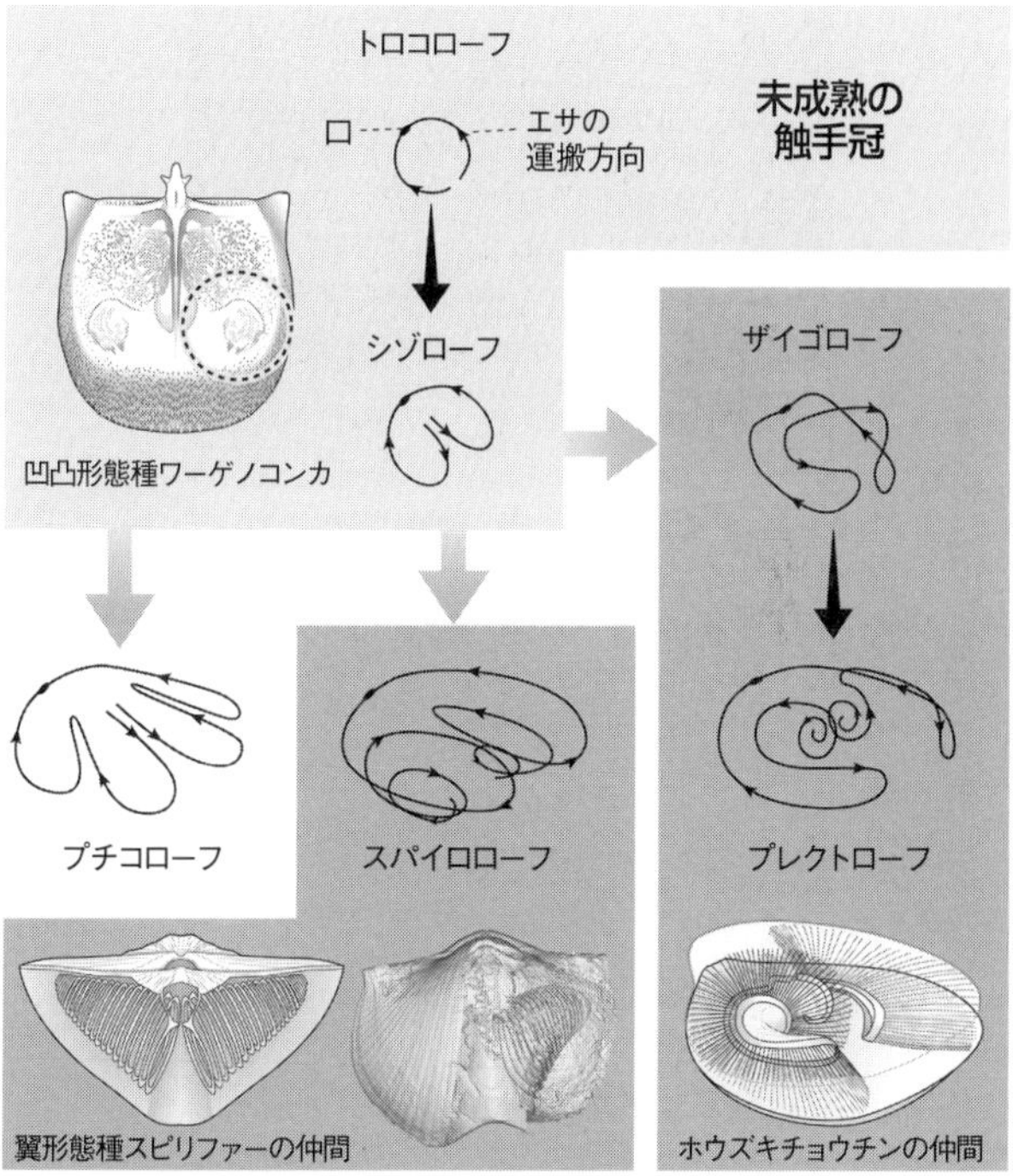

図6・3　触手冠の成長系列.

殻の形態機能に基づく設計原理

ピンとこないかもしれないが、プチコローフの発見は大事件である。腕足動物のなかで最も多くの属を従えているグループは、凹凸形態種プロダクタス類である（Carlson and Leighton, 2001）。にもかかわらず、凹凸形態種にプチコローフ型の触手冠が一切報告されたことがなかったのだ。修士課程のときに鈴木先生から指摘された「筋肉痕ではない」騒動を、今度は自分の目で気づき、つかみ取ることができた。

海水中の小さな有機物をエサとして濾過する方法は懸濁物食と呼ばれ、各分類群を特徴づける濾過器官の形や構造によって、摂食戦略が大きく

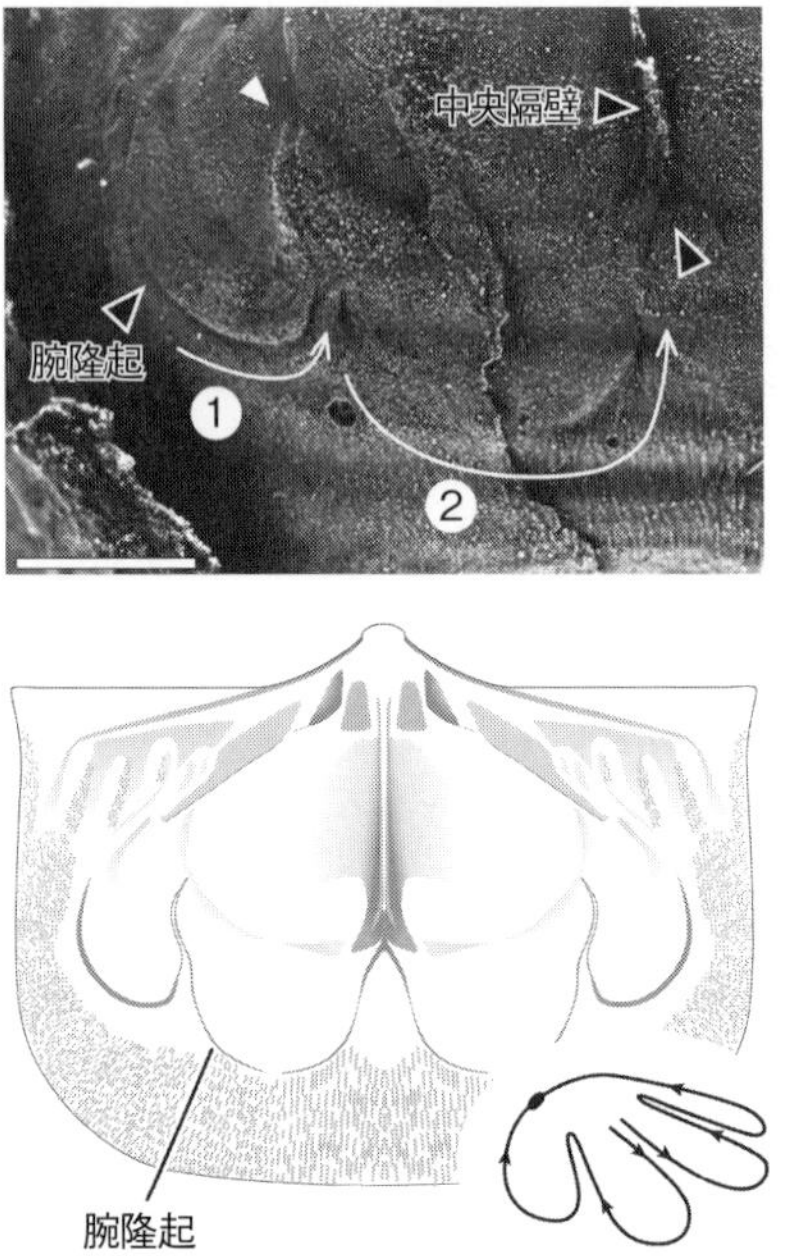

図6・4　プチコローフを残したアニダンサスの内面形状．シゾローフの腕隆起（1）が白矢印で折れ曲がり，中央隔壁へ腕隆起（2）が延長している．これは，明らかにプチコローフ型である．スケールは5 mm.

異なっている。私が研究してきた凹凸形態種や翼形態種についても、殻の機能が生み出す流れが、濾過器官の形と調和的になっていた。この相補機能によって、どちらの形態種もエサの濾過効率を高めている可能性を指摘してきた。凹凸形態種の場合は、受動的濾過水流を生み出す煙突様効果に加え、殻の中で発生する渦流から一巻き渦のシゾローフでエサを濾過していたはずだ。しかし、プチコローフの存在は、受動的な摂食システムが凹凸形態種全般に当てはまる相補機能ではないことを意味する。

凹凸形態種の触手冠情報を差し替えると、形の進化とその意義に

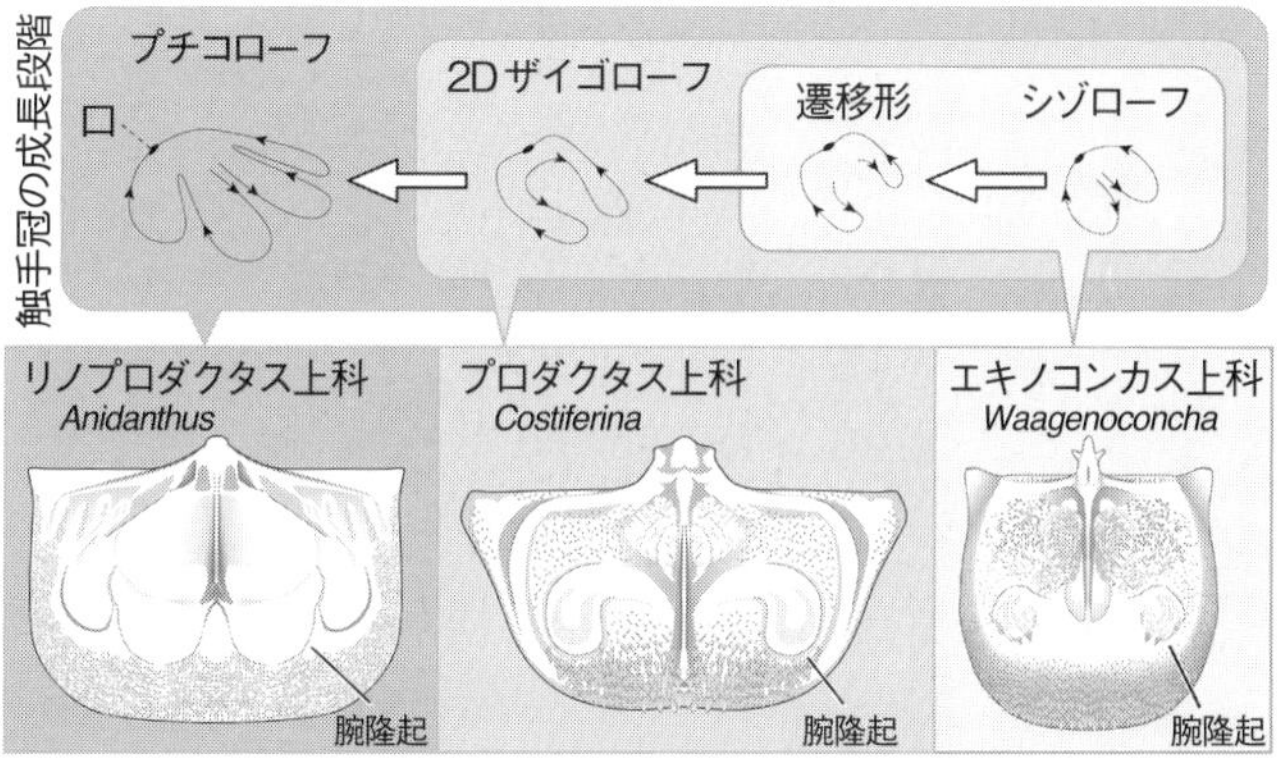

図6・5　凹凸形態種で見られた触手冠形態の成長段階と，3つのグループにみられる腕隆起の形.

ついても再考を迫られるだろう。試しに、かつて報告された凹凸形態種の文献をもとに、触手冠の痕跡である腕隆起の形を見直してみた。すると、興味深い傾向がみえてきた。

まず、凹凸形態種プロダクタス類の腕隆起は、シゾローフだけしかもたないとされてきたワーゲノコンカなどのプロダクタス亜目と、多重プチコローフと呼ばれる幾重にも折り重なった腕隆起をもつレプトダスなどのグループに大別される。さらに、プロダクタス亜目は三つの上科に区分されていて、すべての種がプチコローフの成長段階のいずれかをそなえていた。アニダンサスを含むリノプロダクタス上科の腕足動物は、プチコローフまでの全四段階にわたる腕隆起を見ることができた。その一方で、ワーゲノコンカが属するエキノコンカス上科では、幼形的な二段階の腕隆起しか残されていない（図6・5）。

触手冠の痕跡、腕隆起を見直した三つの上科は、「リノプロダクタス→プロダクタス→エキノコンカス上科」の順番に系統進化した説が最有力になっている（Leighton and Maples, 2002)。つまりプロダクタス類は、触手冠の発達具合が抑制されるように進化してきたことを示している。凹凸形態種ワーゲノコンカの研究成果を考えると、触手冠の幼形化に対して殻の形態機能が向上するように進化した逆転傾向をとらえているのかもしれない。

　腕足動物が笑えるほど非活発であることは先に述べた。仮に凹凸形態種の必要なエサの量が、種ごとで同じくらいだとすれば、殻か触手冠のどちらかががんばって摂食できればよいはずだ。生命維持に必要な量のエサを集めるために、アニダンサスのように発達した触手冠を使ってもよいし、ワーゲノコンカのように形態機能に依存しても問題ない。そう考えると、凹凸形態種の殻と触手冠の形態は、エサを濾過する機能要求（ニーズ）に応じて形づくられていたのだろう。まるで、各種の濾過ノルマをクリアすればよい、と言わんばかりの設計原理に基づいて形が進化してきたようなストーリーが思い描かれる。

コラム　ポスター発表

凹凸形態種のプチコローフは、腕足動物学的に世紀の大発見ではないかと勝手に思っている。この喜びを大勢と共感したいと思い、日本古生物学会でポスター発表を行った。講評の第一声は「タイトルが謎すぎる」であった。その不評なタイトルは、「機能要求に相応した設計原理を示唆する形態進化仮説」である。当時の私は「これしかない」と自信をもってつけたのだが、今見返すと確かに奇妙なタイトルだ。しかし、このタイトルが気にかかったせいか、多くの人が聞きに来てくれて、結果的には優秀ポスター賞をいただいた。私が望んだ共感を得られたのかは謎である。

工業製品の進歩との共通性

太古の生物である「化石」のレベルで、どのように進化をとらえるのか。博士課程に進学する直前、私が見据えた生涯テーマの一つである。たとえば、化石を「時代によって変化するモノ」としてとらえてみよう。扱う単語を少し変えるだけで、身のまわりにある事象と驚くほど話の構造が一致する。ここでは、私がよく使っている自動車の例で説明してみる（椎野、二〇一二a）。

世界初の自動車「キュニョーの砲車」は、大砲を効率的に運搬する馬車の代わりとして、一七六九年のフランスで開発された。新しい機能を生み出すイノベーションであったが、馬車や荷車の車輪やハンドルなど有り合わせの部品に、当時の蒸気機関を組み合わせた「なんとか自動で動く車」だったそうだ。一度、機能を獲得すると、その機能を向上させたり、最適にするように技術が進歩する。やがて、現在の道路や社会的ニーズに適応するかのように、洗練された自動車へと進化した。この話では、自動車の誕生が形態の機能化、自動車に内在する技術が生物の遺伝的な背景、人々のニーズや自動車の走向環境が生物間の相互作用や適応環境に対応する。

ほかにも、大型で洗練されていない形をした電卓や携帯電話、部品や配線むき出しの機械など、多くの工業製品がたどる道は、技術の進歩に伴う最適化・洗練化である。新しく生み出されたばかりの機能が、完成度の高い製品となっているわけがない。曖昧さや無駄を含んだ状態で生まれ、ニーズや使途に応じて徐々にスマートな形と機能に進化してゆくのである。

コラム　講義で反応良好

近年、研究職を得るためには、なぜか助教の公募であっても教育経験を求められる。研究職に就いていない状況で教育経験を積むには、非常勤講師しか残されていない。博士課程卒業後から教育経験を模索していたところ、幸運にも二〇一二年度から東京農工大学と埼玉東萌短期大学の非常勤講師を引き受けることができた。先に述べた自動車の話は、進化や絶滅といった理解しにくいトピックを直感的なたとえ話で説明できないか、と苦慮するなかで思いついた。農工大生は理工学系に強いことにも助けられ、それなりに理解できたそうだ。一方、埼玉東萌短期大学は保育・幼児教育を学ぶ学生たちである。そこでは、携帯電話の進化や、子ども向けに役立ちそうな戦隊モノや〇〇ライダーの形態進化を織り交ぜて説明してみた。内容を理解してもらえたかは不明だが、笑いを取ることには成功した。

遺伝子を超えた進化仮説

化石には軟体部が残っていないので、現代生物学と同じ土俵で議論することは難しい。化石ならではの視点で生物の進化を探る、新しいアプローチが必要となる。学生のころは、「遺伝子を使わずに進化を語るなど自殺行為だ」とか「椎野（私）は終わったな」などと建設的に中傷されることも多かった。しかし、部分としての遺伝子だけでは、全体としての生物を説明することができないのも事実である。

たとえば、子どものころに読んだゴーストスイーパーに関する漫画のなかに、悪霊とミニ四駆で対決する話があった。主人公、美神令子氏は、近代科学の粋を詰め込んで最強のミニ四駆をつくったと豪語する。特殊モーターを組み込んだそのマシンは、マッハ5の速度（音速の五倍を意味する）で走ることができるらしい。しかしそのマシンは、最初のコーナーを曲がり切れず、コースアウトして負けてしまう。機械も生物も、統合された一つの個体にはバランスが必要なのである。

腕足動物を「濾過機能体」として見続けた結果をまとめてみよう。まず、二重屈曲をもつオオノレプターナで見いだされたように、凹凸形態種の縁辺部は、比較的自由に形づくられていたのは間違いない。そういった曖昧さのなかで、耳や前縁部が煙突様の効果を獲得した。機能のイノベーションである。その後、受動的濾過水流の形成能力を向上するように最適化や効率化が図られ、ワーゲノコンカのような凹凸形態種が進化してきたのだと考えられる。

プチコローフが見いだされたリノプロダクタス上科には、凹凸形態種のなかでも最大のギガントプロダクタスと呼ばれる属がいる（図6・6）。おもしろいことに、水流の違いによってギガントプロダクタス

図6·6　ギガントプロダクタスの化石.

の殻形態は変異するらしい（Ferguson, 1978）。リノプロダクタス上科は、高倉山で発見したアニダンサスのように、プチコローフのような発達した触手冠を獲得できる遺伝的な背景があった。触手冠でエサを濾過していたとすれば、殻の形態機能への依存度は低かったはずだ。機能に縛られない殻の形づくりが可能であるため、ギガントプロダクタスのように形を変えた証拠が残っているのだろう。

さて、最適化や洗練化の行き着く先はどこだろうか。無駄を削ぎ落とした機能や形は、ぎりぎりの適応状態になりやすく、さらなる形の改変は難しくなる。また、一見すると見分けがつかないような少しの変化で、機能不全に陥る可能性も秘めている。

たとえば、紙を切るカッターの刃や穴を開けるキリの先端は、先端が少しでも欠けてしまうと途端に使いにくくなる。これは、機能に特化した「機能美」をそなえる形によく見られる危険性だ。また、きわめて特殊なマーケットで最適化されたガラパゴス携帯電話は、少なくとも二〇一三年現在、上位互換されてしまうスマートフォンに打ち勝つような形態進化を起こせていない。このように、最適化された機能が形を束縛し、また逆に形が機能を生み出す前提条件となってしまう制約のため、形の進化が起こりにくくなるのだろう。凹凸形態種も、煙突様の水流形成機能に最適化された結果、環境の変化に対応する能力が失われ、結果的に絶滅へと至ったのかもしれない。凹凸形の殻に秘められた進化と絶滅のストーリーが、おぼろげながらみえてきた。

コラム　苦難には一丸となるべきか

そなわった欲のせいか、多くの生物は、長期的な視点でみた総益よりも、直近の短期的な利益を優先して動くことが多い。たとえば、資源の豊富な環境は、多くの生物に貪られる可能性があり、生産が収穫に追いつかない場合はその資源が枯渇する。漁業などで起こる問題の一つで、生態学や経済学では「共有地の悲劇」と呼んでいる。似たような事象は、ゲーム理論や経済学の「囚人のジレンマ」にもみられる。これは、複数の囚人が協調することで全体としてはよい結果となる司法取引よりも、個人の利益を優先する状況では裏切り合ってしまう司法取引を優先する、という概念である。これらの場合、短期的な利益を効率的に生み出そうと経費削減が進み、どんどん無駄が省かれてゆく。しかし、安直に利益を求めた一様化は、生物が繰り返してきた形態進化の例に等しい。凹凸形態種でも説明してきたように、機能を特殊化・最適化してゆくと、その特性だけでは未曾有の大災害に対応できず、一気に絶滅のリスクが高くなってしまう。つまり、あらゆる状況に対応できる多様性こそが、資源の枯渇や損害、あるいは生物の絶滅を免れる一つのあるべき姿だと考えられる。さて、ある日のニュース番組を見ていると、「人知を超える未曾有の苦難に国民全員が一丸となるべきだ」というコメントに出演者全員がうなずいていた。私には、規模と時間スケールを無視したこの一様性がどうしても心に引っかかる。

エピローグ

虚学の醍醐味

いよいよ、本書の最終章である。ここまでに記させてもらった研究は、まだ不完全な部分が多く、完了していないトピックも多い。ごく一部の腕足動物を使って、わずかな知をしぼり出したにすぎない。志半ばであるが、なんとか一冊の本として凹凸形態種のミステリーをまとめさせていただいた。

進化を知りたいのであれば、現代生物学に軸足を置くべきだと主張する研究者は多いだろう。確かに、現代生物学が進化の理解に果たした功績はきわめて大きい。発生や遺伝子を扱った研究によって、生物の

図6·7　遊泳性三葉虫ハイポディクラノタス．最近始めた研究テーマの1つ．

形づくりや生物同士の血縁関係が解明され続けているが、そのじつ、長い時間スケールで起こる進化をうまく説明しきれていないように見える。進化学のなかで古生物の出る幕は失われつつあるようだが、私の感覚でみた現代生物学は、「きわめて限られた今」の生物に固執しているようにしかみえない。もちろん、私の研究内容は現生物学の恩恵を大いに受けているため、批判しているわけではない。ただ、時空的かつ多階層的に物事をとらえる古生物学特有の視点をもって取り組めば、大進化を説明する余地が多分に残されているのではないか、と思うところがあるだけだ。

最近、三葉虫の研究を始めることになった。すっかり諦めたはずの題材であったが、私が行ってきた腕足動物への取り組みのなかで、三葉虫に応用できる点があったのだ。テーマは「遊泳性三葉虫」である（図６・７）。お察しのとおり、遊泳性能を流体力学的に検証しよう、という試みである。形の性質や進化を知りたい、という気持ちで続けてきた苦闘が、いつの間にか分類群に依存しない研究ができる程度にはなったようだ（Shiino *et al*., 2012；椎野、二〇一二b）。

人々の役に立つ実学研究が重点課題として注目されるなか、かつての私は、直接社会に関係しない古生物学に自信をもつことができなかった。しかし、世の中すべてが一対一の関係ではない。なかには、回り回って影響を及ぼすことも多いだろう。曖昧な部分や不明瞭なものが後の時代に重要となることは、凹凸形態種の進化が教えてくれた教訓である。そういった多様性を認識し、そこに身を置くことでしかみえてこない「おもしろさ」が、古生物学を含む虚学のなかには潜んでいる。

大型プロジェクトに潜む罠

起業した社長とその会社に所属する社員たち。近年の科学研究を特徴づけるプロジェクト型の構図とよく似ている。力のある教官を社長とし、学生や就職前の研究員が社員として大きな研究テーマに取り組んでいる。社員は大型プロジェクトを前進させる一つの歯車であり、欠かすことができない動力となる。備品や実験器材も揃っていて、論文などの研究成果は大量に出るし、資金繰りの心配など時間の無駄と言わんばかりの潤沢な研究環境だ。

かつて、プロジェクト研究に携わる同級生たちが、研究の位置づけや重要性、あるいは将来性に至るまで事細かに説明してゆく一方で、「その研究に何の意味がある?」の問いに黙りこくってしまう私がいた。明確なビジョンをもって研究へ取り組む将来有望な学生たちと、彼らを引き立てる迷走学生の構図だろう。

しかし彼らの放つ精彩は個人の力ではない。歯車の実態とは、替えが効くように全体を構成する「部分」である。甘い蜜に慣らされ、抜け出せなくなった学生は、自分のオリジナリティーを築こうとしない。社長に文句を垂れながらデータを蓄積し、修士もしくは博士課程の取得後にやめていく学生も多かった。作業能力の向上と引き換えに、独自性の追求を怠った代償といえる。なかには、きわめて優秀で話はおもしろく、プロジェクトに携わりながら生き残っている知り合いもいる。彼に尋ねてみたところ、プロジェクト研究のなかで生き残る秘訣は「替えの効かない歯車」を追求し続けることらしい。

学生から研究者へ一人立ちするときは、どうしても「個人力」が求められる。学生の身分を卒業した途端に、社長（研究理念）、営業（学会発表）、会計（助成金や科学研究費）、広報（発表ポスターづくりやアウトリーチ活動）、製作（イラストの作成や実験機材の製作）など、すべて一人で取り組めるような個人事業主として戦わなくてはならない。確かに、他人が切り拓いた箱庭は安全で、ぬくぬくと心地よい。そして、成功を自分のものだとも錯覚しやすい。その華やかさには大きな罠が潜んでいることに注意し、研究能力を開花させる素地を養わなくてはいけない。

プロジェクト研究の例だけでなく、大型商業施設やプライベートブランドの展開など、現在の社会でも深刻な統合化や一様化が進んでいる。そんな風潮のなかで独自性の強い人材を目指すことは、雹混じりの北風に煽られたような逆境といえる。しかし、そこに活路がある。研究者にとって戦うべき相手は自分であり、結局は自身の研究成果をおもしろくすることにほかならない。既製品を改良するような追従者ではなく、コロンブスの卵を最初に立てるような先駆者こそが理想的な研究者の姿だと思っている。

どこに何を求めてゆく？

腕足動物の不思議な世界を紹介すると「その研究はどこに向かっているのか？」と尋ねられる。「それが見えないからこそ研究なんだ！」と思いつつも、そのまま答えるわけにはいかない。ただ一つ、化石を研究するうえではっきりとした意義がある。それは、地球と生命の関係に注目して「生命圏の成り立ち」を理解することだ。

現世は過去からの継承によって成り立っている。つまり、今の世界は独立して突然できあがったのではなく、現状を理解するには過去からの変遷を知る必要がある。時間の概念を取り入れて古いものに注目していたら、たまたまそれが数億年前の絶滅生物だった、という言い訳ではダメだろうか。いずれにせよ、化石腕足動物の研究を科学の一分野としてみれば、多くの意義を含んでいることは間違いない。実際この先に見据えた課題も決まっている。

最初から一貫して目指しているテーマは、生命の進化を探ることである。先にも少しだけ述べたように、生物進化に関わる研究のトレンドは現代生物学にある。先端的研究の進展によって、組織や器官の形成に関係する遺伝子や細胞の機能解明が進み、生物進化のメカニズムを理解するための下地が整えられてきた。そういった情報の蓄積によって、少しずつ進化に関与する形づくりの謎が解き明かされている。形づくりについて多数派を占める見解は、遺伝子を始点に細胞、組織、器官、構造とマクロな階層性へと伝わってゆく「ボトムアップ式」の設計原理である。少し極論的な意見をもつ研究者によれば、進化を考えるうえで重要かつ唯一の要因は遺伝子の働きであり、遺伝子を通して見ない進化は紛い物であるそうだ。ひいき目にみても、古生物学が進化に対して十分に寄与しているとは言い難い現状である。

ところが、進化の証拠として残された化石生物の道筋をたどってみると、遺伝子や細胞の機能に依存したボトムアップ設計では説明できない傾向に気づかされる。たとえば多くの生物は、過去も現在も外部の環境へ適応した形であることが多く、遺伝子の働きだけですべての形づくりを成功させたと考えるのはあまりにも不自然だ。これは、生物の形づくりが、環境から影響を受ける「トップダウン設計」も必要であることに起因しているのではないだろうか。もちろん、形づくりの原動力は遺伝子や細胞の働きによるが、最終的な外形は環境によって制約され、環境に対する外形の役割が長い時間スケールでみられる大進化の片棒を担いでいたと予想している。生物学的な情報が少ない化石を題材に、どこまでトップダウンの考えを掘り下げられるのかが私の研究の鍵を握る。

当たり前だが、進化は腕足動物だけのものではない。進化はあらゆる生物にみられる普遍的な現象であり、すべての化石生物に大進化を理解するヒントが等しく隠されているはずだ。総合的に進化を理解するためには、現生種のホウズキチョウチンが編み出した生存戦略のような「コア・サテライト研究」を意識しなくてはならない（第2章「腕足動物」の一節「こいつ、動くぞ！」を参照）。コアとなる腕足動物の研究に加え、三葉虫などの他の生物をサテライトとして研究する。最初は小さなサテライト研究も、真摯に取り組んでゆけば、やがてコアのような芯のあるテーマへと発展するだろう。点として位置づけられたいくつものコアを結び、地球生命史の進化を面として、もしくは面を積み重ねた空間として理解することを究極目標としている。

ただし、固執は禁物だ。一様的な執着は、どうしても判断の目を曇らせる。進化を知りたいから、化石の研究だからといって、そればかりに囚われないフットワークの軽さが必要になる。一見すると無関係なテーマが、何かの拍子で本筋と合流する瞬間を知っている。そういった成功体験を忘れることなく、飼育実験など現代生物学の恩恵に預かったり、ときには物理や数学、あるいは地質調査の泥作業など、あらゆる手を尽くして理解を深めなくてはならない。そうして、絶滅生物たちを串刺しイリュージョンのごとく複合的な視点でメッタ突きにし、化石の枠だけでは決してたどり着けない新しい真理を探究してゆく。みんなで同じことをする必要はない。私は私の視点をもって化石生物に取り組み、ダーウィン以来の重点課題でもある生物の大進化メカニズムへと切り込んでゆきたい。

機械設計に投じる

社会から大きな援助を受けているくせに、「役に立たない研究です」と割り切って胸を張るのは忍びない。虚学うんぬんと言っておきながら、じつは少しだけ「社会に役立ちたいな」とか考えたりもする。

意外なことに私の研究成果は、自然科学系よりも工学系の研究者に反応がよい。評価の真意は別として、奇妙な絶滅生物の形とそこに潜む機能デザインの話は目新しく映るそうだ。私の研究は、まさにこの点が直接社会へと還元できる切り口だと思っている。

生物の特徴を科学技術に応用する研究をバイオミメティクス（生体模倣）と呼び、近年の科学技術分野をリードする中心的な課題の一つである。たとえば、昆虫などを参考にした小型飛翔ロボットの研究や、表面形状を模した撥水性もしくは吸着性表面の研究など、実験や解析に基づく研究の積み重ねによって急速に社会へと還元されつつある。しかし、生物を模倣したすべての機械設計は、現存する生物しか参考にしていない。現在へと至る過去五億年間に生み出された生命デザインの応用は、まったく着手されてない課題として残されている。

腕足動物のような古生代に繁栄していた生物のなかには、何かの機能に特化して進化したとしか考えられない不思議な姿形がひしめいている。そこには、シンプルな「形態×機能」を秘めた新しいアイディアがあってもおかしくない。絶滅生物の形から現代科学技術に一石を投じることも夢ではない！……と一人で勝手に盛り上がっている。

この日から……

博物館にいるせいか、最近は研究以外のことに費やす時間が多くなった。展示業務やその案内をするうちに、自分の研究内容を説明する語彙力のなさに打ちひしがれている。研究者が研究内容を難しく話すのは簡単だ。小難しい理屈や数式を引き合いに出し、専門用語を連発し、御託を並べておけばよい。しかし、研究内容を簡単に説明するのも、また研究者にしかできない仕事だろう。平明な言葉を意識するようになり、さらにそれが客観的に研究を見直す機会にもなる。そんなことを言ってるくせに、本書は堅苦しい言葉使いが多いと感じられるかもしれない。そこは私の技量不足なので、今後も研鑽を重ねてゆきたい。

ある企業の支社長に言われた言葉が強く心に残っている。

なぜ、基礎研究の科学者が社会還元を無理に目指すのか？　役に立つかどうかは時代が決めること。研究者は自身の研究をわかりやすく、おもしろそうに話してくれればそれでよい。もしその学術知が実務知に置き換えられるのであれば、それを見いだすのは君の仕事ではない。

社会還元を放棄する言い訳で引き合いに出したのではない。ただ、この言葉をいただいてから、最近の科学者の至上命題とされている「アウトリーチ」が、必ずしも実社会が求めるものと一致していないのではないか、と思わずにはいられないだけだ。研究活動と社会還元活動、斉一説と天変地異説、翼形態種で提唱された二つの水流モデルなど、人は構図がはっきりしている二極対立が好きなのだろう。しかし、バランスで成り立つ世界に白黒や○×といったデジタル思考を持ち込むのは釈然とせず、解決できないことも多い。就職、資金、研究のトレンド……何が効いてくるのか定かでない世界では、バランスよく対応できる研究者が求められるだろうと感じている。

単純な私は、学術だけでなく成果の発信や応用など、さまざまなことに目移りしてしまう。どれもこれも一気にすべてを進めることは難しいが、拒まず興味をもつことはよいことだと信じたい。放り投げるのはいつでもできる。とはいえ、中途半端に投げ出すつもりは毛頭ない。見初めた腕足動物と死ぬまで連れ添う覚悟はできている。

まだ着手していない標本がたくさんある（図6・8）。あまりにも量が多いので、私が生きているうちにすべての腕足動物たちを表舞台に立たせられるか難しいところだ。それでも、少しずつ確実に未知なる生き様を解き明かしていこうと思っている。きっと、何かを目指した巧みな生き様が秘められているに違いない。

図6·8　多様な形の腕足動物たち．ここに示された腕足動物は，ごく一部である．謎解きは始まったばかりだ．

1. *Isjuminella decorata*. 2. *Pugnax acuminatus*. 3. *Prorichthofenia permiana*. 4. *Pygites diphyoides*. 5. *Cheirothyris fleuriausa*. 6. *Strophodonta* sp.. 7. *Nucinulus orbignyanus*?. 8. *Torquirhynchia inconstans*. 9. *Rhynchonella* sp.. 10. *Platystrophia* sp.. 11. *Cliftonia psittacina*. 12. *Sphaerirhynchia wilsoni*. スケールは5 mm.

おわりに

井上靖先生の著書に『あすなろ物語』がある。小学生高学年のころ読書感想文を書くために読んだ私は、登場人物を名指しで「鮎太はすごいな」という文章から書き始めたそうだ。両親は爆笑とともに、あまりの文才のなさに絶望したらしい。そんな私が、人生でこれほどの長文を書くことになるとは思ってもいなかった。当時よりは幾分マシだろうが、稚拙で読みにくい文章や、理解しがたい内容も数多く含まれていると思う。この点は、最初に謝罪したい部分である。

もう一点、シリーズの世界観を壊してしまったかもしれない内容について謝罪しなくてはならない。本書は『フィールドの生物学』シリーズであるにもかかわらず、フィールド成分が少なく感じた読者も多いだろう。しかも、数少ないフィールド体験記が生物ではなく、山や採石場で石を叩き続けるような話ばかりで落胆されたかもしれない。しかし、どうあがいても私のフィールドは、化石がとれる山や採石場である。そして、私が推進する研究テーマの都合上、野外で材料を確保するよりも、材料を料理する時間のほうが圧倒的に多いのも事実だ。採集した化石標本を研究成果へと料理するには、少なくとも私にとって、暗く長いトンネルを走り続けるような根気が必要であった。個人的な苦労談や紆余曲折もすべてひっくるめた「フィールド記」としてとらえていただけると幸いである。

化石を扱う古生物学は、社会へ役に立つ知識をアウトプットするのではなく、さまざまな情報を自在にインプットする学問である。個々の取り組みだけをみると最先端の科学ではないが、多くの分野を巻き込んで、いろいろな角度から化石というものを分解し、直感的でおもしろい成果を還元する研究分野だと考えている。そこには、学会や会議といった学問の場だけでなく、街中を散歩している最中や何気ない会話のなかからも、新しいアイディアをもぎ取るような貪欲さが必要だ。したがって、古生物学にとっての調査とは、必ずしも野外や自然に限定されず、あらゆる場面がフィールドと化す。それを少しでも体現した「いち古生物学研究人」として、ありのままを綴らせていただいた。ロマン溢れる化石の世界と、そこに隠された苦悩の日々が少しでも伝わったのであれば、著者冥利に尽きる。

本書では、あえて辛そうな話も、ざっくばらんに取り上げてみた。子どものころ思い描いていたお気楽な古生物学者像を少しでも払拭し、私が抱いていた疑念に少しでも答えるべく、あまり知られていない部分をどうしても書きたかった。それらの苦労をさらしたうえでもなお揺るぎない事実として、古生物学の研究が楽しいことを念押ししておきたい。私のたどってきた苦労など、研究の醍醐味の前では霞んでしまう。誰も知らない太古の世界を自分だけが知っている妙味、大御所の通説を自身の成果で書き換える爽快感、探究心をもって未知へと挑む興奮。どれも研究のなかでしか手に入らない感覚である。この世界には、未知のまま放置しておくにはあまりに惜しい題材が無限に残されている。わからないことばかりの世界に一人でも多くの「攻究する者」が生まれることを祈って、本書を擱筆《かくひつ》する。

東京大学総合研究博物館　椎野勇太

謝辞

まだまだ研究人として未熟な私に、本書を執筆する機会を与えてくれた東海大学出版会の稲英史さんには、最大限の謝意を表したい。単独で物書きすることに怖気づく私に対し、「これを足がかりに成長しなさい」と叱咤激励してくださった。若手研究者にとっては、このうえない鼓舞であり、勇気をもって執筆に臨むことができた。

また、原稿の細部にわたって目を通してくださった佐藤葵さん、多くの助言によって本書をよりよい方向へと導いてくださった鈴木雄太郎博士、日本語表現の方法について着想をくださった鶴見英成博士、髙山浩司博士、矢野興一博士、矢後勝也博士、黒木真理博士、林辰弥博士、一部の写真を提供してくださった大野悟志さん、さまざまな面でサポートしてくださった佐々木猛智博士、加瀬友喜博士に厚くお礼を申し上げる。

本書の内容は、私がこれまでに出会い言葉を交わした誰一人が欠けても成立しなかった。謝辞を述べるべき方々があまりにも多いので列記することはできないが、関係してくださったすべての方々にお礼を申し上げたい。

Research, 11, 265–275.
Shiino, Y. and Suzuki, Y., 2011. The ideal hydrodynamic form of the concavo-convex productide brachiopod shell. *Lethaia*, 44, 329–343.
椎野勇太・鈴木雄太郎・小林文夫，2008．南部北上山地上八瀬地域の中部ペルム系細尾層から産出したフズリナ化石とその意義．地質学雑誌，114, 200–205.
Shiino, Y., Suzuki, Y. and Kobayashi, F., 2011a. Sedimentary history with biotic reaction in the Middle Permian shelly sequence of the Southern Kitakami Massif, Japan. *Island Arc*, 20, 203–220.
Shiino, Y., Yamada, S., Suzuki, Y. and Suzuki, C., 2011b. Ptycholophous lophophore in a productidine brachiopod. *Paleontological Research*, 15, 233–239.
鈴木雄太郎，2002．三葉虫：研究の総説および多様性の変遷．化石，72, 21–38.
Suzuki, Y. and Bergström, J., 1999. Trilobite taphonomy and ecology in Upper Ordovician carbonate buildups in Dalarna, Sweden. *Lethaia*, 32, 159–172.
Suzuki, Y., Shiino, Y. and Bergström, J., 2009. Stratigraphy, carbonate facies and trilobite associations in the Hirnantian part of the Boda Limestone, Sweden. *GFF*, 131, 299–310.
田中源吾・鈴木雄太郎，2005．スウェーデン，上部カンブリア系“オルステン”から産出する甲殻類 *Falites angustiduplicata* Müller, 1964. 化石，77，1–2.
Walker, R.G. and James, N.P., 1992. *Facies Models: Response to Sea Level Change, Geotext 1*. Geological Association of Canada, St. John’s.
Wallace, P. and Ager, D.V., 1966. Demonstration: Flume experiments to test the hydrodynamic properties of certain spiriferid brachiopods with reference to their supposed life orientation and mode of feeding. *Proceedings of the Geological Society of London*, 1635, 160–163.
Ward, J.E., Sanford, L.P., Newell, R.I.E. and Macdonald, B.A., 1998. A new explanation of particle capture in suspension-feeding bivalve mollusks. *Limnology and Oceanography*, 43, 741–752.
Zimmer, C.（渡辺正隆・訳著）, 2004．進化大全．光文社，東京．

Savazzi, E., 1999. *Functional Morphlogy of the Invertebrate Skeleton*. John Wiley & Sons Ltd, England.

Sepkoski, J.J., Jr., 1981. A factor analytic description of the Phanerozoic marine fossil record. *Paleobiology*, 7, 36-53.

Shiino, Y., 2010. Passive feeding in spiriferide brachiopods: an experimental approach using models of Devonian *Paraspirifer* and *Cyrtospirifer*. *Lethaia*, 43, 223-231.

椎野勇太・北沢公太，2010．ホウズキチョウチンの行動：微小砕屑物に着底した固着生物の生存戦略．日本ベントス学会誌，65，18-26.

椎野勇太，2012a．機能形態学からバイオメカニクス，進化形態学へ．In: 佐々木猛智・伊藤泰弘（編），東大古生物学－化石からみる生命史．東海大学出版会，秦野，pp. 204-209.

椎野勇太，2012b．水中へ進出した三葉虫のバイオメカニクス．In: 佐々木猛智・伊藤泰弘（編），東大古生物学－化石からみる生命史．東海大学出版会，秦野，pp. 252-256.

Shiino, Y. and Kuwazuru, O., 2010. Functional adaptation of spiriferide brachiopod morphology. *Journal of Evolutionary Biology*, 23, 1547-1557.

Shiino, Y. and Kuwazuru, O., 2011. Theoretical approach to the functional optimisation of spiriferide brachiopod shell: Optimum morphology of sulcus. *Journal of Theoretical Biology*, 276, 192-198.

Shiino, Y., Kuwazuru, O., Suzuki, Y. and Ono, S., 2012. Swimming capability of the remopleuridid trilobite *Hypodicranotus striatus*: Hydrodynamic functions of the exoskeleton and the long, forked hypostome. *Journal of Theoretical Biology*, 300, 29-38.

Shiino, Y., Kuwazuru, O. and Yoshikawa, N., 2009. Computational fluid dynamics simulations on a Devonian spiriferid *Paraspirifer bownockeri* (Brachiopoda): Generating mechanism of passive feeding flows. *Journal of Theoretical Biology*, 259, 132-141.

椎野勇太・桑水流理・吉川暢宏，2010．CT 画像を用いた化石の内部構造の復元：スピリファー類の腕骨形態の例．化石，87，1-2.

Shiino, Y. and Suzuki, Y., 2007. Articulatory and musculatory systems in a Permian concavo-convex brachiopod *Waagenoconcha imperfecta* Prendergast, 1935 (Productida, Brachiopoda). *Paleontological*

Hanskiand, I. and Gyllenberg, M., 1993. Two general metapopulation models and the core-satellite species hypothesis. *American Naturalist*, 142, 17-41.

James, M.A., Ansell, A.D., Curry, G.B., Collins, M.J., Peck, L.S. and Rhodes, M.C., 1992. The biology of living brachiopods. *Advances in Marine Biology*, 28, 175-387.

海部陽介，2005．人類がたどってきた道―“文化の多様化”の起源を探る．日本放送出版協会，東京．

Kobayashi, F., Shiino, Y., and Suzuki, Y., 2009. Middle Permian (Midian) foraminifers of the Kamiyasse Formation in the Southern Kitakami Terrane, NE Japan. *Paleontological Research*, 13, 79-99.

Kutzner, C. and Christensen, U.R., 2002. From stable dipolar towards reversing numerical dynamos. *Physics of the Earth and Planetary Interiors*, 131, 29-45.

Leighton, L.R., and Maples, C.G., 2002. Evaluating internal versus external characters: Phylogenetic analyses of the Echinoconchidae, Buxtoniinae, and Juresaniinae (Phylum Brachiopoda). *Journal of Paleontology*, 76, 659-671.

MAX 渡辺，1993．スーパーモデリングマニュアル・MAX 渡辺のプラモ大好き！（2）．ホビージャパン，東京．

Muir-Wood, H.M. and Cooper, G.A., 1960. Morphology, classification and life habits of the Productoidea (Bachiopoda). *Geological Society of America Memoir*, 81, 1-447.

Oshima, M., Torii, R. and Takagi, K., 2006. Image-based simulation of blood flow and arterial wall interaction for cerebral aneurysms. In: Holzapfel, G.A. and Ogden, R.W. (Eds.), *Mechanics of Biological Tissue*. Springer-Verlag, Berlin, Heidelberg, pp. 323-335.

Peck, L.S., 2001. Physiology. In: Carlson, S.J. and Sandy, M.R. (Eds.), *Brachiopods Ancient and Modern: A Tribute to G. Arthur Cooper*. The Paleontological Society, Boston, pp. 89-104.

Richardson, J.R., 1979. Pedicle structure of articulate brachiopods. *Journal of the Royal Society of New Zealand*, 9, 415-436.

Rudwick, M.J.S., 1970. *Living and Fossil Brachiopods*, Hutchinson, London.

参考文献

Blight, F.G. and Blight, D.F., 1990. Flying spiriferids: Some thoughts on the life style of a Devonian spiriferid brachiopod. *Palaeogeography, Palaeoclimatology*, Palaeoecology, 81, 127-139.

Bouma, A.H., 1962. *Sedimentology of Some Flysch Deposits: A Graohic Approch to Facies Interpretation*. Elsevier, Amsterdam.

Brunton, C.H.C., Lazarev, S.S. and Grant, R.E., 2000. Productida. In: Kaesler, R.L. (Eds.), *Treatise on Invertebrate Paleontology, Part H: Brachiopoda Revised, Volume 2*. Geological Society of America, Boulder, and University of Kansas, Lawrence, pp. 350-362.

Carlson, S.J. and Leighton, L.R., 2001. The phylogeny and classification of Rhynchonelliformea. In: Carlson, S.J. and Sandy, M.R. (Eds.), *Brachiopods Ancient and Modern: A Tribute to G. Arthur Cooper*. The Paleontological Society, Boston, pp. 89-104.

Clari, P. and Ghibaudo, G., 1979. Multiple slump scars in the Tortonian type area (Piedmont basin, northwestern Italy). *Sedimentology*, 26, 719-730.

Clarkson, E.N.K., 1998. *Invertebrate Palaeontology and Evolution Fourth Edition*. Blackwell Science, Oxford.

Dott, R.H. and Bourgeois, J., 1982. Hummocky stratification: Significance of its variable bedding sequences. *Geological Society of America Bulletin*, 93, 663-680.

Droser, M.L., Bottjer, D.J. and Sheehan, P.M., 1997. Evaluating the ecological architecture of major events in the Phanerozoic history of marine invertebrate life. *Geology*, 25, 167-170.

Eliason, S., 2000. *Sunstones and catskulls: Guide to the fossils and geology of Gotland*. Gotland Fornsal, Visby.

Ferguson, J., 1978. Some aspects of the ecology and growth of the Carboniferous gigantoproductids. *Proceedings of the Yorkshire Geological Society*, 42, 41-54.

藤原慎一，2012．機能形態学的手法による絶滅動物の前肢姿勢復元：骨のかたちの意味を探る．In: 佐々木猛智・伊藤泰弘（編），東大古生物学—化石から見る生命史．東海大学出版会，秦野，pp. 312-339.

学」だけではなく，スリルと緊張感を秘めた自然科学の世界を感じ取っていただけると思う．

東昭，1986．生物・その素晴らしい動き．共立出版株式会社，東京．

Dorit, R.L., Walker, W. F., Jr. and Barnes, R. D., 1991. *Zoology*. Saunders College Publishing, Philadelphia.

Harrison, W. and Woollacott R. M., 1997. *Microscopic Anatomy of Invertebrates Volume 13: Lophophorates, Entoprocta, and Cycliophora.Frederick*. Wiley-Liss, New York.

狩野謙一，1992．野外地質調査の基礎．古今書院，東京．

Kaesler, R.L., 1997. *Treatise on Invertebrate Paleontology, Part H: Brachiopoda Revised, Volume 1*. Geological Society of America, Boulder, and University of Kansas, Lawrence.

本川達雄，1989．生物の形とバイオメカニクス．東海大学出版会，東京．

本川達雄，1992．ゾウの時間 ネズミの時間—サイズの生物学．中央公論社，東京．

Rudwick, M.J.S., 1970. *Living and Fossil Brachiopods*. Hutchinson University Library, London.

Ruppert, E.E., Fox, R. S. and Barnes, R. D., 2003. *Invertebrate Zoology: A Functional Evolutionary Approach*. Brooks/Cole, Belmont.

佐々木猛智・伊藤泰弘，2012．東大古生物学—化石からみる生命史．東海大学出版会，東京．

巽好幸，2011．いちばんやさしい地球変動のはなし．河出書房新社，東京．

Vogel, S., 1994. *Life in Moving Fluids: The Physical Biology of Flow*. Princeton University Press, New Jersey.

Weibel, E. R., Taylor, C. R. and Bolis, L., 1998. *Principles of Animal Design: The Optimization and Symmorphosis Debate*. Cambridge University Press, Cambridge.

八木下晃司，2001．岩相解析および堆積構造．古今書院，東京．

養老孟司，1986．形を読む—生物の形態をめぐって．培風館，東京．

ような気がしている．

凹凸形態種に出合ってからは，それまでの地質脳を払拭するかのごとく Dorit (1991) を読み込んだ．動物学と題した本書には，多階層にわたる生物的側面が綴られている．筋肉や生殖巣など動物の基本的な性能を知り，組織や器官が求める前提条件を学ばせてもらった価値ある 1 冊だ．さらに，無脊椎動物に特化した Ruppert *et al.* (2003) には，多種多様の個生態が例示されている．腕足動物の位置づけに加えて，無脊椎動物の機能とその遺伝的背景によってもたらされる多様性を感じ取ることができるだろう．また，現生種の腕足動物に関する生体生理は，Harrison and Woollacott (1997) で学んだ．この『Microscopic Anatomy of Invertebrates』は，多岐にわたる分類群を扱ったシリーズモノである．組織切片や電子顕微鏡などのすばらしい写真が多数掲載されているので，腕足動物以外の分類群を研究する人にもぜひおすすめしたい．幾人かから紹介された腕足動物の教科書，Rudwick (1970) は，現生および化石腕足動物の基本的な知識を知ることができる入門書といえる．近年の腕足動物学を包括的にまとめた書籍であれば，Kaesler (1997) を推奨する．

流体力学に関する日本語の本は，序盤から数式オンパレードであることが多く，初心者の私には難しかった．そんななか「流体っておもしろいんだな」と思わせてくれた書籍は，生物と流体の関係を興味溢れる説明と少しの数学で説明してくれた Vogel (1994) である．生物物理に関わる最小限の力学を基に，豊富なイラストと定性的な説明が展開されている．凹凸形の流水実験に挑戦したきっかけでもあり，さらなる流体への魅力に引き込まれてしまった．

翼形種の最適問題について研究の着地点を探していたとき，議論に乗ってくれた鈴木先生から紹介された書籍が Weibel *et al.* (1998) だった．それまで私が考えていた適応形態学止まりの研究から，進化のメカニズムを考察する第一歩を後押ししてくれた恩義のある一冊といえる．また，生物の形や構造，サイズについて解説している本川（1989, 1992）は，現代生物学の各論をマクロな視点で統合する醍醐味を教えてくれる．そして，博士課程の修了前後，これからの研究スタイルを築きあげる時期に落丁するほど読み込んだ書籍として，『形を読む』と題した養老（1986）を紹介したい．自分の研究成果を平明な言葉で説明する着想を得ただけでなく，どのような意識で直接社会に役立たない学問と向かい合えばよいのか，という研究哲学の形成にも強く寄与してくれた．

遊泳性三葉虫の研究を始めるために手に取った東（1986）は，流体中の生物運動を短いトピックごとにまとめてくれているので，直感的な親しみやすさがある．定性的で明快な説明は，私が感銘を受けた Vogel (1994) の日本語版を想起させる内容だ．

古生物学の研究例を集めた佐々木・伊藤（2012）もおすすめしたい．化石に対する独自性の強い研究が，多種多様な分類群ごとに解説されている．私も関わった書籍のため，自画賛的で申し訳ない．しかし，表に出てくる「楽しい古生物

流体解析——水や空気をコンピューター内で仮想的に再現するシミュレーション．数値流体力学も参照．

流体力学——水や空気といった流体を，力学としてとらえる学問．不確定な要素が多く，日々進歩が目覚ましい分野でもある．

ルートマップ——自分の調査した道筋を露頭の情報とともに記した路線状の図（図１・５）．

礫岩——粒径が２mm 以上の礫で構成された堆積岩

濾過器官——海水中の微小な有機物をエサとする生物がそなえた摂食器官．フィルターのような役割を果たす．

露頭——二次的に動かされていない岩体や地層が露出しているところ．崖や海沿い，川底などに露出しやすい（図１・11）．

腕骨——触手冠を支える細い骨状の構造（図２・８）．腕骨をもたない種類も多い．腕足動物の「腕」である．

腕足動物——二枚の殻をもちつつも，二枚貝に似て非なる動物．古生代に「腕足動物の海」を築くほど大繁栄したが，現在の海では衰退気味．二枚貝の左・右殻とは異なり，腕足動物の殻は背と腹に相当する．殻内側の大部分はエサを濾過する触手冠で占められている．

腕隆起——凹凸形態種の背殻内面に残された触手冠の付着痕（図４・25）．リッジ状になっている．

関連書籍

本文中で引用させていただいた文献とは別に，私の研究や考え方に大きな影響を与えた書籍を少しだけ紹介したい．ざっと言えば地質と生物の２つに大別され，両者をつなぐ適応に関する書籍が大半を占めている．

研究室に所属して最初に購入した書籍は，狩野（1992）である．本書は，地質調査の基本的な装備，手順が事細かに記述されている．初めての化石採集にそなえた私は，本書を参考に幾度も脳内調査シミュレーションを繰り広げた．もちろん，上八瀬地域での調査にすべては応用できなかったが，一致しない部分は軌道修正して自分なりの調査方法を考案する礎にもなった．学部３年時の長い夏休みを乗り切ることができたのは，本書によるところが大きいだろう．岩石資料を持ち帰り，室内調査を進めるなかで，八木下（2001）は堆積環境を絞り込むうえで重宝した．しかし，上八瀬地域の研究がスケールアップするにつれて，どうしてもマクロな地球観が必要となる．なんとか論文として出版されたものの，地球規模の事象をとらえる力不足は否めない．この問題は，明確かつ軽快に地球の話が説明されてゆく巽（2011）を読んだことで，ようやく解決の兆しがみえてきた．頭のなかに散らばっていた地球の各論が結びつき，生きた知識として理解できた

プロダクタス類——本書の主題でもある凹凸形腕足動物の代表グループ．殻の表面にトゲが生えていることが特徴的（図４・２）．

閉殻筋——腕足動物の殻を閉じるための筋肉．背腹の殻をつなぎ，背殻には速筋と遅筋の付着痕が残される（図２・９）．

ベルヌーイの定理——高速の流体は圧力が低くなる原理（図４・24）．

ペルム紀——およそ２億9900万年前から２億5100万年前の時代区分．古生代の最後期に相当し，地球生命史上，最大の絶滅イベントが起きた．凹凸形腕足動物にとっては「形のバブル期」．

ベンチュリー効果——水や空気の流路を絞り込むことで流速を高め，結果として流体の圧力が下がる効果（図４・22）．

放射相称——生き様に方向性が関係しない生物によくみられる放射状の体づくり．イソギンチャクやウミユリなど，固着してエサを濾過する生物にみられることが多い．

放精放卵——雄と雌がそれぞれ精子と卵子を海水中に放出し，海水中で受精させる方法．移動能力のない生物によくみられる．

マントル——惑星などの内部構造で，核の外側にある層の総称．地球では約60～2990km の深さにある地球を構成する岩石質の層．カンラン岩を主成分とし，特に緑色の美しい部分はペリドットとして宝石にされる．

耳——プロダクタス類が蝶番線の両端に持つ小さな三角形の領域．ワーゲノコンカでは未発達だ（図４・17）．

門（Phylum）——生物の分類区分の１つ．一般的に分類階級の「門」同士は，体のつくりがまったく比較できないとされている．

有孔虫——原生生物の仲間．石灰質の殻をつくる種類が多く，化石として保存される．

幼形化——本書では，大型の個体が幼体時の形を残す現象に対して用いた．凹凸形態種アニダンサスのグループから派生したワーゲノコンカは，幼形化によって触手冠がシゾローフのままである（図６・５）．

要素——流体シミュレーションで計算の対象となる領域の最小単位．翼形種では，解析する空間を多数の四面体要素に区切った（図４・39）．

翼形態種——翼を広げたような殻をもつ腕足動物．正中線上に湾曲部サルカスをもつ．主にスピリファー類を指す（図４・27）．

ラドヴィック・ヴォーゲル説——翼形態種スピリファー類で提唱された「濾過システム仮説」の１つ．殻の側方から水を流入させ，前方へ流出させる流水経路（図４・28）．

乱泥流——砂や泥を含んだ土石流のような堆積物の流れ．

乱泥流堆積物——乱泥流で形成された堆積物（図１・18）．

陸棚斜面——大陸棚の縁辺部よりもやや深い，深海へと至る斜面．

流線——流れの軌跡をつないだ線（図４・41；図４・43）．

学中に採用されるDC1，DC2と博士卒業後のPD制度がある.

肉茎——肉茎孔から突出する軟体部分（図2・6）．固着器官であり，腕足動物の「足」の由来になっている．シャミセンガイ類とチョウチンガイ類で，材質や体への着き方がずいぶん異なる．

肉茎孔——腕足動物チョウチンガイ類の腹殻にある穴（図2・6）．この穴から肉茎を突出させ，硬い部分に付着している．

日本学術振興会——科学研究費の取り仕切りや研究者養成事業を行っている．博士研究員型として，特別研究員制度DC，PDがある．

二枚貝——軟体動物門に属する2枚の殻をもつ動物（図2・4）．肉質で食用にもなり，現在の海では1万6000種以上も知られている．

バキュームフォーム——熱で軟化させたプラスチック板を，真空を引きながらプレス加工のように原型へと密着させる造形方法．日本語では真空成型法と呼ばれる（図4・32）．

白亜紀——およそ1億4500万年前から6500万年前の時代区分．中生代の最後期に相当し，白亜紀末には比較的大きな絶滅が起きた．

薄片——堆積相を詳細に観察するために，ガラスに貼り付けた岩石を光が透過するまで薄く削ったもの．一般的な厚さは30 μm（図1・19）．

破砕体——断層運動などでグシャグシャに砕かれたような地質体．箸で豆腐を切ったときの切断部分に残る豆腐カスのようなものだ．

発散——流体解析の計算結果が収束せず，サイクルごとに流速が激増・激減を繰り返す状態（図4・40）．

ハンマー——岩石を叩き割る道具で，地質調査における「三種の神器」の1つ．

ハンモック状斜交層理——幾重にも重なる波を打ったように見える層状の堆積構造（図1・12）．水深20 mよりも少し深い下部外浜と呼ばれる環境で形成される．

比較解剖学——さまざまな生物の構造を比較検討する学問．古生物学では，化石の形を現生種と比較し，残された痕跡から軟体部などを復元する．本書では，凹凸形態種の筋肉構造を復元した．

風化——雨風などによって岩石が崩れてゆく現象．

ブーマシーケンス——1回の乱泥流で形成される砂層と泥層部分にみられる堆積構造のセット．

フズリナ——ラグビーボールのような紡錘形の大型有孔虫で，古生代後期を代表する示準化石．ペルム紀に絶滅した（図1・31）．

プチコローフ——腕足動物にみられる触手冠タイプの1つで，複数のフックが折り重なったような形をしている（図6・3）．高倉山の凹凸形態種アニダンサスにもみられる（図6・4）．

プレクトローフ——腕足動物にみられる触手冠タイプの1つで，左右の側腕と中央のらせんによって形づくられている（図6・3）．ホウズキチョウチンの触手冠にみられる．

大陸棚——陸地周辺に分布する緩やかな傾斜の海底部分.

大理石——石灰岩が長い時間をかけて変質（変性）したもの. 化石が見られるかもしれない（図1・17).

タガネ（チス）——楔のような鉄杭. 尖った先端を岩石の目に当て, 杭の頭をハンマーで叩く.

多様性——種類や形が多様である様. 多様さの尺度は, 何を視点としてとらえるかによって異なる.

単層——ある程度似通った堆積物の一層. 地層は単層の積み重ねで形成されている（図1・3).

断層——地殻変動によって地質体が二次的にちぎられた状態. 断層を境に分布する地質が食い違う.

単離標本——浸食などの影響で岩石に埋まっていた化石が地層から剝がれ, 骨格が単独で産出した標本.

地学——地球や宇宙の仕組みと, それらの変遷について学ぶ学問. 古生物学は地学系であることが多い.

地質構造——地層や岩石が形成された後で, 二次的に移動, 回転, 変形, 破壊された内部形態の総称. 本書では, 断層や褶曲を地質構造として紹介した.

地質図——地層や岩石の分布する場所を記録した地図. 地層の分布に加え, 断層や褶曲などの地質構造も図示する（図1・7).

地質断面図——地質図上の任意の断面で, 地中の地層分布を記した図. 地質図を作成した後に, 地層の分布や走向傾斜のデータから作図する（図1・7).

地質調査——その土地を理解するために地質図や柱状図を作成し, 必要に応じて試料採集も行う調査.

地層——砂や泥などの堆積物が溜まって, 水平方向に広がりをもつものの総称. 化石を採集できることもある.

地層累重の法則——ニコラウス・ステノが提唱した地層を理解する基本的な概念の1つ. この法則は, 地層は水平に堆積すること, 堆積物は側方に連続すること, 古い地層の上に新しい地層が累重すること, の3つに分かれている.

柱状図——調査地域で観察した堆積物の積み重なり順序を示すための図（図1・9).

蝶番突起——腕足動物の背殻に残される突起部分. 蝶番線よりも後ろに突出していて, 腹殻から伸びる開殻筋が付着する（図4・10).

泥岩——粒径が0.06mm 以下の泥粒子で構成された堆積岩.

デボン紀——およそ4億1600万年前から3億5900万年前の古生代中期に相当する時代区分. スピリファー類などによって腕足動物の黄金期が築かれた.

天変地異説——ジョルジュ・キュビエらが提唱し続けた斉一説の対立仮説. ノアの洪水のようなイベントでかつての生物が刷新され, 現在の生物が生き残っている, という考え方.

特別研究員——日本学術振興会の研究者養成事業による研究員制度. 博士課程在

化石は比較的保存状態がよい.

ストロフォメナ類——オルドビス紀からシルル紀にかけて繁栄したプロダクタス類の祖先系統. 多くの種が凹凸形の殻をもつが, 殻の表面にトゲをもたない（図3・11；図5・7）.

スパイロローフ——腕足動物にみられる触手冠タイプの1つで, らせん状の形をしている（図6・3）. スピリファー類にみられる.

スピリファー類——古生代中期のデボン紀に腕足動物の黄金期を築いたグループ. 翼を広げたような殻形態をもち, らせん状の腕骨をもつ（図4・27；図4・37）. 本書では翼形態型腕足動物として記述した.

スランプ構造——地層を構成する単層のうち, 一部が内部で引きずられ, 部分的に褶曲した証拠となる構造（図1・10）. 層内褶曲とも呼ばれる.

斉一説——チャールズ・ライエルが『地質学原理』の中で提唱した地球観で,「現在起きている出来事は過去にも起こっていた」という考え方.

生痕化石——動物が這いまわった痕跡を示す化石（図3・18；図3・19）. 生物骨格の化石を意味する体化石と区別して使われる.

生物相——ある特定の時代や地域における生物の種構成やそれらの量比のこと.

生物ドレッジ——海底を引きずる底引き網のような装置. これで底生生物を捕獲する.

石灰岩——炭酸カルシウム（$CaCO_3$）を50%以上含む岩石. 炭酸カルシウムの起源は生物, 無機物を問わない.

石灰質泥岩——本書では, 化石を大量に含んだ泥岩として用いた（図1・20）.

節足動物——現在地球上で最も成功している生物. 陸上の昆虫, 水棲のエビやカニ, 絶滅した三葉虫などを含む（図2・16）.

絶滅——ある生物種の個体が全滅し, 種が途絶えてしまう現象. 環境の変化や他種との関係によって引き起こされることが多い.

走向——地層の延びている方向. 層理面と現在の水平面の交差する交線方向に相当する（図1・3）.

層準——単層など層序の中のある特定のレベル. 層準の中の変化は, 堆積当時の地域的な変化を表す.

層序——地層の積み重なる順序. 堆積物の時間変化に相当する.

層理面——単層同士の境界面（図1・3）.

代謝——生物が生命維持のために行うエネルギー生成などの化学反応. 代謝に応じて運動能力などが決まってくる.

堆積岩——泥, 砂, 石ころなどの堆積物が積み重なって, 長い時間をかけて固まり, ひとつの塊になった岩石のこと.

堆積環境——堆積構造から読み解いた堆積物の集積環境. 海底の地形や深さに対応する特徴的な堆積構造から復元する.

堆積構造——堆積物の溜まり方を反映した構造.

堆積相——堆積構造に基づいた堆積物の岩相.

本書では，湾曲部を総括してサルカスとした（図4・30）．

3次元画像ファイル——本書では解析用の表面形状データを指す．無数の三角形が組み合わさってできた表面形状で，「STL」の拡張子が付く．

三葉虫——海に棲んでいた絶滅節足動物．ダンゴムシのように多数の節をそなえ，それぞれの節に一対の足（付属肢）をもつ．中葉と左右対の側葉に縦三分割で区分され，これが三葉虫の名前の由来にもなっている（図2・1）．

CFD——Computational Fluid Dynamicsのイニシャリズムで数値流体力学の英語．

示準化石——ある時代を特徴づける生物化石．地質時代を決めることに役立つ．

シゾローフ——腕足動物にみられる触手冠タイプの1つで，単純なフック形をしている．未成熟の個体は必ずこの形を採用する（図6・3）．凹凸形態種ワーゲノコンカにもみられる．

実学——医学や工学など人々や社会に直接役立つ学問．理系分野では，科学技術に依存することが多い．

斜長石——たいていの岩石に含まれる白色の鉱物．本書では火山灰に多く含まれる様子を紹介した．

褶曲構造——地殻変動によって二次的に曲げられた地層．私たちには硬い岩石も，地球にとっては豆腐を曲げる程度の労力かもしれない．

収束——流体解析の計算がなだらかに落ち着き，条件によっては一定となった状態（図4・40）．

種内変異——同じ種の中でみられる形などの違い．たとえばヒトでは，髪の量や身長体重，人相など個人によって特徴が異なる．

触手冠——腕足動物の殻の内側に収められた多数の触手が配列した毛むくじゃらな構造（図2・7）．この触手で海水中のエサを濾過して摂食する．

シルル紀——オルドビス紀に続く4億4300万年前から4億1600万年前の時代区分．オルドビス紀に被害を受けた生物たちの回復する時期でもあった．礁をつくるサンゴが大繁栄した．

進化——時間軸上で変化すること．古生物学では形の変化傾向を意味することが多い．

スウェーデン王国——スカンジナビア半島の東側に位置する北欧の一国．水の都ストックホルムが首都．

スウェール状斜交層理——ハンモック状斜交層理のハンモック部分を取り除いたような緩やかにうねる堆積構造（図1・22）．本書では，ハンモック状斜交層理を形成する外浜より少し深い環境の指標とした．

数値流体力学——流体の運動方程式を解くことで流れを観察する流体力学．空間を有限個に区切った各要素で物理量の計算を行い，その結果を次の要素へとつなぎ合わせてゆくような作業．

ストーム（嵐）堆積物——ハンモック状斜交層理やスウェール状斜交層理を残す堆積物（図1・23）．乱泥流堆積物と比べて，ストーム（嵐）堆積物に含まれる

傾斜——現在の水平面と層理面のなす角度（図１・３）.

携帯エンジンカッター——ガソリンで動く手持ちの岩石カッター（図１・13）.

現在主義——斉一説と天変地異説を融合させたような考え方. 世界は漸進的に変化するだけでなく, 火山や地震など, 天変地異のような突然性も秘めている. 現在の一般的な地球観である.

現代型生物群——中生代以降, 現代に至るまで多様性を増大させてきた動物群. 巻貝や二枚貝などの貝類, エビやカニなどの節足動物などが含まれる.

懸濁物食——海水中の小さな有機物をエサとして濾過する方法.

コア・サテライト戦略——経済学の分野で使われるリスク分散戦略の１つ. 投資を「攻め」と「守り」に分け, 収益が安定した手堅い守りの投資と, 不安定で萌芽的なマーケットへ挑戦的な攻めの投資を行う. これによって, 安定した成長に加え, 攻めによって得たリターンの上積みを狙う戦略.

考古学——文明など人類が関与した痕跡を研究する学問. 人類の文化的な進化を解き明かしてゆく.

合弁——腕足動物など２枚の殻をもつ生物に対して, ２枚の殻がつながった状態を指す. まったく異なる個体の似通ったサイズ同士を合わせたものは, 無理合弁などとふざけて呼ぶこともある.

コケムシ——外肛動物門に属する動物の総称. 石灰質の群体を形成する点でサンゴに似ているが, 懸濁物食をするための触手冠をもち, 血縁的には腕足動物に近い.

個生態——個体レベルでみられる振る舞いのこと. 現生種, 化石種を問わない.

古生態——古生物の生態. 個体レベルの生態を意味する個生態は現生種にも使われるが, 古生態は古い生物などを題材とした昔の生態を意味する.

古生代——およそ５億4200万年前から２億5100万年前の時代区分. 現在とは比較できないような不思議な生物がひしめいていた.

古生代型動物群——オルドビス紀大放散に乗じて多様化し, 古生代を通して繁栄した動物群. 腕足動物チョウチンガイ類や棘皮動物ウミユリ, 刺胞動物サンゴなどを含む. 理解を深めるには, 食性や適応環境の特殊化を解明することにかかっているかもしれない.

古生物学——古い生物を題材とした学問領域. 時間軸を入れることが鍵となる.

最適設計論——目的とする力学システムを最適にするような形や構造などの設計理論. 構造物の強度や機械の機能設計などの最適問題として取り扱われることが多い.

砂岩——粒径が0.06～２mm の砂粒子で構成された堆積岩.

左右相称——生き様に方向性をもたせた生物によくみられる対称性のある体づくり. たとえば, 移動する生物には前後が必要であり, それに付随して左右が生まれる.

サルカス——翼形態種スピリファー類などの腕足動物がもつ正中線上の湾曲部. 腹殻の湾曲部に対して使われる言葉で, 背殻の湾曲部はフォールドと呼ばれる.

緑石の含まれる地層を境に，時間が連続していないことが多い（口絵6）．

化石——骨や殻などが岩石の中に保存された「かつての生物の痕跡」であり，1万年よりも古い生物由来の構造や物質．

下部外浜——穏やかな日の波が海底に影響する最大深度よりも深く，嵐の日の波が海底に影響する最大深度よりも浅い環境．ハンモック状斜交層理が残される（図1・12）．

岩石——鉱物の集合体．砂や泥の粒は，1つずつが何かの鉱物であることが多い．たとえば川の砂には石英と呼ばれる鉱物が多く含まれている．

岩相——岩石に残された縞々構造や斑模様などの見た目．手相や人相の岩石バージョン．

カンブリア型動物群——カンブリア紀に大繁栄し，その後に多様性を減少させ続けた動物群．三葉虫やシャミセンガイ類が含まれる．

カンブリア紀——およそ5億4200万年前から4億8800万年前の古生代最初期に相当する時代区分．三葉虫やアノマロカリスなど，初期の節足動物が生息した海としても特徴づけられる．

カンブリア大爆発——硬組織をもった生物が誕生し，劇的に多様性を増大させたイベント．ほぼすべての生物群が出揃った．

記載分類学——化石の種や産出報告をする分類研究．新種を提唱するだけでなく，系統を考察する基礎的で重要な研究分野．

機能強度——数値的にみた機能の強さ．機能を適応としてとらえれば，生きる能力値ともいえる．

機能形態学——形の適応を探る学問．形がもつ特性を機能としてとらえ，機能の比較から生き様を復元もしくは比較する．

機能要求——求められる機能強度のこと．たとえば，ヒトの皮膚呼吸をガス交換の機能としてみれば，肺呼吸を捨てられるほどの機能要求には達していない．

境界層要素——流体シミュレーションの解析モデルで，壁面近傍に起きる摩擦の影響を近似して計算するために挿入される壁面まわりの要素．

恐竜——鳥の仲間．

虚学——古生物学など，社会に直接役立たないとされる学問．基礎科学や純学問にもニュアンスが近い．

筋肉痕——貝柱の付着部にみられるような筋肉の付着痕．筋肉の機能や方向性に応じて残される痕跡の形が異なる（図4・6）．

グラインダー——岩石を研磨する回転円盤形の機械（図1・16）．

グラウンド・エフェクト（地面効果）——自動車の高速走行を目的とした流体効果の1つ．車体の下に高速の気流をつくり，発生したマイナスの圧力で車体を地面へと引き付けさせる（図4・22）．

クリノメーター——地層の延びている方向と傾きを層理面から計測するために用いる方位磁石（図1・4）．地質調査における「三種の神器」の1つ．

用語集

アクチュアリズム――現在主義を参照.

アナロジー――物事や事象を類似に基づいて推定すること. 類比や類推とも言われる. 推定の根拠を見誤ると, とんでもない生態が復元されることもある.

アンモナイト――軟体動物門に属するイカやタコの仲間. 浮力体として巻貝様の殻をもつ. 現存するオウムガイと体づくりが似ている.

イメージベースモデリング――X 線 CT スキャンの連続断層画像を立体構築し, 3次元画像ファイルを作成する方法. 本書では流体解析用のモデル作成で登場した.

ウィリアムズ・エイジャー説――翼形態種スピリファー類で提唱された「濾過システム仮説」の1つ. 殻の前方から水を流入させ, 側方へ流出させる流水経路（図4・28).

横臥生態――運動能力のない生物が付着をせず, 堆積物上に寝そべった姿勢となる生活様式（図4・17).

黄鉄鉱――金属鉱物の一種で, 金に見紛うような黄金色をしている. 酸素に乏しい環境下の堆積物中で化石の石灰分と置き換わることがある（口絵7).

凹凸形態種――腹殻方向へ凹状にくぼんだ背殻と, 凸状の腹殻をもつ腕足動物（図4・2). その姿は, 蓋を逆さまに被せたような味噌汁腕の形に似ている. 主にプロダクタス類とその祖先にあたるストロフォメナ類を指す.

オリエンテーリング・コンパス――針がすばやく北を指して止まるように, 針の収納部分にオイルが充填してある方位磁石.

オルドビス紀――カンブリア紀に続く4億8800万年前から4億4300万年前の時代区分. 古生代に誕生した生物群がさらに特殊化し, 多様性増大イベントのオルドビス紀大放散を引き起こした. オルドビス紀末に, 地球生命史上5本の指に入る絶滅イベントが起きた.

オルドビス紀大放散――食性や生息環境の多様化, 特殊化に伴って起きた多様性増大イベント. 腕足動物などの古生代型動物群が劇的に多様化した.

開殻筋――腕足動物の殻を開くための筋肉. 腹殻の内面と背殻の蝶番突起をつなぐ（図2・9).

海底扇状地――陸棚斜面の縁辺部を削り込んで深海へと形成される扇状地形. 海底付近の水の流れや, 崩れ落ちた堆積物で生まれる土石流などの作用による. 大規模な乱泥流堆積物を残しやすい.

外套膜――腕足動物の殻の内面を覆う薄い膜. 二層構造になっていて, その間に酸素や栄養を運搬する血管様の隙間がある. 血管様の隙間は卵巣や精巣を収める場所にもなる. 二枚貝などの貝類も似た組織をもつ.

海綿動物――海綿動物門に属する動物の総称. スポンジとして化粧に使われることもある.

海緑石――緑色の鉱物で, 堆積速度が低下した環境で形成されることが多い. 海

著者紹介

椎野勇太（しいの　ゆうた）
1981年生まれ
東京大学大学院理学系研究科地球惑星科学専攻博士課程修了　博士（理学）
日本学術振興会特別研究員（国立科学博物館）を経て東京大学総合研究博物館特任助教
東京農工大学・埼玉東萌短期大学・東京学芸大学の非常勤講師も兼任中
2008年　日本古生物学会論文賞受賞
2010年　第6回国際腕足動物会議 The Award of the Alwyn Williams 受賞
2011年　日本古生物学会第160回例会優秀ポスター賞受賞

フィールドの生物学《せいぶつがく》⑩
凹凸形《おうとつがた》の殻《から》に隠《かく》された謎《なぞ》—腕足動物《わんそくどうぶつ》の化石探訪《かせきたんぼう》—

2013年7月20日　第1版第1刷発行

著　者　椎野勇太
発行者　安達建夫
発行所　東海大学出版会
〒257-0003神奈川県秦野市南矢名3-10-35
TEL 0463-79-3921　FAX 0463-69-5087
URL http://www.press.tokai.ac.jp/
振替　00100-5-46614
印刷所　港北出版印刷株式会社
製本所　誠製本株式会社

ISBN978-4-486-01849-0